1+X 职业技能等级证书配套教材

网络系统规划与部署（中级）

主　编　汪双顶　任　超　周素青　肖　颖

副主编　李　巨　孙丹东　员志超

主　审　李宏达　杨智勇

电子工业出版社·

Publishing House of Electronics Industry

北京·BEIJING

内 容 简 介

本书是教育部公布的"网络系统规划与部署"1+X 职业技能等级标准（中级篇）配套用书。本书旨在帮助读者掌握网络系统的规划和部署技术，涉及的内容包括企业网项目建设的调研和分析、网络拓扑规划、设计冗余网络出口、网络的路由规划、部署网络中的路由策略、完成网络安全规划、保障网络可靠性、部署下一代互联网技术、在网络中部署和实施智能无线、在网络中实施智能网络运维和管理、企业网建设项目全过程体验（含规划、实施、测试）等。

全书按工作过程思想开发方式完成专业核心课程教学实践。各部分通过派任务、讲技术、写方案、做项目等环节，根据网络需求调研表完成用户需求信息收集、分析，进行中小型网络系统规划设计，并根据网络规划设计文档要求，独立完成中小型网络系统的软硬件安装、基础操作和节点测试等工作。

本书适合作为本科和高职高专院校计算机相关专业的教学用书，也适合作为 1+X 网络系统规划与部署、网络工程师、资深网络工程师等认证考试参考用书。

图书在版编目（CIP）数据

网络系统规划与部署：中级/汪双顶等主编. —北京：电子工业出版社，2022.6
ISBN 978-7-121-43717-5

I. ①网… II. ①汪… III. ①计算机网络－网络系统 IV. ①TP393.03

中国版本图书馆 CIP 数据核字（2022）第 096260 号

责任编辑：章海涛　　文字编辑：路　越
印　　刷：中煤（北京）印务有限公司
装　　订：中煤（北京）印务有限公司
出版发行：电子工业出版社
　　　　　北京市海淀区万寿路 173 信箱　　邮编：100036
开　　本：787×1092　1/16　印张：16.75　字数：400 千字
版　　次：2022 年 6 月第 1 版
印　　次：2023 年 12 月第 5 次印刷
定　　价：69.00 元

凡所购买电子工业出版社图书有缺损问题，请向购买书店调换。若书店售缺，请与本社发行部联系，联系及邮购电话：(010) 88254888，88258888。

质量投诉请发邮件至 zlts@phei.com.cn，盗版侵权举报请发邮件至 dbqq@phei.com.cn。

本书咨询联系方式：luy@phei.com.cn。

1+X 职业技能等级证书配套教材编委会

序

　　2019 年，国务院在推出的《国家职业教育改革实施方案》中提出：要深化复合型技术技能人才培养培训模式改革，借鉴国际职业教育培训普遍做法，制定工作方案和具体管理办法，启动"学历证书+若干职业技能等级证书"（1+X 证书）制度试点工作。根据改革要求，试点工作推进以社会化机制招募职业教育培训评价组织，进行职业技能等级标准和证书的开发，各大职业院校依托这些证书和标准进行专业建设、课程开发以及师资队伍建设，推动"1"与"X"深度融合。

　　"网络系统规划与部署"1+X 职业技能等级证书正是适应国家推动这项试点工作，由IT 企业规划和设计实现网络系统规划与部署实践课程，通过该项认证实施，全面提升职业学生的就业能力，向社会输送更多综合型技术技能人才。

　　在当前社会背景下，推动"1+X"证书制度试点工作，主要体现以下三个方面的价值和内涵。

　　首先，在职业院校引入职业技能等级证书，与学历证书形成良好互补。学历证书作为受教育者在一定学制期间，完成某一阶段学习任务，获得认可文凭证书；职业技能等级证书则是学生经过学习达到某一领域职业素质标准、技能标准的能力证明。二者结合，不仅为职业教育提供相应技能标准，同时与相应学历水平的专业发展路径衔接，实现完美互补。

　　其次，"1+X"证书制度有助于职业院校适应产业升级。在产业转型背景下，许多落后产业淘汰或改造，同时也有许多新产业涌现，产业变化要求职业院校必须在专业建设、人才培养等方面做出调整，将学历证书和职业技能等级证书融合，帮助职业院校适应产业转型，适应经济发展的新趋势，确保学生在取得学历证书同时，毕业后快速融入专业岗位。

　　最后，职业技能等级标准可以为职业教育教学提供导向。职业技能等级标准是面向具体职业岗位，从职业能力、职业素养、专业技能以及知识等层面制定的专业标准，可以为职业教育人才培养提供参考依据。与传统学历证书制度的区别在于，"1+X"证书制度可以为学生职业能力的多方向和持续性发展提供支持，使学生在接受职业教育的过程中获得职业技能的拓展，更好的适应职业工作岗位群的需求。

　　本套系列丛书满足了职业院校开展网络系统规划与部署实践课程，也满足了企业需要的多层次的用人需求。

李宏达

2022 年 6 月

前　言

　　教育部、国家发展改革委、财政部、市场监管总局联合印发了《关于在院校实施"学历证书+若干职业技能等级证书"制度试点方案》，启动"学历证书+若干职业技能等级证书"（即 1+X 证书）制度改革，把学历证书与职业技能等级证书结合起来，探索实施 1+X 证书制度，是国务院印发《国家职业教育改革实施方案》（职教 20 条）的重要改革部署，也是职业教育人才培养的重大创新。1+X 证书制度改革试点工作将按照高质量发展的要求，坚持以学生为中心，深化复合型技术技能人才培养培训模式和评价模式改革，提高人才培养质量，畅通技术技能人才成长通道，拓展就业创业本领。

　　目前，在大中专院校的现有网络课程体系中，网络系统规划与部署实践课程基本一片空白，很多院校都需要开设针对低年级开展的网络系统规划与部署课程。此外，很多院校虽然都开设组网类课程，但市面上网络系统规划与部署方面的教材非常缺乏，学生学习组网理论较多，但不知道如何从整体上进行设计和规划。在内容设计上，仍在介绍很多已淘汰的技术，而基本没有介绍实际工作所需项目实践，实用性不强，也不贴近企业的实际，这与当前"理论必须以够用为度、突出实用与技能为原则"的职业教育人才培养的理念相违背。本教材在技能训练上进行了很大变革，强化了高技能人才培养"技能训练"的思想。

　　本书以完成一所企业的园区网项目的网络规划、部署、安装、调试以及测试为基准，以项目课程的模式组织开发，规划了 10 个网络工程项目，每个项目都由多个子任务组成，按照任务驱动的模式组织教学实施。安排 72～108 学时（4～6 节*18 教学周），各学校可根据实际需要进行学时的增减。

　　不同院校以及不同专业分配给本课程的教学时间可以稍有差别，因此，在实施时分配的学时、教学的重点、难点建议如下。

项　　目	建议学时	重点、难点
项目 1	6 学时	一般了解
项目 2	10 学时	一般了解
项目 3	12 学时	一般了解
项目 4	12 学时	教学重点
项目 5	12 学时	教学重点
项目 6	12 学时	教学重点
项目 7	10 学时	教学重点
项目 8	14 学时	教学重点
项目 9	14 学时	教学重点
项目 10	6 学时	一般了解

　　为强化技能应用，本书涉及的部分网络操作，建议使用交换机、路由器等真机设备让

学生动手体验；如果条件限制，也可以选择锐捷模拟器、GNS3 模拟器（开源软件）、Packet Tracer 模拟器（开源软件）等模拟器软件，开展虚拟化实验，增强网络体验。虽然本书选择的网络实践涉及的产品来自业内的数据通信厂商，但课程在规划中力求技术遵循业内通用的技术标准。

国务院印发的《国家职业教育改革实施方案》中提出，在职业院校、应用型本科中需要实施"学历证书+职业技能等级证书"制度，鼓励学生在获得学历证书的同时，积极取得多种职业技能等级证书。本课程对接中锐网络的 1+X 职业技能等级证书网络系统规划与部署中级证书。同时，也是数据通信厂商开展"网络工程师""资深网络工程师"职业资格认证考试内容之一，各大数据通信厂商均提供该项认证考试，为就业提供准入标准。

本书开发团队来自院校教师和企业工程师。其中，院校教师团队都工作在教学一线，拥有丰富的教学实践经验，更具有多年国家职业技能竞赛的指导经验。此外，企业工程师在本书编写过程中充分发挥企业的优势，把网络工程项目中需要应用的网络系统规划、部署、实施技术引入课堂实训，保证技术和市场同步，实现课程和行业一致。

由于编者水平有限，书中难免存在疏漏和不足之处，恳请各位读者批评指正。

作者
2022 年 6 月

目　　录

项目 1   完成企业网项目的建设需求调研分析

【项目背景】

福州龙锐电子商务公司是一家以婴幼儿用品为主要销售内容的电子商务公司，公司租用开发区新建大楼的 1 楼到 5 楼，为满足电子商务销售的需要，计划构建互联互通的办公网。该项目由征程渠道供应商承担，为了深入地了解该网络项目的建设需求，由两名工程师到公司开展前期的网络需求调研任务，探索用户的网络需求，完成项目建设分析，提交项目建设规划书。

【学习目标】

1. 了解网络需求的收集方法。
2. 掌握网络需求的分析方法。

【规划技术】

1.1　收集网络需求

1.1.1　网络需求分析的作用与网络需求分析内容

1. 网络需求分析的作用

网络需求分析是网络规划工作中的最初阶段，也是网络规划和实施的最关键阶段，如果在网络需求分析阶段，没有明确用户的网络应用需求，那么以后在网络规划、实施、测试以及网络管理和运维的各个阶段将可能导致故障和问题的发生，使一个企业的网络建设工作难以顺利开展。

在网络需求调查阶段，很多时候用户并不清楚自己的具体需求，网络项目建设单位的收集人员必须采用多种方法与用户交流，才能尽可能地全面挖掘需求。其中，收集人员在收集用户的网络需求时，需要与不同的网络用户，包括业务人员和网络管理人员进行交流，并对交流所得信息进行归纳和解释。

开展网络需求分析有助于网络规划设计人员更好地理解网络应该具有什么样的功能，网络运行应该具有什么样的性能等，并最终设计出符合用户需求的网络。

2. 网络需求分析内容

不同的用户有不同的网络需求，网络建设和规划单位的建设人员在开展网络需求收集时，需要调查的范围包括：业务需求、应用需求、计算平台需求和网络通信需求等。详细的网络需求描述使得建设完成的网络更有可能满足用户的要求。因此，网络需求收集过程必须同时考虑现在和将来的网络应用需要，如果不适当考虑将来的发展，那么今后将很难实现网络扩展。

如果网络规划工作是对用户现有网络的升级和改造，那么网络需求调查和分析就必须进行现有网络的分析工作。现有网络系统分析的目的是描述用户资源分布，以便在未来进行网络升级时，尽量保护用户已有的网络投资，保障升级后的网络效率，保证当前网络中的各类资源满足新的需求。

如果现有的网络设备不能满足新的需求，那么就必须淘汰，购置新的网络设备。在写完网络需求说明书之后，在开始网络设计过程之前，必须彻底分析现阶段网络建设和规划对策，并针对现阶段用户的网络应用现状，撰写出一份正式的网络现状说明。

网络现状说明需要包含下列内容：一是绘制出现有网络的拓扑结构图；二是针对现有网络的通信容量以及建设规划中的新网络所需的通信量，提交新的通信量和通信模式；三是列清楚现有网络的物料和设备清单。

在计算机网络中，通信是通信模式和通信量的组合。在实际应用中的软件按照网络处理模型，也可相应地分为单机软件、对等网络软件、C/S 软件、分布式软件等。其中，针对这些网络应用的是网络处理模式，生成的数据在网络中的传递模式是通信模式。各种软件的定义如下：

（1）单机软件指不访问网络资源的软件；

（2）对等网络软件只运行在网络内，是不区分服务器和客户端的网络软件；

（3）C/S 软件指在网络中区分服务器和客户端的软件。

（4）分布式软件指调度网络中多个资源完成一个任务的软件系统。

1.1.2 探寻用户业务应用需求

在需求分析过程中，需要考虑以下几个方面的需求：一是业务需求；二是用户需求；三是应用需求；四是计算平台需求；五是网络需求。下面分别进行详细说明。

1. 业务需求

网络系统是为一个组织机构提供网络服务的，在这个组织机构中存在职能的分工，也存在不同的业务需求，一般来说，用户只对自己分管的业务需求非常清晰，对于其他用户的业务需求会有侧面的了解。因此，对于组织机构内的不同用户都需要收集特定的业务信息，这些信息包括以下内容。

1）确定主要相关人员

业务需求收集的第 1 步是获取组织机构图。通过组织机构图，了解组织机构中的岗位设置以及岗位职责。

通过初步沟通，工程师获取到了福州龙锐电子商务公司的组织机构图，如图 1-1 所示。

图 1-1　福州龙锐电子商务公司的组织机构图

在调查组织机构的过程中，工程师主要与福州龙锐电子商务公司的两类人员沟通。一类是决策者，负责审批网络设计方案或者决定投资规模的管理层；另一类是信息提供者，负责解释业务战略长期计划和其他常见的业务需求。

2）确定关键时间点

项目的时间限制是工程的最后期限，大型项目必须制定严格的项目实施计划，确定各阶段及关键时间点也是重要的里程碑，在计划设定后即形成项目阶段建设日程表。在得到项目的更多信息后，项目阶段建设日程表还可以更进一步细化。

3）确定网络的设计和实施费用

用户预算是一个网络建设的主要考虑因素，预算规模将直接影响网络工程的设计思路、技术路线、设备选型和服务水平。

在进行预算确认时，应根据工程建设内容进行核算，将一致性的投资和周期性投资都纳入考虑范围，并据实向管理层汇报费用问题。因此，在计算网络系统的成本时，有关网络设计、实施、维护和支持的每类成本，都应该纳入考虑。

福州龙锐电子商务公司项目预算清单如表 1-1 所示，可根据项目实际情况进行调整。

表 1-1　福州龙锐电子商务公司项目预算清单

项　　目	子　　项	预算性质
核心层网络	核心层网络设备	一次性投入
接入层网络	接入层交换设备	一次性投入
	无线接入设备	一次性投入
机房建设	UPS	一次性投入
	防雷	一次性投入
	消防	一次性投入
网络管理	网络管理平台	一次性投入
安全设备	出口安全设备	一次性投入
运维	设备维护	周期性投入
	通信线路维护	周期性投入
本网络建设项目包含一次性投入和周期性投入，预算上限为 120 万		

4）确定业务活动

在设计一个网络项目之前，应通过对业务活动的了解来明确网络需求，一般情况下网络工程对业务活动的了解并不需要非常细致，主要通过对业务类型的分析来了解各类业务对网络功能或参数的要求。其中，网络需求主要包括最大用户数、并发用户数、峰值带宽等。

5）预测增长率

预测增长率是另一类常规的网络需求，它主要通过对网络发展趋势的分析，明确网络的伸缩性需求。预测增长率主要考虑分支机构增长率、网络覆盖区域增长率、用户增长率、应用增长率、通信带宽增长率、存储信息量增长率等。

预测增长率主要采用两种方法：一种是统计分析法，另一种是模型匹配法。其中，统计分析法基于网络前若干年的统计数据，形成不同的统计分析。模型匹配法是根据不同的行业领域建立各种增长率的模型，网络设计者根据当前网络的情况，对未来几年的增长率进行预测。需要注意的是，只有网络较复杂、发展变化较大的网络工程才需要预测增长率。

6）确定网络的可靠性和可用性指标

网络的可用性和可靠性指标可能会影响网络的设计思路和技术路径。一般来说，不同的行业拥有不同的行业特征。网络设计人员在进行需求分析的过程中，应首先获取行业的网络可靠性和可用性指标标准，并基于该标准与用户进行交流，明确用户的要求。

7）确定 Web 站点和 Internet 连接性

Web 站点可以由机构自己构建，也可以由网络服务提供商提供。无论采用哪种方式，一个组织机构的 Web 站点及其访问方式，在设计时反映了其自身的业务需求，只有完全理解一个组织的互联网业务策略，才可能设计出具有可靠性、可用性和安全性的网络。

8）确定网络的安全性需求

确定网络的安全性需求、构建合适的安全体系是网络设计工作的保证。网络设计工作的思路是调查出用户的信息分布，对信息进行分类，根据分类信息的涉密性质、敏感程度、传输与存储访问控制等安全要求，确保网络性能和安全保密的平衡。

但是，有些特殊业务中存在涉密敏感的网络，如级别较高的政府部门或者进行有关国家安全的高度机密开发的机构，对其网络所承载的业务需要对职员进行严格的安全限制，并使用严格的策略来保证信息的安全访问和输出。

9）确定远程访问

远程访问是指从外部网络访问内部网络，当网络用户不在企业或组织网络内部时，可以借助加密技术、VPN 技术等，从远程网络访问内部网络。远程访问可以实现在任意时间、任意地点完成工作的需求。

2. 用户需求

1）收集用户需求

在收集用户需求的过程中，需要注意与用户的交流，网络设计者应将技术性语言转化为普通的交流性语言，并将用户描述的非技术性需求转换为特定的网络属性要求。

2）收集用户需求的机制

收集用户需求的机制包括与用户群的交流、用户服务和需求归档三个方面。

（1）与用户群的交流

与用户群的交流是指与特定的个人和群体进行交流。在交流之前需要先确定这个组织的关键人员和关键群体，再进行交流。在整个设计和实施阶段，应始终保持与关键人员之间的交流，以确保网络工程的建设不偏离用户的需求。与用户群的交流最常用的方式包括观察、问卷调查、集中访谈和采访关键人物等。

（2）用户服务

除了信息化程度很高的用户群体，大多数用户都不可能用计算机的行业术语来配合网络设计人员进行需求收集，因此，网络设计人员不仅要将问题转化成普通的业务语言，还应从用户反馈的业务语言中提炼出技术内容。这需要网络设计人员有大量的工程经验和需求调查经验。

（3）需求归档

与其他所有技术性工作一样，在建设网络的过程中必须将网络分析和设计的过程记录下来，需求文档便于保存和交流，也有利于说明需求和网络性能的对应关系。所有的访谈调查问卷最好能由用户代表进行签字确认，同时应根据这些原始资料整理出规范的需求文档。

其中，用户服务表用于表示收集和归档的需求信息，也可用来指导管理人员与网络用户进行讨论。服务人员通过用户服务表来表示需求，用户服务表类似于备忘录。

在收集用户需求时，服务人员应利用用户服务表，随时纠正信息收集工作的失误和偏差。用户服务表没有固定的格式，用户服务表举例如表 1-2 所示。

表 1-2 用户服务表举例

序号	用户服务或需求	服务或需求描述
1	用户数量	
2	未来 3 年期望增值的速度	
3	可靠性/可用性	
4	可伸缩性	
5	响应时间	
6	成本	
7	其他	

3．应用需求

收集应用需求的过程可以从两个角度出发：一是从应用类型的特性出发；二是从应用对资源访问的角度出发，应用分类如下。

1）按功能分类

常用的应用如图 1-2 所示，其中大多数是日常工作中接触较为频繁的应用，应用范围较广。

图 1-2 常用的应用

还有一些实现特定功能或特定工作的应用，如防病毒软件和网络管理系统等。其中，实现特定工作的应用主要包括行业软件，如设计系统、制造控制系统和排版工具等专业软件。

通过按功能对应用进行分类，依据不同类型的需求特性，可以很快地归纳出网络工程中应用对网络的主体需求。

2）按共享分类

应用可根据其在网络中的用户数进行分类，包括单用户软件、多用户软件和网络版本软件。多用户软件允许多个用户同时使用，并且提供了用户间共享文件的机制。

多用户软件通过分时、线程、切换等多种机制，实现多个用户并发访问。它通过文件加锁机制，可以实现文件共享。网络资源既可以集中安装在一台服务器上，也可以分布在不同的服务器上。

3）按响应方式分类

应用可以分为实时应用和非实时应用两种，不同响应方式具有不同的网络响应性能需求。

实时应用在收到信息后马上处理，一般不需要用户干涉，这对网络带宽、网络延时等提出了明确的要求。在实时应用中，通常本地进程需要和远程进程保持同步，而且这些同步机制是固定周期发生的，因此实时应用要求信息传输的速率稳定，具有可预测性。

非实时应用的应用范围更为广泛，非实时应用并不要求规定同步机制，只是要求一旦发生请求，则需要在规定的时限内完成响应，因此对带宽、网络延时的要求较低，但是对网络设备、计算机平台的缓冲区提出了较高的要求。

4）按网络应用处理模型分类

前面已经讲过，按网络应用处理模型的不同，可以将应用分为单机软件、对等网络软件、C/S软件、分布式软件等。不同的网络应用处理模型会对网络产生不同的需求。

4．计算平台需求

收集计算平台需求是网络分析与设计过程中一个不可缺少的步骤，需要调查的计算平台主要分为个人计算机、工作站、小型机、中型机和大型机5类。

1）个人计算机

个人计算机是网络中分布最广、数量最多的节点，虽然其技术含量相对较低，但是需重点分析。在分析个人计算机需求时应该考虑微处理器、内存、输入/输出、操作系统及网络配置等。

在设计网络时，用户会针对个人计算机提出最直接的需求，需求收集人员应根据需要进行各类因素的技术指标设计，在设计工作的后期形成设备的招投标技术参数。经过调查，工程师确认了福州龙锐电子商务公司的内网终端主要是个人计算机，并且数量较大。

2）工作站

工作站主要面向专业应用领域，具备强大的数据运算与图形图像处理能力。它是为了满足工程设计、动画制作、科学研究、软件开发、金融管理、信息服务和模拟仿真等专业领域而设计开发的高性能终端计算机。

经过调查，工程师确认了福州龙锐电子商务公司内网的部分终端为工作站，主要用于电子商务相关的图像处理和视频后期处理。

3）小型机

小型机具有区别于个人计算机及其服务器的特有体系结构，同时应用了各制造厂的专利技术，有的还采用小型机专用处理器。

此外，小型机使用的操作系统一般是基于 UNIX 内核的专用产品，Sun、Fujitsu 使用的操作系统是 Sun Solaris，HP 小型机使用的操作系统是 HP-UX，IBM 小型机使用的操作系统是 AIX。所以，小型机基本采用封闭、专用的计算机系统，使用小型机的用户一般是看中 UNIX 操作系统的安全性、可靠性和专用服务器的高速运算能力。经过调查，工程师确认了福州龙锐电子商务公司并不存在小型机需求。

4）中型机

在当前的网络设计过程中，已经不再严格区分中型机和小型机。在更多的情况下，中型机相当于小型机中的高档产品。在大多数厂商的非 X86 服务器产品中，一般会存在多种系列。使用最常见的产品划分方式可将其分为部门级服务器、企业级服务器、电信级服务器等。大多数情况下可以将部门级服务器、企业级服务器等同于小型机，而将电信级服务器等同于中型机。

5）大型机

大型机和相关的客户端/服务器产品可以管理大型网络，存储大量重要数据并保证其数据的完整性。大型机具有较高的可用率、高带宽的输入/输出设备、严格的数据备份和恢复机制、高水平的数据集成和安全性能。

目前大型机仍然在金融行业、记账系统、订单处理系统、大型互联网应用、复杂数据处理、科学计算等领域发挥作用，但是随着计算机小型化的发展，大型机将逐步退出应用市场。在网络设计中，只有全国、全行业级的应用中才会出现大型机的应用需求。经过调查，工程师确认了福州龙锐电子商务公司并不需要这类计算平台。

5. 网络需求

需求分析的最后工作是考虑网络需求，这些需求包括以下内容。

1）局域网需求

在传统局域网中，由二层交换机构成局域网骨干，整个网络其实是一个广播域。在这样的网络中，网段是由交换机上的一个端口下连的共享设备形成的。网段内部用户间通信不需要通过交换设备，而网段间通信需要通过交换设备进行存储转发。

在现代局域网中，引入三层交换技术，由三层交换设备构成局域网骨干，这个网络中存在多个广播域，其实是多个小型局域网，这些小型局域网通过三层交换设备的路由交换功能互联。在这种局域网中，网段的概念发生了变化，其实就是一个独立的广播域，局域网中的 VLAN 如图 1-3 所示。

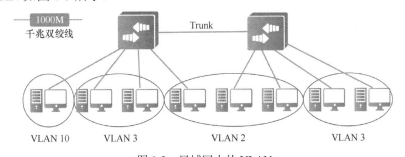

图 1-3 局域网中的 VLAN

无论是哪种网段，都是计算机节点的一种划分方式，但是基于三层交换技术的网段划分方式逐渐成为主流。一般情况下，局域网网段和用户群的分布是一致的，但是也存在一定的差异；允许一个网段内部存在多个用户群，同时允许一个用户群占用多个网段。

对于升级的网络，可以对现有网段划分方式进行改进，形成新的划分方案。对于新建网络，则需要与网络管理员一起商量网段划分方式。无论哪种情况，最终都应形成网段分布需求，即用户群和网段的关系需求。

2）网络性能需求

网络性能需求主要考虑的是网络容量和响应时间。这里的网络容量和响应时间并不是来自于复杂的网络分析，而是直接来自于网络管理人员的要求。在有些网络工程中，网络管理人员提出的网络容量和响应时间要高于用户和应用的需求。

3）有效性需求

有效性需求指的是在进行网络建设策略的选择时产生的各种过滤条件。有效性需求没有固定的模式，通常要对局域网的拓扑结构、网络设备、服务器主机、存储设备、安全设备、机房设备和产品供应商等设定一些选择标准或过滤条件，不符合过滤条件的设备或设备供应商，会被排除在选项之外。

在网络设计工作中，这些琐碎的选择条件对网络设计的影响是非常大的，很多项目就是因为在需求调查中没有注意有效性需求的收集，而导致了最后的失败。

4）数据备份和容灾中心需求

数据备份和容灾中心需求是网络工程中的重点内容。对于一些特定行业来说，数据一旦丢失，将会造成不可挽回的损失。根据不同的网络工程规模存在两种情况，一种情况是需要建立复杂的生产中心和容灾中心，如图 1-4 所示；另外一种情况是仅建立数据备份和容灾机制。

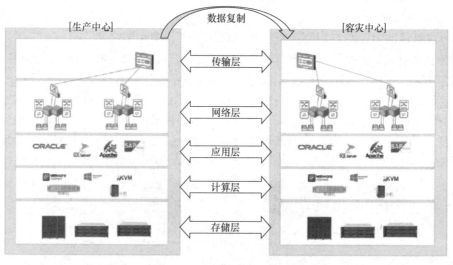

图 1-4　生产中心和容灾中心

建设生产中心需要收集的需求包括：链路和带宽需求、接入设备需求、互联协议需求、数据中心局域网划分需求、数据中心设备需求、数据库平台需求、安全设备需求、机房及电源需求、数据中心托管及服务需求、数据资源建设规划需求、数据备份管理机制需求等。

5）网络管理需求

网络管理人员的管理思路、管理要求是决定网络管理平台的关键。由于网络管理是网络工程中较为复杂、牵扯范围较广的建设内容，因此需要工程师与网络管理人员重点进行交流，获取明确的网络管理需求。网络管理建设要从以下方面进行调查。

（1）明确网络管理的目的

企业网络管理的主要目的是提高网络可用性、改善网络性能、增强网络安全性等。网络管理员可以根据自身需要进行补充与调整。

（2）掌握网络管理的要素

网络管理平台的建设要注意与业务需求结合，建立完整而理想的网络管理解决方案，应该根据应用环境和业务流程以及用户需求的端到端关联来管理网络及设备。

（3）明确需要管理的网络资源

网络资源是指网络中的硬件设备、网络环境中运行的软件以及提供的服务等。网络管理人员必须明确需要管理的网络资源。

（4）应用管理不容忽视

应用管理用于测量和监督特定的应用软件及其对未来传输流量的影响。网络管理人员通过应用管理可以跟踪网络用户和运行的应用软件，缩短网络的响应时间。网络管理人员应明确在应用管理方面的需求。

6）网络管理软件需求

选择网络管理软件要符合网络管理人员的产品使用习惯，同时要明确网络管理人员对网络管理软件的需求。

（1）企业需要的管理功能

企业在选择网络管理软件时，一定要考虑到目前与未来企业网络环境发展的需要。一个好的网络管理系统必须是适合企业业务发展需要的。

（2）网络管理软件支持的协议

网络管理人员需要明确产品对网络管理协议的支持程度，尤其是 SNMP 和 RMON 协议，需要明确协议的版本和关键细节。

（3）支持各种硬件、软件的范围

不同的网络管理软件对不同产品的支持程度是不一样的，网络管理人员需要明确什么类型的硬件、软件可以纳入网络管理范畴。

（4）可管理性

可管理性是指网络需求对设备提出的需求。可管理性要求是指设备对协议、管理信息库、图形库等方面的支持。

7）网络安全需求

网络安全体系是建设网络工程的重要内容之一。无论网络工程规模如何，都应该存在一个可扩展的总体网络安全体系框架。对于不同的网络工程项目，允许建设不同的网络安全体系框架。网络设计人员在进行网络安全需求收集时，可以根据如图 1-5 所示的框架进行网络安全需求的调查。

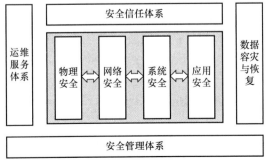

图 1-5　网络安全体系框架

在该网络安全体系框架中，安全管理体系是整个网络安全体系框架的基础，使安全问题可控、可管。安全技术措施包括物理安全、网络安全、系统安全、应用安全等。以数据容灾与恢复为目标的后备保障措施用来应对重大灾难性事件后的网络重建，以运维服务体系作为外部支撑条件，使安全问题能够及时、有效解决。

基于以上网络安全体系框架，网络设计人员应该协助网络管理人员对安全管理体系、运维服务体系、数据容灾与恢复、安全信任体系等方面的需求进行确定。同时，对于安全技术措施需求，可以借鉴表 1-3 中的内容来明确。

表 1-3　用户服务列表

序号	安全技术措施	需 求 项 目			
1	物理安全需求	机房安全	通信链路安全	骨干线路冗余	主要设备防雷
2	网络安全需求	安全区域划分	安全区域级别	区域内部安全策略	区域边界安全策略
		路由设备安全	防火墙	入侵检测	VPN
		行为审计	流量管理		
3	系统安全需求	身份认证	账号管理	漏洞发现与补丁管理	病毒防护
4	应用安全需求	数据库安全	邮件安全	Web 安全	

1.2　分析网络需求

需求分析永远是方案规划的前提。若存在原始的网络环境，则可从原始的网络环境中找到需要改进优化的地方，以满足用户提出的合理化需求，并且依据用户的需求输出需求表。

需求收集之后的需求分析是整个网络规划的难点，需要由经验丰富的网络工程师来完成。正确的需求分析方法要使数据分析和用户需求一致，从而使网络的建设结果和用户需求保持一致。

1.2.1　规划网络需求

1. 了解拓扑结构需求

现代局域网与传统局域网相比，已经发生了很大变化，传统局域网只具有二层通信功能，现代局域网不仅具有二层通信功能，同时还具有三层甚至多层通信功能。从某种意义上来说，现代局域网被称为园区网络更为合适。

在进行局域网设计时，常见的局域网络结构有单核心网络结构、双核心网络结构。

1）单核心网络结构

单核心网络结构主要由一台核心的二层或三层交换机来构建局域网络核心，通过多台接入层交换机接入计算机节点，该网络一般通过与核心层交换机互联的路由设备（路由器或防火墙）接入广域网。

典型的单核心网络结构如图 1-6 所示，单核心网络结构分析如下。

（1）核心层交换机在实现上多采用二层、三层交换机或多层交换机。

（2）如果采用三层或多层设备，网络可以划分成多个 VLAN，VLAN 内只进行数据链路层的帧转发。

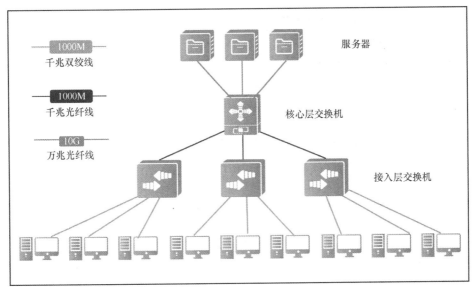

图 1-6　单核心网络结构

（3）网络内各 VLAN 之间访问需要经过核心层交换机，并且只能通过网络层转发数据包的方式实现。

（4）网络中除核心层交换机之外，不存在其他带三层路由功能的设备。

（5）核心层交换机与各 VLAN 设备可以采用 100M、1000M 以太网连接。

（6）单核心网络结构节省设备投资。

（7）单核心网络结构简单。

（8）部门局域网访问核心局域网以及部门局域网相互之间访问效率高。

（9）在核心层交换机端口富余的前提下，部门局域网接入较为方便。

（10）单核心网络结构的地理范围小，要求部门局域网分布比较紧凑。

（11）核心层交换机是网络的故障单点，容易导致整个网络失效。

（12）单核心网络结构的网络扩展能力有限。

（13）单核心网络结构对核心层交换机的端口密度要求较高。

（14）除了规模较小的网络，一般情况下，用户计算机不直接与核心层交换机相连，也就是核心层交换机与用户计算机之间应存在接入层交换机。

2）双核心网络结构

双核心网络结构主要由两台核心层交换机来构建局域网核心，该网络一般也是通过与核心层交换机互联的路由设备接入广域网的，并且路由器与两台核心层交换机之间都存在物理链路。

典型的双核心网络结构如图 1-7 所示，双核心网络结构分析如下。

（1）核心层交换机在实现上多采用三层交换机或多层交换机。网络内各 VLAN 之间访问需要经过两台核心层交换机中的一台。

（2）网络中除核心层交换机之外，不存在其他具备路由功能的设备。

（3）核心层交换机之间运行特定的网关保护或负载均衡协议，如 VRRP 等。

（4）核心层交换机与各 VLAN 设备可以采用 100M、1000M 以太网连接。

（5）双核心网络结构的网络拓扑结构可靠。

（6）路由层面可以实现无缝切换。

（7）部门局域网访问核心局域网及部门核心局域网之间存在多条路径，选择可靠性更高。

（8）在核心层交换机端口富余的前提下，部门局域网接入较为方便。

（9）双核心网络的设备投资比单核心网络高。

（10）双核心网络对核心层路由设备的端口密度要求较高。

（11）核心层交换机和用户计算机之间存在接入层交换机，接入层交换机同时与双核心网络存在物理连接。

（12）所有服务器直接同时连接至两台核心层交换机，借助网关保护协议，实现用户计算机对服务器的高速访问。

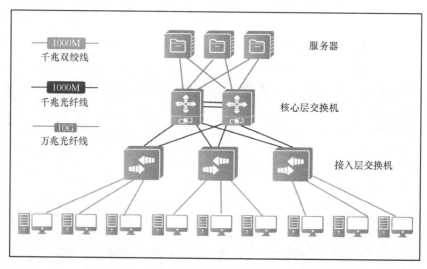

图 1-7　双核心网络结构

2．网络流量分析

在过去的 20 多年中，许多研究人员对网络流量进行了细致的分析和研究，揭示了网络基本行为和特性的十大规律。

规律 1：网络流量连续变化。网络流量增长迅速，网络流量的组成、协议、应用以及用户等都在变化，对现有网络数据的收集只是在网络演化过程中的一个快照，网络流量的结构是在不断变化的。

规律 2：表征聚合网络流量的特点很困难。网络具有异构性的本质，存在大量不同类型的应用，多种协议、多种接入技术和接入速率、用户行为及网络本身都会随时间变化。

规律 3：网络流量具有"邻近相关性"。网络流量模式不是随机的，网络流量的结构域用户与在应用层发起的任务有关，各分组并非是独立的。网络流量在时间上、空间上都具有"邻近相关性"。同时，网络流量在主机级、路由器级和应用级都有"邻近相关性"。

规律 4：分组网络流量的分布并不均匀。例如，由于客户端/服务器方式、地理原因等，10%的主机使用的网络流量可能占总网络流量的90%。

规律 5：分组长度呈现双模态。段分组（包括交互式的网络流量和确认）约占总网络流量的 40%，许多长分组是批量数据文件传输类型应用，根据 MTU 可知，这些分组应尽可能长，约占总网络流量的 50%。中等长度的分组很少，仅占总网络流量的 10%左右。

规律 6：会话到达过程满足一定的随机过程，如泊松过程等。网络的最终用户是人，任何人在任何时间、任何地点都可以独立地随机发起对网络的接入。例如，用户向网络服务器请求单个页面，就服从泊松过程。

规律 7：分组到达的规律不符合泊松过程。经典的排队论和网络设计是假定分组的到达规律符合泊松过程，即无记忆的指数分布。但是长期的研究发现，分组是突发式到达的（分组有成群的特性），分组到达的前、后是有关联的，到达时间并不呈指数分布，到达的时间也不是独立的。分组网络流量具有突发性，平均值可能很低，但峰值可能很高，这与用户使用网络的时间段有关。网络流量的自相似性显示：分组在较长的时间范围内存在突发性，而且这种突发性很难精确定义。

规律 8：多数 TCP 会话是简短的。大部分会话交换的数据少于 10KB；大部分交互连接仅持续几秒；大部分通过网络传送的文档小于 10KB。

规律 9：网络流量具有双向性，但是通常并不对称。网络流量数据通常在两个方向流动，尤其是从网络上下载大文件时，两个方向的数据量往往相差很大，多数应用都使用 TCP/IP 流量。

规律 10：在分组网络流量中，TCP 的份额占绝大多数。迄今为止，TCP 依然是最重要的协议，即使有 IP 电话和多播技术的使用（这些应用是在 UDP 上运行的），TCP 仍占主导地位。

综上分析，分析和确定当前网络流量和未来网络容量需求是网络规划设计的基础。估算网络流量及预测通信增长量的实际操作方法如下所示。

（1）分析产生网络流量的应用特点和分布情况，明确现有应用和新应用的用户组与数据存储方式。

（2）将网络划分成易于管理的若干区域，这种划分往往与网络的管理等级结构是一致的。

（3）在网络结构图上标注出工作组与数据存储方式的情况，定性分析出网络流量的分布情况。

（4）辨别出网络的逻辑边界和物理边界，进而找出易于进行管理的域，其中，网络的逻辑边界能够使用一个或一组特定的应用程序的用户群来区分，或者根据虚拟局域网确定的工作组来区分。网络的物理边界可以通过逐个连接来确定一个物理工作组，进而可以很容易地分割网络。

（5）分析网络流量特征包括辨别网络通信的源点和目的地，并分析源点和目的地之间数据传输的方向和对称性。因为在某些应用中，网络流量是双向对称的；而在某些应用中，却不具有这些特征，例如，客户端会发送少量的查询数据，而服务器则会发送大量的数据。而且在广播式应用中，网络流量是单向非对称的。

在分析网络流量的最后，还需要对现有网络流量进行测量。一种是主动式的测量，即通过主动发送测试分组序列来测量网络行为；另一种是被动式的测量，即通过被动俘获流经测试点的分组序列来测量网络行为。

网络流量的通信方式包括客户端/服务器方式（C/S）、对等方式、分布式计算方式等。

估算的通信负载一般包含应用的性质、每次通信的通信量、传输对象大小、并发数量、每天各种应用的使用频率等。

3. VLAN 划分需求

VLAN 是建立在交换机之上的逻辑网络，VLAN 可以进行逻辑工作组的划分和管理，逻辑工作组的节点不受物理位置限制。

同一逻辑工作组的成员不一定要连接在同一个物理网段上，它们可以连接在同一个局域网的不同交换机上，也可以连接在不同局域网的不同交换机上，只要这些交换机是互联的就可以。一个节点从一个逻辑工作组转移到另一个逻辑工作组时，只需要进行软件（如交换机的 OS）设置，而不需要改变主机在网络中的物理位置。

如图 1-8 所示，VALN 之间的通信就像在同一个物理网段上一样。同一个 VLAN 中的主机可以自由通信，不同 VALN 之间的主机通信必须通过路由器或三层交换机进行转发。

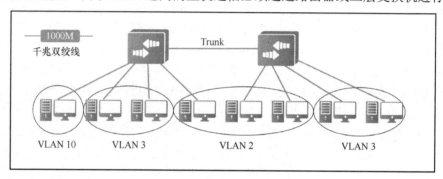

图 1-8 VLAN 的基本形式

设计 VLAN 可以为交换机端口提供独立的广播域，大部分二层交换机都支持 VLAN 技术。

1）VLAN 的优点

（1）隔离广播风暴

一个 VLAN 中的广播信号不会传到这个 VLAN 之外的网络，广播信号只能在 VLAN 内部传输，这样可以减少广播流量。例如，在一个 VLAN 中，一个用户使用广播信息流量很大的应用软件（如视频点播软件）时，它只会影响到本 VLAN 内的用户，其他逻辑工作组中的用户则不会受到它的影响。

（2）提高用户安全性

以太网接入楼层后，该楼层多个部门内的多个用户会在同一个局域网内，用户之间可以相互访问，这会造成部门信息的安全性问题。如果将每个部门划分为一个 VLAN，就可以避免部门之间的相互访问，提高部门信息的安全性。

（3）方便用户人员变动

借助 VLAN 技术，可以将不同地点、不同用户组合在一起，形成一个虚拟的网络环境，用户就像使用本地网络一样方便有效。VLAN 可以降低移动或变更计算机地理位置的管理费用，特别适用于一些业务情况经常变动的公司。

一个有趣的现象是，VLAN 本来是为方便人员变动而设计的，但实际却在隔离广播风暴和提高用户安全性方面应用广泛。

2）VLAN 的划分方法

基于端口进行 VLAN 划分是一种最常用的方法，几乎所有交换机都提供这种 VLAN 划分方法。这种划分方法是将交换机上的物理端口分成若干组，每个组构成一个 VLAN。

基于端口进行 VLAN 划分的优点是：定义 VLAN 成员非常简单，只要将所有的端口都定义为相应的 VLAN 组即可，而且适合于任何大小的网络。它的缺点是：如果某个用户离开了原来的端口，到了另外一个交换机的端口，那么就必须对端口重新进行定义。

VLAN 的划分方法有很多种，不同 VLAN 划分方法的优点与缺点如表 1-4 所示。

表 1-4　不同 VLAN 划分方法的优点与缺点

划分方法	类　　型	优　　　点	缺　　点	应用范围
基于端口	静态 VLAN	划分方法简单； 网络性能好； 支持大部分交换机； 交换机负担小； 适合任何大小的网络	手工设置较烦琐； 当用户变更端口时，必须重新定义	应用广泛
基于 MAC	动态 VLAN	用户位置改变时不用重新配置； 安全性好	所有用户都必须配置； 网卡更换后必须重新配置； 交换机执行效率降低	应用不多
基于协议	动态 VLAN	管理方便； 维护工作量小	交换机负担较重	应用不多
基于 IP 组播	动态 VLAN	可将 VLAN 扩大到广域网； 很容易通过路由器进行扩展； 适合于不在同一地理范围内的局域网用户组成一个 VLAN	不适合局域网； 效率不高	应用不多

3）VLAN 设计的基本原则

完全消除 VLAN 在链路和设备上的影响，在理论上是不可能的。只能尽量减小相互影响的范围，降低相互影响的程度。在 VLAN 设计中尽量遵守以下原则。

（1）应尽量避免在同一个交换机中配置过多的 VLAN。

（2）VLAN 的设计不要跨越核心层交换机和网络拓扑结构的不同分层。

在图 1-9 中，VLAN 10 的范围跨越了整个网络（VLAN 20 也是这样），一旦 VLAN 发生故障，将影响链路中的所有设备。

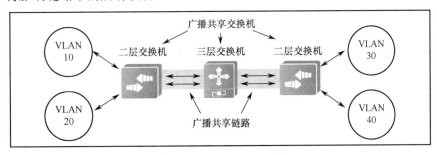

图 1-9　一般的 VLAN 结构

在图 1-10 中，将 VLAN 限定在核心层交换机的同一侧，资源共享的程度就大大降低了。同一 VLAN 组成员没有跨越核心层交换机，因此不同 VLAN 的广播帧就不会穿越核心层交换机。同时，核心层交换机允许不同 VLAN 之间的正常数据流（图 1-10 中的虚线）通过，核心层交换机受 VLAN 影响的程度就降低了。

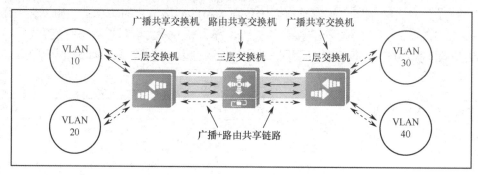

图 1-10　核心层交换机共享形式的变化

在进行以上的 VLAN 划分需求分析之后，工程师需要完成福州龙锐电子商务公司部分 VLAN 划分规划表，如表 1-5 所示。

表 1-5　福州龙锐电子商务公司部分 VLAN 划分规划表

安装位置	使 用 者	VLAN 规划	备注
1 楼接入	销售部 1～4 部	VLAN 11～14	
	市场部 1～3 部	VLAN 21～23	
2 楼接入	生产部 1～2 部	VLAN 31～32	
	检测部	VLAN 41	
3 楼接入	财务部	VLAN 51	
	联络部	VLAN 61	
4 楼接入	总经理办公室	VLAN 10	
	会议室 1～4	VLAN 71～74	

1.2.2　熟悉网络需求收集和分析的工作流程

需求收集和分析过程的输出是经过评审后的需求说明书，这是整个网络建设项目中第一个重要的里程碑，是后续范围管理计划、进度计划、人力资源计划、成本计划等的基本依据。

需求说明书是整个项目的依据，因此需要确保需求说明书的质量。这就需要我们对需求收集和分析过程进行有效的管理。

1. 制订需求收集和分析工作计划

需求收集和分析过程也需要制订计划，从而争取更好的工作绩效。需求收集和分析工作计划通常由网络项目承建方编制。需求收集和分析工作计划包含以下内容：

（1）需求收集和分析的目标；

（2）需求收集和分析的组织形式，如集中会议、虚拟团队等；

（3）需求收集的时间、地点、参与人员；

（4）确定需求说明书的风格、阐述方式；

（5）确定需求跟踪控制表和应该收集整理的跟踪信息；

（6）确定需求小组各成员的工作职责和工作规程。

承建方需求分析人员在与需求方人员进行正式接触前，应制订一个访谈人员计划和针对不同类别人员的问询表。根据上一节的内容，问询表通常包含以下内容：用户为需求沟通所准备的文档情况、业务的目的、当前的目标、长远的目标、当前准备情况、完成的业务功能列表、目标系统操作人员的业务及计算机技术熟练程度、最终用户、当前及将来的软硬件及网络环境等。当然，针对不同人员问询的侧重点也不一样，需要对问题做相应的增减、修改。

2. 成立需求分析小组

需求分析小组属于临时的项目型组织，可以根据项目的重要程度，采取不同的形式组建需求分析小组，并提供办公设备、明确责任、启动任务。

需求分析小组的成员主要由业务专家和技术专家组成，至少包括建设单位需求分析团队以及承建单位需求分析团队的成员。

建设单位需求分析团队的成员包括：① 业务专家，负责对项目建设提出业务方面的要求（项目的主要目标）；② 信息技术专家，负责对项目建设中相关的信息技术提出要求；③ 组长，负责管理投资方临时组建的需求工作团队。

承建单位需求分析团队的成员包括：① 业务分析人员，负责与投资方业务专家沟通交流，获取投资方的业务要求（主要目标）；② 业务专家，站在投资方立场，协助投资方分析业务；③ 信息技术专家，负责对项目需求中的有关信息进行技术分析；④ 项目需求管理工程师，对需求开发过程进行管理，确保过程质量；⑤ 组长，负责管理承建方临时组建的需求工作团队。

需求分析小组的任务是全面调查、分析、引导、挖掘建设单位对项目输出物（设备、软件、服务）的需求，并进行沟通、协调、妥协和平衡，最终得到各方签字认可的需求说明书。

由于建设单位相关人员通常不能准确地阐述他们的真实需求，因此承建单位应组建素质良好的需求分析团队，通过培训、询问、引导、分析，并借助恰当的工具来挖掘建设单位的真实需求。

需求分析的最后一步是汇总输出的所有需求表，修订完成需求说明书。需求分析的出发点在于对调研的需求进行提炼，帮助项目人员发现问题。

由于之前的需求都是通过各种方式从各个用户处调研获取到的，因此这些信息是零散的、碎片的。最重要的是，并非所有的需求都是可以实现的，只有对当前网络构建有价值的信息才能保留下来，其他的需求信息可以作为参照。

需求说明书可以规范网络工程的实施过程，加快网络搭建进度，也便于对搭建过程进行管理和控制。在网络项目验收阶段，需求说明书也可以作为佐证材料和工作成果的材料依据。

总之，前期的需求调研阶段可以为需求分析阶段提供基本材料，需求分析阶段可以为项目规划阶段提供基本的根据。

需求收集和分析的一般工作流程如图 1-11 所示。

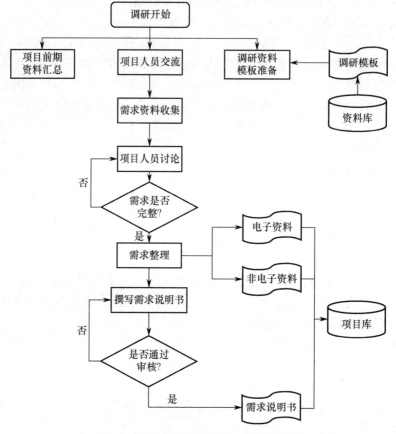

图 1-11　需求收集和分析的一般工作流程

用户的需求决定了网络搭建要解决的问题以及所要实现的功能。需求分析规划了网络搭建所需要完成的每件事情，明确了所有规划应该提供的功能和可能受到的制约。

当项目组完成需求说明书之后，需要进行进一步的审核，审核通过后才能将此需求说明书存入项目库，在下一阶段的项目规划中作为参考依据。

【规划实践】

【规划任务】

1. 三层结构的网络规划

根据网络需求调研结果，福州龙锐电子商务公司采用三层结构网络规划。每个楼层采用一台汇聚层交换机下联接入层交换机，采用双链路上联核心层交换机。服务器机房位于 2 楼，服务器与一台三层交换机互联，该三层交换机采用双链路上联核心层交换机。同时，网络出口采用双路由器连接到不同的运营商网络。设计完成的福州龙锐电子商务公司网络拓扑结构如图 1-12 所示，设计的 VLAN 分布如表 1-6 所示。

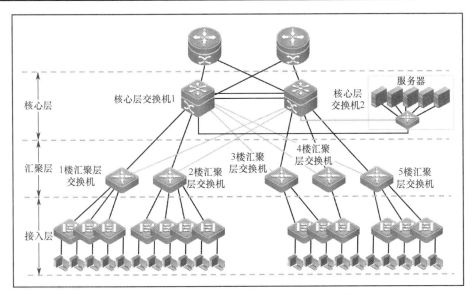

图 1-12 福州龙锐电子商务公司网络拓扑结构

表 1-6 福州龙锐电子商务公司 VLAN 分布

交换机安装	使 用 者	VLAN 规划	备注
1 楼汇聚层交换机	销售部 1～4	VLAN 11～14	
	市场部 1～3	VLAN 21～23	
2 楼汇聚层交换机	生产部 1～2	VLAN 31～32	
	检测部	VLAN 41	
	核心机房	—	
3 楼汇聚层交换机	财务部	VLAN 51	
	联络部	VLAN 61	
4 楼汇聚层交换机	副总经理办公室	VLAN 9	
	会议室 5～8	VLAN 75～78	
5 楼汇聚层交换机	总经理办公室	VLAN 10	
	会议室 1～4	VLAN 71～74	

2. 网络中建设需求分析

在需求调研过程中可知，福州龙锐电子商务公司内网主要有 8 类业务应用。

（1）Web 访问：Web 访问是所有内网用户的日常应用，包括 Web 视频应用。

Web 访问请求流量由接入层产生，经汇聚层与核心层到达出口路由器，流量较小。Web 访问的服务器返回流量从出口路由器进入内网，经核心层与汇聚层到达接入层。从流量角度分析，由于存在大量的 Web 视频应用，为确保用户的体验，出口采用 100Mbps 联通与电信双线接入，并且核心层与汇聚层之间采用万兆连接，确保上网流量不会对内网服务器访问带来影响。而且，均摊到每台接入层交换机的流量较少，汇聚层到接入层采用千兆连接，并且采用千兆连接到用户终端。

（2）电子邮件：电子邮件是所有内网用户的日常办公应用，邮件服务器位于服务器区。

电子邮件应用包括内部邮件与外部邮件，因此邮件服务器会产生外网流量，需在出口路由器采用端口镜像技术实现服务器的收发端口映射。

（3）云盘：包括百度云盘和钉钉内的企业网盘。

与 Web 访问不同，云盘的往返流量都比较大，为了保证多用户可以并发上传或下载云盘文件，需在出口路由器设备上启动应用识别技术，并保障云盘应用的带宽。

（4）Office/WPS：包括微软公司的 Office 与金山软件公司的 WPS。

（5）数据库：作为 ERP 和 OA 的数据库存储，位于服务器区。

（6）即时通信：包括所有内网用户的日常办公应用。

即时通信的流量一般情况下比较小，只有当进行视频会议时可能会产生较大的上行或下行流量。与保障云盘应用相同，需在出口路由器设备上启动应用识别技术，保障即时通信应用的带宽。

（7）ERP：其是所有内网用户的日常办公应用，采用 B/S 架构，位于服务器区。

（8）OA：其是所有内网用户的日常办公应用，采用 B/S 架构，位于服务器区。

【认证测试】

1．在网络需求收集过程中，用户及主要相关人员属于（　　）。
　　A．业务需求　　　　B．应用需求　　　　C．网络需求　　　　D．计算平台需求

2．观察法和问卷调查法一般在（　　）中使用。
　　A．计算平台需求收集　　　　　　　　B．用户需求收集
　　C．应用需求收集　　　　　　　　　　D．业务需求收集

3．在网络需求收集过程中，机房及电源需求属于（　　）。
　　A．业务需求　　　　B．应用需求　　　　C．网络需求　　　　D．计算平台需求

4．在分组网络流量中（　　）的份额占绝大多数。迄今为止，它依然是最重要的协议。
　　A．TCP　　　　　　B．UDP　　　　　　C．ICMP　　　　　　D．VoIP

5．选择网络管理软件要关注网络管理协议支持情况，一般网络管理软件必须要支持的协议是（　　）。
　　A．ICMP　　　　　B．SMTP　　　　　C．SNMP　　　　　D．IGMP

项目 2　完成中小企业网络规划和设计

【项目背景】

福州龙锐电子商务公司是一家以婴幼儿用品为主要销售内容的电子商务公司，公司租用开发区新建大楼的 1 楼到 5 楼，为满足电子商务销售的需要，计划构建互联互通的办公网，而且需要构建高可用性电子商务网络，实施层次化设计。

中小企业网络层次化部署如图 2-1 所示，企业可对网络实施层次化的设计，针对网络位置和作用优选设备，以增强网络的稳定性，提高网络的可扩展性。

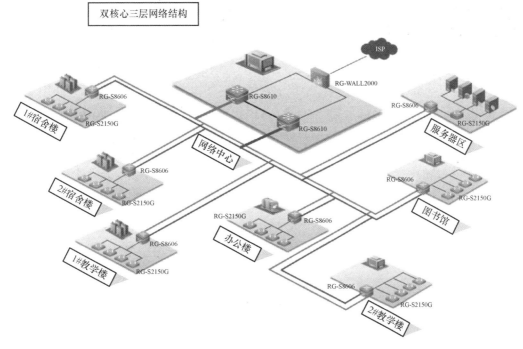

图 2-1　中小企业网络层次化部署

【学习目标】

1. 了解网络层次化设计技术。
2. 完成网络拓扑及地址规划。
3. 实施企业内、外网规划。

【规划技术】

2.1 了解网络层次化设计

2.1.1 使用层次化设计的原因

1. 网络需要层次化设计的原因

在网络规划中，使用层次化方式完成园区网设计，一方面可以节约成本，帮助企业提高业务办理效率和降低运营成本。另一方面，层次化设计使网络中每一层的功能都很分明，模块化网络的组件易于设计和扩展。在实际的网络应用中，扩展一个模块以及添加或者移除一个模块时，无须每次都重新设计整个网络。

每个模块的调整都不会影响其他模块或者核心网络的正常使用，而且在中断任何组件运行的同时不会影响网络的其他部分。这种功能有利于故障排除、故障隔离和网络管理，增强网络故障隔离能力。

2. 网络层次化设计特点

随着通信技术和计算机技术的发展，网络结构的选择直接影响着网络的运行效率、可靠性和网络安全。与以往使用的网络非层次化设计相比，网络层次化设计在网络结构设计中有很多优势，也是网络结构的设计趋势。

中小企业网络可以按照核心层、汇聚层和接入层架构进行规划和设计。但在中小企业网络中，由于建设需求少，功能简单，因此可以使用简单的网络设计，网络依赖于布线和其他物理环境的现实情况，一般可以将简单办公网规划为核心层和接入层，如图 2-2 所示为二层网络架构办公网场景。

中小企业网络的网络架构采用层次化模型设计，可以将复杂网络设计分成几个层次，每个层次着重于某些特定功能，这样就能够将一个复杂的网络问题分解成许多简单的小问题。

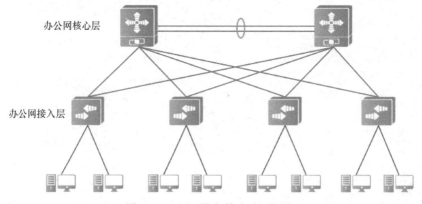

办公网核心层

办公网接入层

图 2-2　二层网络架构办公网场景

2.1.2 网络层次化规划的内容

三层网络架构采用层次化架构的三层网络，采用层次化模型设计。三层网络架构设计的网络有三个层次：核心层（网络的高速交换主干）、汇聚层（提供基于策略的连接）、接入层（将工作站接入网络）。

中小企业网络在规划和设计上遵循层次化设计理念，涉及三个关键层，如图 2-3 所示。

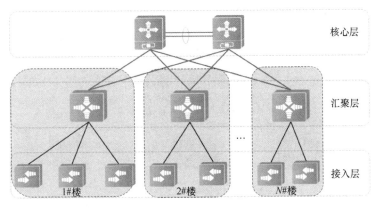

图 2-3　三层网络架构设计

2.1.3　各层的功能

1. 核心层的功能

核心层是网络高速交换的主干，对整个网络的连通起到至关重要的作用。核心层需具有可靠性、高效性、冗余性、容错性、可管理性、适应性、低延时性等。在核心层中，应该采用高带宽的交换机。核心层是网络的枢纽中心，重要性突出，因此核心层设备采用双机冗余热备份是非常必要的，也可以使用负载均衡功能来改善网络性能。核心层示意图如图 2-4 所示。

2. 汇聚层的功能

汇聚层是接入层和核心层的"中介"，即在工作站接入核心层前先做汇聚，以减轻核心层设备的负荷。汇聚层具有实施策略、工作组接入、VLAN 之间的路由交换、源地址或目的地址过滤等多种功能。在汇聚层中，应该选用支持三层交换技术和 VLAN 的交换机，以达到网络隔离和分段的目的。汇聚层示意图如图 2-5 所示。

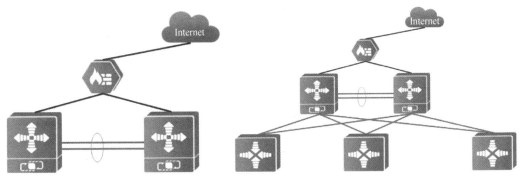

图 2-4　核心层示意图　　　　　　　图 2-5　汇聚层示意图

3. 接入层的功能

接入层向本地网段提供工作站接入。在接入层中，可以减少同一网段的工作站数量，向工作组提供高速带宽。接入层可以选择不支持 VLAN 和三层交换技术的普通交换机。接入层示意图如图 2-6 所示。

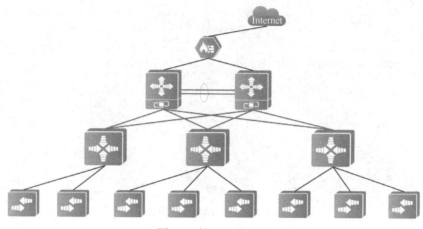

图 2-6　接入层示意图

2.2　规划局域网拓扑和 IP 地址

2.2.1　局域网拓扑的设计

局域网常见的网络拓扑结构有很多种，如星型拓扑、环型拓扑、树状拓扑等。网络拓扑结构是整个网络系统方案规划设计的基础。因此，在网络规划时，必须设计合适的网络拓扑结构。中小企业网络在选择网络拓扑结构时，应从经济性、灵活性、可扩展性、可靠性、易于管理和维护几个方面重点考虑。

在企业中，经济效益通常需要首先考虑，在建设网络的同时就需要考虑经济效益的回报。网络拓扑结构与传输介质的选择决定了传输距离的长短及所需网络的连接设备，这些直接决定了网络建设和维护的费用。

灵活性和扩展性也是选择网络拓扑结构时应充分重视的问题。任何一个网络的拓扑结构都不是一成不变的，随着公司的发展、用户的不断增加、网络新技术的不断涌现，特别是用户应用方式和要求的改变，网络拓扑结构经常需要随之调整。网络的可扩展性与建立网络时的网络拓扑结构直接相关。

网络的可靠性是网络的生命。当网络某个重要节点发生问题时，全部或大部分网络可能无法正常工作，带来的损失是不可估量的。网络拓扑结构的选择直接决定后期对其管理和维护的成本，以及网络故障的应对能力。

总之，中小企业网络拓扑结构的选择需要考虑的因素很多，这些因素同时影响网络的运行速度和网络软硬件接口的复杂程度等。在充分对网络需求进行调研，明确网络规划的侧重点与用户需求后，就可以对网络进行规划了。

1．设计单核心网络拓扑

单核心网络拓扑是指在整个网络环境中只有一台核心层交换机。这种网络拓扑结构适用于网络规模不大且用户对网络依赖程度不高的情况。另外，由于核心设备的价格比较高，所以也会遇到对网络进行分期建设，即前期使用单核心网络拓扑设计，后期再进行升级的情况。单核心网络拓扑示意图如图 2-7 所示。

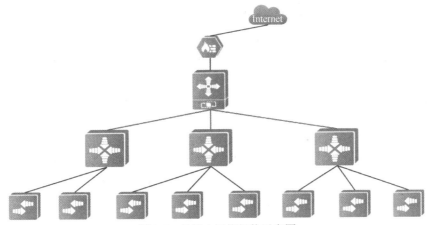

图 2-7 单核心网络拓扑示意图

适合部署单核心网络拓扑的情况有：① 网络规模小；② 信息点少；③ 对网络冗余备份要求不高。但是单核心网络拓扑的致命缺点是容易造成单点故障。

2．设计双核心网络拓扑

双核心网络拓扑是指在整个网络环境中有两台核心层交换机。这种网络拓扑的特点是稳定性好、传输性高、传输速率高。

核心层交换机是整个网络的中心节点，所以对核心层交换机的要求非常高，同时配备两台核心层交换机作为整个网络的核心交换节点，可以避免单点故障对整个网络的影响，从而提高了网络的安全性和稳定性，双核心网络拓扑示意图如图 2-8 所示。

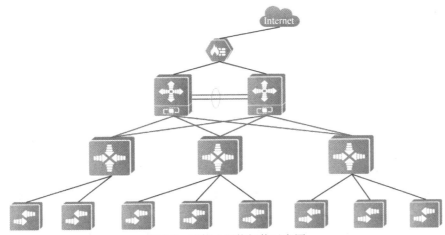

图 2-8 双核心网络拓扑示意图

2.2.2 IP 地址的规划

IP 地址是整个网络系统运行的基石，IP 地址规划不仅应该满足当前的需求，还应该充分考虑将来的可扩展性，以满足发展需要。因此，需要对企业网络系统的 IP 地址进行统一划分。在规划与设计 IP 地址时应当遵循以下原则：① 唯一性；② 连续性；③ 可汇总性；④ 可管理性；⑤ 可扩展性。

　　在规划和设计中小型网络时需要规划 IP 编址空间。网络中的所有主机都必须有唯一的 IP 地址，应当根据接收地址的设备类型规划、记录和维护 IP 编址方案。其中，影响 IP 地址设计的设备类型包括：① 用户使用的终端设备；② 服务器和外围设备；③ 可以从互联网访问的主机；④ 中间设备。

　　IP 编址方案的规划和记录可以帮助管理员跟踪设备类型。例如，如果为所有服务器分配的主机 IP 地址范围为 50～100，则很容易通过 IP 地址来识别通过服务器的流量。这在使用协议分析器对网络流量问题进行故障排除时非常有用。

　　此外，当使用确定性 IP 编址方案时，管理员可以根据 IP 地址更好地控制对网络资源的访问。这对于同时向内部网络和外部网络提供资源的主机尤为重要。Web 服务器或电子商务服务器扮演这样的角色。

　　如果不规划和记录这些资源的 IP 地址，就不容易控制设备的安全和访问。如果一台服务器的 IP 地址是随机分配的，那么在安全方面，就难以对此主机进行保护，另外，客户端可能也无法定位此资源。

2.3　实施企业内网、外网规划

2.3.1　根据设备性能指标进行设备选型

1. 交换机的重要参数

1）背板带宽

　　交换机的背板带宽是交换机接口处理器或接口卡和数据总线间所能吞吐的最大数据量。背板带宽标志了交换机总的数据交换能力，单位为 Gbps，也称为交换带宽。只有模块交换机（拥有可扩展插槽，可灵活改变端口数量）才有背板带宽，固定端口交换机是没有背板带宽的。

　　背板带宽决定了各板卡（包括可扩展插槽中尚未安装的板卡）与交换引擎间连接带宽的最高上限。由于模块化交换机的体系结构不同，因此背板带宽并不能完全有效地代表交换机的真正性能。在全双工模式下，背板带宽的计算公式为：端口数×相应端口速率×2。

2）转发能力

　　由于交换引擎是模块化交换机数据包转发的核心，所以交换容量、转发能力能够真实反映交换机的性能。

　　对于固定端口交换机，交换引擎和网络接口模板是一体的，所以厂家提供的转发性能参数就是交换引擎的转发能力，这一指标是决定交换机性能的关键。

　　针对支持第三层交换的设备，厂家会分别提供第二层转发速率和第三层转发速率，一般第二层转发速率用 bps 表示，第三层转发速率用 pps 表示。对于采用不同体系结构的模块化交换机来说，这两个参数的意义是不同的。但是，对于一般的局域网用户而言，只关心这两个指标就可以了，它是决定该系统性能的关键指标。对于大型园区网和城域网用户而言，讨论交换机的体系结构和第三层优化算法是有意义的。

3）包转发率

　　包转发率也称为端口吞吐量，是指路由器在某端口进行数据包转发的能力，通常使用 pps 表示。

一般来讲,低端的路由器包转发率只有几 K 到几十 Kpps,而高端路由器则能达到几十 Mpps(百万包每秒),甚至上百 Mpps。

2.网络部署中交换机设备的选型

交换机一般可分为接入层交换机、汇聚层交换机、核心层交换机三种,如图 2-9 所示。

1)接入层交换机的特点

接入层交换机主要解决相邻用户之间的访问需求,办公时常用到的共享地址就是接入层交换机的功劳,它使得在同一局域网内的用户可以访问指定路径下的文件,大大地方便了用户日常的工作。同时,在一些大型的网络中,接入层交换机还具有用户管理和用户信息收集的功能,如用户认证、识别用户 IP 地址等。

图 2-9 网络中的三种交换机

2)接入层交换机选择建议

接入层交换机的需求量是最大的,在终端连接的交换机需要满足多端口、低成本的特性,因此主要考虑性价比因素,在功能上要求不是很高。RG-S2928G-S 系列交换机是常用的接入层交换机,如图 2-10 所示。

图 2-10 RG-S2928G-S 系列交换机

3)汇聚层交换机的特点

汇聚层交换机是多台接入层交换机的汇聚部分,用来传递核心层交换机和接入层交换机的信息。汇聚层交换机可以实现一定的策略,根据编写好的代码指令实现 VLAN 之间的路由、工作组接入、地址过滤等功能。

4)汇聚层交换机的选择建议

汇聚层交换机的性能必须比接入层交换机更高,其交换速度也必须比接入层交换机更快才能满足上传和下载数据的需要。RG-S5760-X 系列交换机是常用的汇聚层交换机,如图 2-11 所示。

图 2-11 RG-S5760-X 系列交换机

5）核心层交换机的特点

核心层交换机需要满足的条件更多，作为骨干传输网络设备，它需要满足高可靠性、高效性、可管理性、低延时性等。

6）核心层交换机的选择建议

选择核心层交换机应重点考虑交换机的吞吐量、带宽等因素，建议选择千兆甚至万兆以上的可管理交换机。RG-N18000（牛顿）系列交换机是常用的核心层交换机，如图 2-12 所示。

图 2-12　RG-N18000（牛顿）系列交换机

3. 网络部署中路由器设备选型的重要参数

1）整机吞吐量

整机吞吐量是指设备整机的包转发能力，是设备性能的重要指标。路由器根据 IP 包头或者 MPLS 标记选择相应的路径，因此，吞吐量是指每秒转发包的数量。整机吞吐量通常小于路由器所有端口的吞吐量之和。

2）端口吞吐量

端口吞吐量是指端口的包转发能力，它是路由器在某端口上的包转发能力，通常采用两个相同速率测试接口。一般测试接口可能与接口位置及关系有关，例如，同一插卡上端口间测试的吞吐量可能与不同插卡上端口间吞吐量的值不同。

3）路由表能力

路由器通常依靠所建立及维护的路由表来决定包的转发路径。路由表能力是指路由表内所容纳路由表项数量的极限。由于在网络上执行 BGP 协议的路由器通常拥有数十万条路由表项，所以路由表项也是路由器能力的重要体现。一般而言，高速路由器应该能够支持至少 25 万条路由，平均每个目的地址至少提供 2 条路径，系统必须支持至少 25 个 BGP 对等体以及至少 50 个 IGP 邻居。

4）丢包率

丢包率是指路由器在稳定的持续负荷下，由于资源缺少而不能转发的数据包在应该转发的数据包中所占的比例。丢包率通常用于衡量路由器在超负荷工作时的性能。丢包率与数据包长度以及包发送频率有关。在一些环境下，可以增加路由抖动或路由数量后进行测试模拟。

4．网络部署中的路由器设备的选型

1）选择路由器应该考虑冗余和稳定性等

路由器的性能决定路由器的工作效率，需要考虑接口类型、CPU、冗余、稳定性，建议选择带冗余电源的路由器。

2）广域网接口的种类

核心路由器应提供多种广域网接口，如百兆以太网接口、千兆以太网接口、光纤接口、ATM 接口、POS 接口等。

3）支持的开放标准协议和特性

路由器对开放标准协议的支持能力是实现网络互联的重要前提，例如，是否支持完全的组播路由协议、MPLS 协议、VRRP 协议等。

4）安全性

针对现在网络存在的各种安全隐患，路由器必须具有可靠的安全性。路由器本身应当具备 IPS 或 IDS 的一些简单的功能，这样才能抵御一般的网络攻击，也可以采用路由器的防火墙模块来保障安全。

5）流量控制和计费

在现代企业网络中，由于不同部门的网络需求不同，因此核心路由器要支持 QoS 功能，允许管理员按需控制网络流量。目前，大部分路由器都支持计费功能，RG-RSR20-X 系列路由器如图 2-13 所示。

图 2-13　RG-RSR20-X 系列路由器

2.3.2　完成一个有线网络模块规划

在接到组建一个局域网的需求后，工程师首先需要针对目标区域做好现场环境的勘测与网络拓扑结构设计，具体涉及以下工作任务。

（1）对现场进行实地勘测，了解物理环境。

（2）明确用户网络需求。

（3）根据用户网络需求进行设备选型，并输出设备选型表。分析用户网络需求，将分析得到的数据，与现有交换机的性能参数接口数量、背板带宽、包转发率等进行对比，选定大致的交换机型号。最后再根据用户资金情况进行微调。

（4）规划网络拓扑结构，并输出设备端口互联表。

网络拓扑结构对整个网络系统的运行效率、技术性能的发挥、可靠性与费用等方面都有着重要的影响。确定网络拓扑结构是整个网络系统方案规划设计的基础。网络拓扑结构的选择与地理环境的分部、传输介质、介质访问控制方法，甚至网络设备选型等因素紧密相关。

（5）规划设计 VLAN，并输出业务地址规划表。

划分 VLAN 是整个网络系统的重要技术之一。企业网络内部的环境复杂、分布区域广、网络用户多，以至于企业内部网络用户的可靠性得不到完全保证。划分 VLAN 可以隔离不同部门，增强企业网络的安全性。

目前，VLAN 可以使用多种方式组建，如基于交换机端口的 VLAN、基于 MAC 地址的 VLAN 等。在没有特殊的环境要求下，一般都使用基于端口的 VLAN 来划分 VLAN。

使用 VLAN 的优点如下。

① 防范广播风暴：VLAN 可以限制网络广播，在一个 VLAN 中的广播不会传到 VLAN 之外。同样，相邻的端口不会收到其他 VLAN 产生的广播。这样可以减少广播流量，释放带宽给用户使用。

② 提升安全性能：不同 VLAN 内的报文在传输时是相互隔离的，即一个 VLAN 内的用户不能和其他 VLAN 内的用户直接通信，如果不同 VLAN 要进行通信，则需要通过路由器或三层交换机等三层设备实现。

③ 降低网络部署的成本：VLAN 使得成本高昂的网络升级需求减少，现有带宽和上行链路的利用率更高，因此可以节约成本。

④ 性能提高：将第二层平面网络划分为多个逻辑工作组（广播域）可以减少网络上不必要的流量，并提高性能。

另外，使用 VLAN 还可以简化项目管理或应用管理，具有增加网络连接的灵活性等优点。

（6）规划设备管理地址与设备互联地址，输出设备管理地址规划表与互联地址规划表。

（7）根据用户网络需求进行网络安全规划设计，包括设计 STP 防止环路、设置出口安全设备、设置堡垒机、设置日志记录系统等。

2.3.3　完成一个无线网络模块规划

中型无线网络项目中需要安装的无线 AP（Access Point，访问接入点）的数量为几十台，甚至上百台，如果还使用 Fat AP（胖 AP）进行覆盖，那么将给前期配置和后期维护带来巨大的工作量。

因此，在中大规模组网中一般采用 Fit AP（瘦 AP）设备组网模式，无线控制器加 Fit AP 控制架构对设备的功能进行重新划分，其中：

（1）无线控制器负责无线网络的接入控制、转发和统计以及 AP 的配置监控、漫游管理、AP 的网管代理和安全控制；

（2）Fit AP 负责 802.11 报文的加/解密、802.11 的物理层功能、接受无线控制器的管理、RF 空口的统计等简单功能。

1．AP 和 AC 的组网模式

AP 和 AC（Access Controller，接入控制器）的组网模式可分为二层组网模式和三层组网模式，如图 2-14 和图 2-15 所示。

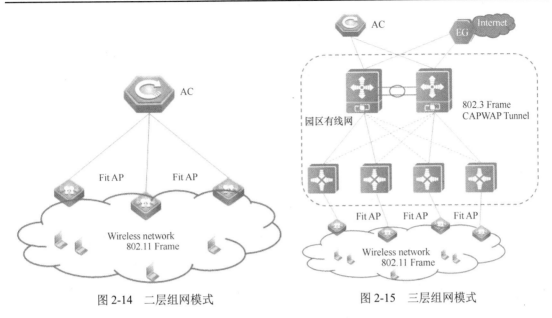

图 2-14　二层组网模式　　　　　　图 2-15　三层组网模式

2. 转发模式的选型

从 STA 数据报文转发的角度出发，Fit AP 的架构可进一步分为集中转发模式和本地转发模式。

1）集中转发模式

在集中转发模式中，所有 STA 数据报文和 AP 的控制报文都通过 CAPWAP 隧道转发到 AC，再由 AC 进行集中交换和处理，如图 2-16 所示。因此，AC 不但要对 AP 进行管理，还要作为 AP 流量的转发中枢。

2）本地转发模式

在本地转发模式中，AC 只对 AP 进行管理，业务数据都是由本地直接转发的，即 AP 管理流封装在 CAPWAP 隧道中，转发给 AC，由 AC 负责处理，如图 2-17 所示。AP 的业务流不加 CAPWAP 封装，而直接由 AP 转发给上联交换设备，然后由交换机进行直接转发。

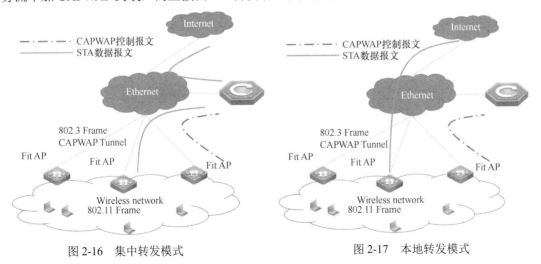

图 2-16　集中转发模式　　　　　　图 2-17　本地转发模式

3．网络的部署

一个新的无线项目的部署首先需要针对目标区域做好无线网络的勘测与设计，具体涉及以下工作任务。

1）评估无线接入用户的数量

在评估无线接入用户的数量时，一般以场景满载时人数的 60%～70%（经验值）进行估算，工程师基于大量的工程经验对以下不同场景提出了不同的计算方法。

（1）基于座位：座位数为满载人数。

（2）基于床位：满载人数为床位数量的 2 倍。

（3）其他场景：高峰时期该场景所能容纳的人数。

2）评估用户无线上网的吞吐量

根据表 2-1 对用户无线上网的吞吐量进行评估，具体数值可根据经验微调。

表 2-1　常见应用所需的带宽

应 用 名 称	带宽
网页流量（新浪等）	512Kbps（流畅，5s 能打开）
网络游戏（网页游戏）	40Kbps
网络游戏（3D 网游、cs、穿越火线）	80Kbps～130Kbps
在线音乐（普通音乐）	300Kbps
P2P 相关应用（下载）	320Kbps
P2P 流媒体（PPLIVE、PPStream）	200Kbps
视频分享（优酷、土豆、酷 6）	250Kbps
视频服务（标清）	1Mbps
视频服务（高清）	2Mbps 以上

3）获取需要无线覆盖的建筑平面图

一般可直接向用户索要建筑平面图，最好为 VSD 或 CAD 格式。若用户无法提供相关的建筑平面图，则工作人员只能到用户现场测绘。现场测绘需要准备激光测距仪、卷尺、笔、纸等工具。

4）AP 选型

在获得无线接入用户的数量、用户无线上网的吞吐量和无线覆盖的建筑平面图后，首先可以根据用户建筑环境特点和预算，确定 AP 产品类型。如果预算紧张，则可以使用智分型或者一个墙面型 AP 覆盖两个房间，也可以在走廊放置 1～3 个放装型 AP，并覆盖整个楼层。

选定 AP 产品类型后，再根据无线接入用户的数量和用户无线上网的吞吐量要求选择 AP 产品型号和数量。

5）AP 点位设计与信道规划

使用无线地勘系统进行 AP 点位设计及信道规划，包含以下几个步骤：

（1）创建无线工程；

（2）导入建筑图纸；

（3）根据场景和用户需求选择合适的产品，已在工作任务 4）中完成；

（4）根据现场和需求调研情况，进行 AP 点位设计；

（5）通过信号模拟仿真，调整优化 AP 位置，实现重点区域无线高质量覆盖；

（6）进行 AP 信道规划，并通过信号模拟仿真（按信道冲突），调整 AP 信道和功率，实现高质量无线覆盖。

6）无线复勘

通过无线地勘系统看到的无线信号覆盖质量有可能与在现场部署时与实际情况不一致，可能存在一定的无线覆盖质量隐患。特别是在预算紧张的覆盖项目中，有些区域可能信号覆盖较弱，因此建议到现场进行无线复勘。

7）输出无线地勘报告

完成无线复勘后，确定 AP 点位设计图，并输出无线地勘报告，包括以下内容：

（1）地勘报告（通过无线地勘系统输出）；

（2）地勘报告分析（对地勘报告进行摘要解析，以 PPT 形式展现给用户）；

（3）AP 点位图（简要标注 AP 名称、点位、信道、编号等）；

（4）AP 点位图说明（对 AP 点位进行具体说明）；

（5）AP 信息表（名称、点位位置、信道、功率等，以 Excel 表格形式保存）；

（6）物料清单（AP、馈线、天线等）；

（7）安装环境检查表（对 AP 安装环境进行检查并登记）。

2.3.4 出口网络规划

1. 接入规划设计

单设备单出口应用模型如图 2-18 所示。该模型由一个出口设备和一个出口链路组成，因为建设成本低，所以在对网络要求不高的小型网络中较为常见。

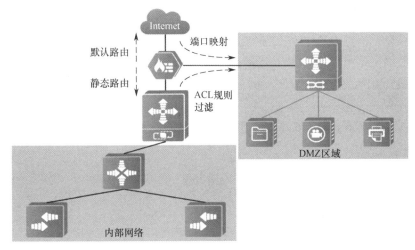

图 2-18 单设备单出口应用模型

单设备多出口应用模型如图 2-19 所示。一般中型局域网接入互联网用户可以根据预算、服务器发布、安全要求等方面来进行规划。

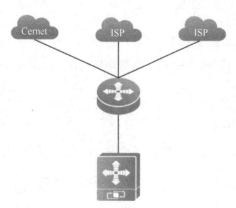

图2-19　单设备多出口应用模型

2．NAT网络地址转换规划

在计算机网络中，网络地址转换（Network Address Translation，NAT）是一种在IP数据包通过路由器或防火墙时重写源IP地址和目的IP地址的技术。这种技术被普遍使用在有多台主机但只通过一个公有IP地址访问因特网的私有网络中。

目前，人们普遍认为NAT完美地解决了IP地址不足的问题，但NAT也让主机之间的通信变得复杂，导致通信效率降低。

NAT的优点：①节约合法注册地址；②减少地址重叠出现；③增加网络连接的灵活性，在网络需要变更时可以避免地址的重新分配。

NAT的缺点：①地址转换产生交换延时；②无法进行端到端的IP地址跟踪；③某些应用程序无法在NAT的网络中运行。

3．IP地址映射

为了实现用户在互联网上访问公司网站，我们需要将公司网站永久映射成外网地址。

一般情况下用户会用公网固定IP地址，因此可以通过配置静态网络地址端口转换（NAPT）实现将内网的Web服务映射为公网固定IP地址。

4．流量控制策略规划

网络管理员应当考虑网络设计中的各种流量类型及其处理方式，应当对小型网络中的路由器和交换机进行配置，使其实现与支持其他数据流量不同的方式支持实时流量，如语音和视频，如图2-20所示。事实上，一个好的网络设计会根据优先级仔细对流量进行分类。小型网络中良好的网络设计可提高员工工作效率，以及最大限度地减少网络中断。

图2-20　流量控制的原理

【规划实践】

【规划任务】

福州龙锐电子商务公司的楼层平面图如图2-21所示。

建筑现场情况：该楼层室内无吊顶，走廊有吊顶，原有强电布线室内外均采用PVC线槽铺设；墙高 3 米，无房梁。

综合布线说明：工作区子系统与水平干线子系统采用有线网线覆盖；垂直干线子系统采用光纤覆盖；设备间子系统核心区设备及服务采用有线网线跳线直连。

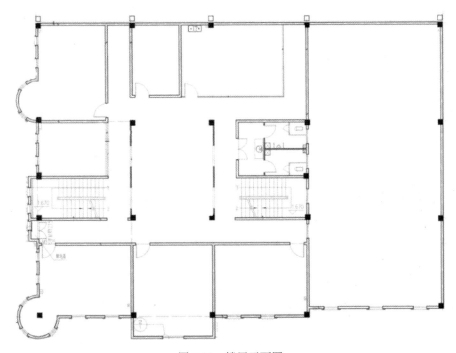

图 2-21　楼层平面图

弱电间分布情况：该楼的每个楼层有独立的弱电间，其中 1 楼弱电间既作为 1 楼信息接入点，同时也作为楼宇中心机房；网络核心及服务设备部署在其中，互联网线路也部署在其中。

用户需求和说明如下。

（1）采购部、市场部、人力资源部、软件部、财务部分别处于大楼的 1～5 楼，每个部门的网络不能互相访问。

（2）需要为所有工位设置独立的信息点，每个信息点链接速率需要高于 1Gbps，同时需要对员工行为进行约束。

（3）其中 1～3 楼需要部署无线网络，高峰期信息点数量为 40 个，该无线网络只能访问互联网。

（4）服务器组中的个别服务有外网访问的需求。

（5）每个部门和服务器组需要独立的网络，以便控制后续的访问。

（6）需要冗余设计。

（7）设计需要满足上级的安全要求。

（8）为美观考虑，没有为无线接入点预留电源。

（9）需要考虑方案的经济性与易维护性。

根据以上用户需求和说明，若要构建高可用性的电子商务网络，则需要实施层次化设计，针对网络位置和作用优选设备，增强网络的稳定性，并为公司的未来发展提供可扩展的网络。

在确定用户基本要求后，对其要求进行引导与分析，总结出以下需求。

1）接入需求

（1）内网用户能够通过共享公网固定 IP 地址访问互联网。其中，办公员工能够访问互联网，但不能在互联网上看视频和玩游戏。

（2）外网用户无法直接访问内网，但可以通过地址转换访问内网服务器的指定端口。

（3）各个部门所属网段独立。

2）可靠性需求

关键设备需要提供备份功能，当网络中的设备出现故障时，保证网络业务不中断。

3）安全需求

（1）所有南北向流量需经过防火墙进行安全处理，防止非法设备、非法攻击入侵网络，满足相关安全需求。

（2）能够记录用户的上网行为日志，便于后续网络管理员进行审查和分析。

4）带宽需求

不同类型的用户（办公员工、访客）在访问互联网时需要进行不同带宽的限制。

5）运维管理需求

要求对用户的上网行为进行统一管理、简化运维。

【方案设计】

在分析总结用户需求后，根据得到的资料开始设计网络。

1．设计思路

1）接入需求设计

（1）在出口部署综合网关，用于承担出口业务，隔离内外网区域。

（2）为了使内外网用户访问外网，设计人员需在设备上配置 NAT，实现内网地址和外网地址之间的转换。

（3）采用层次化设计，分别设计核心层、汇聚层、接入层。

（4）每个部门设计独立的 VLAN。

（5）因美观等要求，AP 需要选用带 PoE 功能的接入层设备。

2）可靠性需求设计

需要采用两台核心层交换机来保证网络可靠性。

3）安全需求设计

（1）配置防火墙安全策略，区分内外网流量，对流量进行过滤。

（2）在 EG 上配置入侵防御功能和反病毒功能，保护内部用户和服务器，以避免受到威胁。

（3）在 EG 上部署上网行为审计功能，对用户的上网行为形成记录日志，供网络管理员后续审查和分析。

（4）在 EG 区域部署端口映射，使外网用户能够访问内部服务器提供的服务。

4）带宽需求设计

（1）在出口防火墙配置基于用户组的带宽限制策略，从而在出口带宽有限的情况下，保障用户的基本带宽需求。

（2）在出口防火墙针对 P2P 协议应用、在线视频等进行带宽限制，提升用户的网络体验与员工的工作效率。

5）运维管理需求设计

（1）部署 SSH 等远程管理协议。

（2）部署 SNMP 服务，实现实时设备状态监控、自动发现网络故障等功能。

6）无线接入需求设计

（1）无线网络覆盖区域主要为采购部、市场部、人力资源部。办公网为来访客户与移动员工提供无线接入，采用开放认证方式。

（2）办公网 AP 推荐使用普通的全向天线的室内 AP，如 AP330 或 AP850。

2. 设备选型

表 2-2 为常用产品类型、产品型号和物理特性。

表 2-2 常用产品类型、产品型号和物理特性

产品类型	产品型号	物理特性
交换设备	RG-S2628G-I	24 个 10/100M 自适应电口，固化 2 个 10/100/1000M 电口和 2 个 SFP 千兆光口
	RG-S2652G-I	48 个 10/100M 自适应电口，固化 2 个 10/100/1000M 电口和 2 个 SFP 千兆光口
	RG-S2910-24GT4XS-E	24 个 10/100/1000M 自适应电口，4 个 1G/10G SFP+光口，固化单交流电源
	RG-S2910-48GT4XS-E	48 个 10/100/1000M 自适应电口，4 个 1G/10G SFP+光口，固化单交流电源
	RG-S2910-10GT2SFP-P-E	10 个 10/100/1000M 电口，2 个 SFP 口，1 个 console 口，1～8 口支持 PoE（整机 PoE 供电 125W，最大同时支持 8 个 PoE 端口）
	RG-S2910C-24GT2XS-HP-E	24 个 10/100/1000M 自适应电口，2 个 100/1000M 复用 SFP 口，24 个电口支持 PoE/PoE+远程供电，2 个 1G/10G SFP+光口，2 个扩展槽，模块化双电源
	RG-S2910C-48GT2XS-HP-E	48 个 10/100/1000M 自适应电口，2 个 100/1000M 复用 SFP 口，48 个电口支持 PoE/PoE+远程供电，2 个 1G/10G SFP+光口，2 个扩展槽，模块化双电源
	RG-S5760C-24GT8XS-X	24 个 10/100/1000M 自适应电口，8 个 1G/10G SFP+光口，2 个模块化电源插槽
	RG-S5760C-24SFP/8GT8XS-X	24 个 1000M SFP 光接口（1～16 口为 100M/1000M SFP 光接口），8 个复用的 10/100/1000M 自适应电口，8 个 1G/10G SFP+光口，2 个模块化电源插槽
路由设备	RG-RSR50-X	固化 1 个 USB2.0 接口，1 个 microSD 卡插槽，1 个 MGMT 管理口，1 个 console 口。箱式路由器基于业务需求配置不同的转发数据板卡，可用的标准以太接口卡有：8 端口千兆电口+2 端口千兆光口以太网接口模块、8 端口千兆电口+2 端口万兆光口以太网接口模块、8 端口千兆光口+2 端口万兆光口以太网接口模块、8 端口千兆光口以太网接口模块
	RG-RSR30-X	固化 9 个 GE 口（8 个 Combo 口+1 个电口），含 2 个电源槽，2 个 HNM 槽和 2 个 HSIC/DHSIC 槽
	RSR10-X-07	7 个 GE 口，其中有 3 个 GE WAN 口（2 个电口+1 个光口）、4 个 GE LAN 口；1 个 console 口，1 个 USB，1 个 SD 卡插槽，固化 1 个 AC 电源
无线设备	RG-WS7204-A	多业务无线控制器，8-1000BASE-T 网口；1 个独立 10G SFP+光口，1 个独立 1000BASE-X 光口；内置超大容量 1TB 硬盘，4GB 内存；支持的 License 最小单位为 1；在集中转发模式下，支持无线接入点的管理，通过 License 的升级，最大可支持 128 个 AP（A 系列面板 256 个）的管理；在本地转发模式下，License 的升级，最大可支持 800 个 AP（A 系列面板 1600 个）的管理

续表

产品类型	产品型号	物理特性
无线设备	AP850	802.11ax 四路双频增强级高密放装型 AR 系列无线接入点，搭载 AI Radio；整机最大支持 8 条空间流，整机最高接入速率为 4.134Gbps，可支持 802.11a/b/g/n/ac 和 802.11ax 工作，Fat/Fit 模式切换，802.3at 供电和本地供电
	RG-AP120-A	双路双频设计，2.4GHz 支持 300Mbps；5GHz 支持 433Mbps。支持 802.11b/g/n/ac，Fat/Fit 模式可切换。正面：4 个 10/100Mbps 自协商以太网口（第 4 口兼容 RJ11 电话口）。背面：1 个 10/100Mbps 自协商上行口，1 个电话口卡线槽
	AP220-E(M)-V3.0	双频双流，配置 8 条 15 米馈线、8 个天线
安全设备	RG-EG3220	固化 8 千兆电口、1 千兆光口、1 万兆光口（兼容千兆），2GB 内存，内置 1TB 硬盘，1U 尺寸，集成状态防火墙/安全域，内置网监对接，支持流量控制及 URL 特征库免费升级，IPsec VPN 免费，SSL VPN 免费

组网方案如图 2-22 所示。

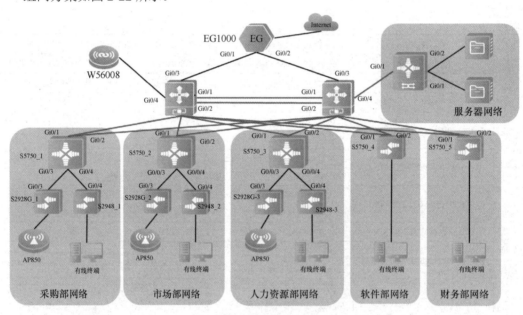

图 2-22　组网方案

3. 数据规划

表 2-3 到表 2-5 描述的是项目中的相关数据规划。

表 2-3　网络设备物理连接表

源设备名称	设备接口	接口描述	目标设备名称	设备接口
S6000C_1	Gi0/1	Connect_To_S6000C_2_Gi0/1	S6000C_2	Gi0/1
	Gi0/2	Connect_To_S6000C_2_Gi0/2	S6000C_2	Gi0/2
	Gi0/3	Connect_To_EG1000_Gi0/1	EG1000	Gi0/1
	Gi0/4	Connect_To_S5750_1_Gi0/1	S5750_1	Gi0/1

续表

源设备名称	设备接口	接口描述	目标设备名称	设备接口
S6000C_1	Gi0/5	Connect_To_S5750_2_Gi0/1	S5750_2	Gi0/1
	Gi0/6	Connect_To_S5750_3_Gi0/1	S5750_3	Gi0/1
	Gi0/7	Connect_To_S2928_4_Gi0/1	S2928_4	Gi0/1
	Gi0/8	Connect_To_S2928_5_Gi0/1	S2928_5	Gi0/1
S6000C_2	Gi0/1	Connect_To_S6000C_1_Gi0/1	S6000C_2	Gi0/1
	Gi0/2	Connect_To_S6000C_1_Gi0/2	S6000C_2	Gi0/2
	Gi0/3	Connect_To_EG1000_Gi0/2	EG1000	Gi0/2
	Gi0/4	Connect_To_S5750_1_Gi0/2	S5750_1	Gi0/2
	Gi0/5	Connect_To_S5750_2_Gi0/2	S5750_2	Gi0/2
	Gi0/6	Connect_To_S5750_3_Gi0/2	S5750_3	Gi0/2
	Gi0/7	Connect_To_S2928_4_Gi0/2	S2928_4	Gi0/2
	Gi0/8	Connect_To_S2928_5_Gi0/2	S2928_5	Gi0/2
		……		
WS5750_1	Gi0/1	Connect_To_S6000C_1_Gi0/4	S6000C_1	Gi0/4
	Gi0/2	Connect_To_S6000C_2_Gi0/4	S6000C_2	Gi0/4
	Gi0/3	Connect_To_S2928G_1_Gi0/3	S2928G_1	Gi0/3
	Gi0/3	Connect_To_S2928_1_Gi0/4	S2928_1	Gi0/4
EG1000	Gi0/1	Connect_To_S6000C_1_Gi0/3	S6000C_1	Gi0/3
	Gi0/2	Connect_To_S6000C_2_Gi0/3	S6000C_2	Gi0/3

表 2-4　网络设备名称表

拓扑中设备名称	配置主机名称（hostname 名）	备　　注
S6000C_1	LR-DataCenter-Switch-S1	核心层交换机 1
S6000C_2	LR-DataCenter-Switch-S2	核心层交换机 2
S5750_1	LR-Aggregation-Switch-S1	一楼汇聚层交换机
S5750_2	LR-Aggregation-Switch-S2	二楼汇聚层交换机
	……	
S2928G_1	LR-WlanAccess-Switch-S1	一楼无线 PoE 接入层交换机
S2928_1	LR-Access-Switch-S1	二楼有线接入层交换机
EG1000	LR-Egress-Gateway	外联区出口网关设备

表 2-5　IPv4 地址分配表

设　　备	接口或 VLAN	VLAN 名称	二层或三层规划	说　　明
S6000C_1	Gi0/1	—	10.1.2.1/30	互联地址
	Gi0/2	—		
	Gi0/3	—	10.1.1.5/30	互联地址
	Gi0/4	—	10.1.3.1/30	互联地址
	Gi0/5	—	10.1.3.5/30	互联地址
	Gi0/6	—	10.1.3.9/30	互联地址

续表

设　　备	接口或 VLAN	VLAN 名称	二层或三层规划	说　　明
	Gi0/7	—	10.1.3.13/30	互联地址
S6000C_1	Gi0/8	—	10.1.3.17/30	互联地址
	Loopback 0	—	10.1.0.1/32	—
	Gi0/1	—	10.1.3.2/30	互联地址
	Gi0/2	—		
	Gi0/3	—	10.1.1.9/30	互联地址
	Gi0/4	—	10.1.4.1/30	互联地址
S6000C_2	Gi0/5	—	10.1.4.5/30	互联地址
	Gi0/6	—	10.1.4.9/30	互联地址
	Gi0/7	—	10.1.4.13/30	互联地址
	Gi0/8	—	10.1.4.17/30	互联地址
	Loopback 0	—	10.1.0.2/32	—
......				
	Gi0/1	—	10.1.3.2/30	互联地址
	Gi0/2	—	10.1.4.2/30	互联地址
	Gi0/3	—	10.1.5.1/30	互联地址
	Gi0/4	—	10.1.6.1/30	互联地址
S5750_1	Vlan10	1L-Production	192.168.10.254/24	1 楼有线接入
	Vlan100	Manage	192.1.100.11/24	设备管理地址
	Vlan150	APManage	194.1.50.254/24	1 楼 AP 管理地址
	Vlan160	Wireless	194.1.60.254/24	办公/无线用户地址
	Loopback 0	—	10.1.0.11/32	—

4．结果验证

（1）验证公司的有线用户。有线终端用户可以访问外网，也可以访问办公网服务器，但无法看视频与玩游戏。

（2）验证公司的无线用户。无线终端无须认证即可完成网络连接。用户可以访问互联网，但不可以访问办公网服务器。

【认证测试】

1．参照平面图，为了满足用户的无线覆盖需求，建议使用（　　）对空旷的公共办公区域完成无线覆盖。

　　A．放装型 AP　　　B．墙面型 AP　　　C．智分型 AP　　　D．室外大功率 AP

2．根据前期调研，1 楼弱电间电源接口数量有限，展厅也未规划相应的电源接口，因此无线接入点供电应使用（　　）供电。

　　A．电源适配器　　　B．交换机　　　　C．路由器　　　　　D．PoE 设备

3．部分内网系统有外部访问需求，需要固定的外部访问 IP 地址与端口，在出口设备

上要部署（　　）来达到目的。

    A. 静态 NAT   B. 动态 NAT   C. 动态 NAPT   D. 静态 NAPT

4. 以下选项中，错误的是（　　）。

    A. 设计网络时采用层次化，可以促进排除故障、故障隔离和网络管理

    B. 设计网络时采用层次化，可以提高用户的网络使用率

    C. 设计网络时采用层次化，可以节约成本，帮助提高业务效率和降低运营成本

    D. 设计网络时采用层次化，可以加强网络的故障隔离能力

5. （　　）不是在规划与设计 IP 地址时应当遵循的原则。

    A. 唯一性   B. 连续性   C. 可变更性   D. 可扩展性

项目 3　规划企业网中路由及实施路由策略

【项目背景】

福州 CBZ 精密测量仪器制造工厂（以下简称 CBZ）负责精密仪器的研发、测试与制造工作。随着业务及战略转型，将保留旧工厂装配车间的仪器初装流程，同时将办公、研发及产品后续工艺制造和装配等业务迁移至高新科技园。

规划企业的网络层次化部署如图 3-1 所示，高新科技园新办公园区由办公研发楼、办公研发楼中心机房与新装配车间三大核心功能区域构成，通过部署 OSPF 动态路由实现园区网联通，新办公园区和旧工厂装配车间通过同城专线互联，通过静态路由实现其之间的网络联通。旧工厂装配车间继续使用原有的网络设备及拓扑。两地通过 OSPF 动态路由策略与路径开销进行控制，实现业务访问路径的高可用性及往返路径的一致性。

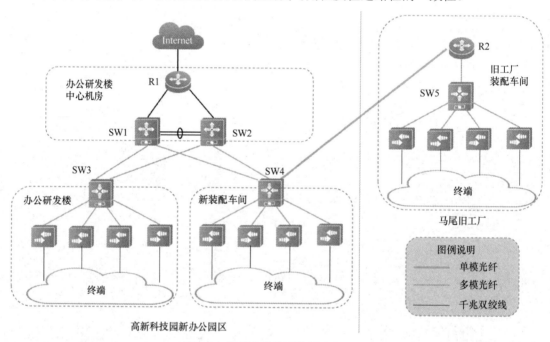

图 3-1　规划企业的网络层次化部署

【学习目标】

1. 规划并完成企业网中的路由。
2. 在企业网中规划、部署、实施 OSPF 动态路由。
3. 在企业网中实施路由策略。

【规划技术】

3.1　掌握企业网中的路由规划

3.1.1　了解路由和路由表

1．路由

路由器提供了网络互联机制，实现将数据包从一个网络发送到另一个网络。路由是指路由器从一个端口接收数据包，根据数据包的目的地址将其进行定向转发到另一个端口的过程。

如图 3-2 所示，当路由器收到目的 IP 地址为 192.168.10.20 的数据时，就会根据目的地址进行定向转发，从另外一个端口进行发送。

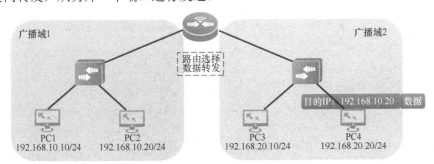

图 3-2　路由的过程

依据不同的路由来源，可将路由分为三类，如图 3-3 所示。

（1）通过链路层协议发现的路由称为直连路由。

（2）通过网络管理员手动配置的路由称为静态路由。

（3）通过动态路由协议发现的路由称为动态路由。

路由发生在 OSI 参考模型的第三层（网络层）。路由器根据收到的数据包中的网络层地址及路由器内部维护的路由表，决定输出端口以及下一跳地址，并且重写链路层数据包头实现数据包转发。路由器通过动态维护路由表来反映当前的网络拓扑结构，并通过网络上其他的路由器来交换路由和链路信息，从而维护路由表。

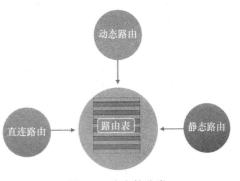

图 3-3　路由的分类

2．路由表

路由的核心是路由表，路由表是一个存储在路由器或者联网计算机中的电子表格（文件）或类数据库，保存了各种与传输路径相关的数据，如子网的标志信息、网上路由器的个数和下一跳路由器的名称等内容，供路由选择时使用。

路由表可以由系统管理员进行固定设置，也可以由系统动态修改；路由表可以由路由器自动调整，也可以由主机控制。路由表不直接参与数据包的传输，而是用于生成一个小型指向表，在这个指向表中仅包含由路由算法选择的数据包的优先传输路径，指向表通常会为了优化硬件存储和查找，从而进行压缩或提前编译。

路由表中的远程路由有静态路由和动态路由两种方式。静态路由中的路由项由网络管理员手动配置，是固定不变的。一般来说，静态路由由网络管理员逐项加入路由表，如图 3-4 所示。

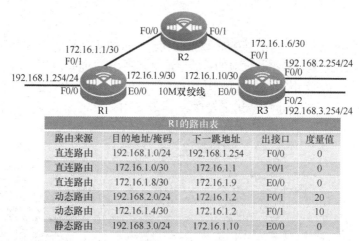

R1 的路由表				
路由来源	目的地址/掩码	下一跳地址	出接口	度量值
直连路由	192.168.1.0/24	192.168.1.254	F0/0	0
直连路由	172.16.1.0/30	172.16.1.1	F0/1	0
直连路由	172.16.1.8/30	172.16.1.9	E0/0	0
动态路由	192.168.2.0/24	172.16.1.2	F0/1	20
动态路由	172.16.1.4/30	172.16.1.2	F0/1	10
静态路由	192.168.3.0/24	172.16.1.10	E0/0	0

图 3-4　静态路由表

3.1.2　了解路由协议

1．路由协议的概念

在小规模的网络中，人工指定转发路由策略没有任何问题。但是在具有较大规模的网络中（如跨国企业网络、ISP 网络），如果通过人工指定转发路由策略，将会给网络管理员带来巨大的工作量，并且在管理、维护路由表方面也将变得十分困难。

为了解决这个问题，动态路由协议应运而生。动态路由协议可以让路由器自动学习其他路由器的网络，并在网络拓扑发生改变时自动更新路由表。网络管理员只需要配置动态路由协议即可，相比人工指定转发路由策略，工作量大大减少。这些动态路由协议也可称为路由协议。

2．路由协议的分类

网络中的静态路由配置方便，对系统要求低，适用于拓扑结构简单并且稳定的小型网络。其缺点是不能自动适应网络拓扑的变化，需要人工干预。

对动态路由协议的分类可以采用不同的标准，根据作用范围的不同，可将其分为内部网关协议和外部网关协议。

（1）内部网关协议（Interior Gateway Protocol，IGP）：在一个自治系统内部运行，常见的 IGP 包括 RIP、OSPF 和 IS-IS。

（2）外部网关协议（Exterior Gateway Protocol，EGP）：运行于不同自治系统之间，BGP 是目前最常用的 EGP。

图 3-5 描绘了路由协议根据作用范围分类的应用场景。

根据使用算法的不同，动态路由协议可分为距离矢量协议和链路状态协议。

（1）距离矢量协议（Distance-Vector Protocol）：包括 RIP 和 BGP，BGP 也称为路径矢量协议（Path-Vector Protocol）。

（2）链路状态协议（Link-State Protocol）：包括 OSPF 和 ISIS。

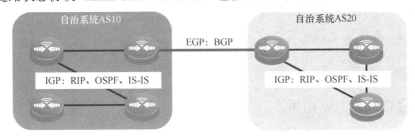

图 3-5　路由协议根据作用范围分类的应用场景

3.1.3　了解动态路由技术原理

动态路由协议的算法可以分为两种，一种是距离矢量算法，另一种是链路状态路由选择算法。

如图 3-6 所示，距离矢量算法中的每个路由器维护一张路由表，每张路由表中列出了当前已知的到每个目标的最佳距离以及所使用的线路（矢量，表示方向）。通过在邻居之间相互交换信息，路由器不断地更新它们内部的路由表。

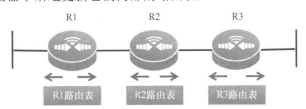

图 3-6　使用距离矢量算法进行路由的交换

使用距离矢量算法可直接传送各自的路由表信息。网络中的路由器从自己的邻居路由器得到路由信息，并将这些路由信息连同自己的本地路由信息发送给其他邻居，这样一级一级地传递下去以达到全网同步。每个路由器都不了解整个网络拓扑结构，它们只知道与自己直接相连的网络情况，并根据从邻居处得到的路由信息更新自己的路由表。

目前，基于距离矢量算法的协议包括 RIP、BGP。其中 BGP 对距离矢量算法进行了调整，它是一种路径矢量协议。

链路状态路由选择算法又称为最短路径优先算法或分布式数据库算法，它是基于 Dijkstra 的最短路径优先（SPF）算法。如图 3-7 所示，在链路状态路由选择算法中，网络中的路由器并不向邻居传递"路由项"，而是通告给邻居一些链路状态。

图 3-7　链路状态路由选择算法的工作过程示意

　　距离矢量算法与链路状态路由选择算法在路由的计算方法方面有本质的差别。距离矢量算法是平面式的，所有的路由学习完全依靠邻居，交换的是路由项；链路状态路由选择算法只是通告给邻居一些链路状态。

　　运行链路状态路由选择算法的路由器不是简单地从相邻的路由器学习路由，而是把路由器分成区域，收集区域内所有路由器的链路状态信息，根据链路状态信息生成网络拓扑结构，每个路由器再根据网络拓扑结构计算出路由。基于链路状态路由选择算法的协议有OSPF 和 ISIS。

3.1.4　了解 RIP 动态路由协议

1．RIP 动态路由协议的概念

　　RIP 是一种基于距离矢量算法的动态路由协议，它通过 UDP 报文进行路由信息的交换，使用的端口号为 520。

　　RIP 使用跳数来衡量源地址到目的地址的距离，跳数称为度量值。在 RIP 中，路由器到与它直接相连网络的跳数为 0，通过与其相连的路由器到达另一个网络的跳数为 1，其余以此类推。为限制收敛时间，RIP 规定度量值取 0~15 之间的整数，大于或等于 16 的跳数被定义为无穷大，即目的网络或主机不可达。由于这个限制，因此 RIP 不适合应用于大型网络。另外，为了提高网络性能，防止产生路由环路，RIP 支持水平分割（Split Horizon）和毒性逆转（Poison Reverse）功能。

2．RIP 动态路由的技术原理

　　路由器启动 RIP 后，便会向相邻的路由器发送请求（Request）报文，相邻的 RIP 收到请求报文后，响应该请求，回送包含本地路由表信息的响应（Response）报文，如图 3-8 所示。

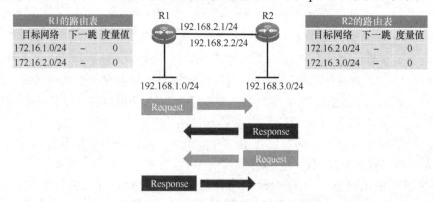

图 3-8　RIP 启动后的协议报文交互

　　如图 3-9 所示，路由器收到响应报文后，更新本地路由表，同时向相邻路由器发送触发更新报文，广播路由更新信息。相邻路由器收到触发更新报文后，又向其各自的相邻路由器发送触发更新报文。在一连串的触发更新广播后，各路由器都能得到并保持最新的路由信息。

　　RIP 采用老化机制对超时的路由进行老化处理，以保证路由的实时性和有效性。最终将RIP 动态计算得出的路由信息提交路由表，为用户的数据转发提供相应的路由表查询依据。

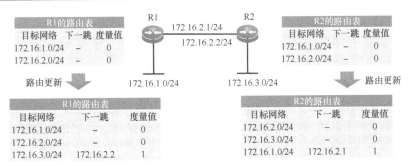

图 3-9　RIP 路由更新

3. RIP 动态路由的基础配置

首先，使用全局配置命令 router rip，在路由器上启用 RIP 进程；然后使用路由配置命令 version 指定 RIP 动态路由协议的版本，RIP 动态路由协议有 2 个版本：version 1 和 version 2，version 2 使用组播更新代替广播更新，且携带路由的掩码信息，建议使用 version 2。接下来，使用路由器配置命令 networkip-address，指定路由器的哪些端口将参与 RIP 进程。使用命令 network 通告网络时，只能通告主类网络，即使 network 写子网地址，也会通告该主类网络，属于该主类网络的所有端口都会被通告 RIP 进程。

RIP 默认会在主类网络边界做自动汇总，若有不连续网络，则会导致路由学习异常。因此建议启用 RIP 动态路由协议后，关闭自动汇总，采用手工汇总的方式。关闭自动汇总的命令为 no auto-summary。

4. RIP 动态路由的配置案例

如图 3-10 所示，R1 和 R2 通过快速以太网互联，R1 的业务网段为 192.168.1.0/24，R2 的业务网段为 192.168.3.0/24，通过部署 RIP version 2 路由协议，实现全网互通。

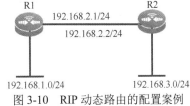

图 3-10　RIP 动态路由的配置案例

R1 的配置指令如下：

```
R1(config)# router rip                              //创建 RIP 进程
R1(config-router)#version 2                         //启用 RIP version 2
R1(config-router)# no auto-summary                  //关闭自动汇总
R1(config-router)# network 192.168.1.0              //端口启用 RIP 动态路由协议
R1(config-router)# network 192.168.2.0              //端口启用 RIP 动态路由协议
```

R2 的配置指令如下：

```
R2(config)# router rip
R2(config-router)#version 2
R2(config-router)# no auto-summary
R2(config-router)# network 192.168.2.0
R2(config-router)# network 192.168.3.0
```

3.2　在企业网中规划 OSPF 动态路由

3.2.1　了解 OSPF 动态路由协议

1. OSPF 动态路由协议的概念

OSPF（Open Shortest Path First，开放最短路径优先）是 IETF（Internet Engineering

Task Force，互联网工程任务组）组织开发的一个基于链路状态的内部网关协议。目前针对 IPv4 协议使用的是 OSPF version 2，针对 IPv6 协议使用的是 OSPF version 3。

OSPF 的特点如下。

（1）适应范围广：支持各种规模的网络，最多可支持几百台路由器。

（2）快速收敛：在网络拓扑结构发生变化后立即发送更新报文。

（3）无自环：OSPF 根据收集的信息形成链路状态数据库，并用最短路径树算法计算路由，因此算法本身保证不会生成自环路由。

（4）允许区域划分：允许自治系统的网络被划分为区域来管理，路由器链路状态数据库的减小降低了内存的消耗和 CPU 的负担；区域间传送路由信息的减少降低了网络带宽的占用。

（5）支持等价路由：支持到同一目的地址的多条等价路由。

（6）使用路由分级：使用 4 类不同的路由，按优先顺序排列分别是区域内路由、区域间路由、第一类外部路由、第二类外部路由。

（7）支持验证：支持基于接口的报文验证，以保证报文交互和路由计算的安全性。

（8）组播发送：在某些类型的链路上以组播地址发送协议报文，减少对其他设备的干扰。

2．OSPF 动态路由的技术要素

OSPF 是一个内容丰富且复杂的协议，本部分将简要对 Router ID、OSPF 的核心表项等概念进行介绍，为后续的网络设计和高阶应用打下基础。

1）Router ID

如果要运行 OSPF，那么必须存在 Router ID。Router ID 是一个 32 比特的无符号整数，是一台路由器在自治系统中的唯一标识，不得重复。

在实际网络部署中，强烈建议使用命令行手动配置 OSPF 的 Router ID，因为这关系到协议的稳定性。如果没有使用命令行手动配置 Router ID，那么设备会从当前活动端口的 IP 地址中自动选取一个端口作为 Router ID。其选取顺序如下：优先从 Loopback 地址中选择最大的 IP 地址作为 Router ID，如果没有配置 Loopback 端口，则在端口地址中选取最大的 IP 地址作为 Router ID。

2）OSPF 的核心表项

用 OSPF 经典的三张核心表项的逻辑可以归纳 OSPF 的工作机制。

（1）OSPF 邻居表

OSPF 邻居表也称为 OSPF 邻接关系数据库，适用于维护 OSPF 路由器的邻接关系，建立邻接关系后可以进行后续拓扑描述以及与 LSA 的交换等工作。

（2）OSPF 拓扑表

OSPF 拓扑表即 LSDB，也称为 OSPF 拓扑数据库，它类似于一个城市的地图。OSPF 动态路由器通过 LSA 来获悉其他路由器关于网络的描述，LSA 被扩散到整个网络中，它存储在 LSDB 中。

每台路由器都以自身为起点并使用 SPF 算法独立地计算前往网络中每个目的地的最佳路径。Dijkstra 设计了一种用于计算复杂网络中最佳路径的数学算法，供链路状态路由选择算法使用，计算得到的最佳路径被提交到路由表中。

在默认情况下，路由器根据端口的配置带宽来计算 OSPF 开销，带宽越高，开销越低。可以采用配置 OSPF 开销的修改方式来修改 OSPF 度量值。

（3）OSPF 路由表

路由表为公用表项，OSPF 通过 SFP 算法计算得到的最佳路径被提交到路由表中，随后需要通过比较管理距离来决定是否写入路由表中。路由器收到分组后，将根据路由表中的信息对其进行转发。

为了保存这些路由表，网络设备需要占用内存资源，这是链路状态路由选择算法的一个缺点。

3.2.2　掌握 OSPF 动态路由工作原理

1. 了解 OSPF 动态路由通信报文

为了完成上述三张核心表项的构建，保障最终的用户数据转发，OSPF 需要使用 5 种类型的协议报文交互来实现目标。

（1）Hello 报文

Hello 报文周期性发送，用来发现和维持 OSPF 的邻接关系，建立 OSPF 邻居表。

（2）DD（Database Description，数据库描述）报文

DD 报文描述了本地 LSDB 中每一条 LSA 的摘要信息，用于在两台路由器之间进行数据库同步以及提高 DD 报文交互的可靠性。

（3）LSR（Link State Request，链路状态请求）报文

LSR 报文用于向对方请求所需的 LSA。在两台路由器互相交换 DD 报文之后，可以得知对方的路由器有哪些 LSA 是本地的 LSDB 所缺少的，然后发送 LSR 报文向对方请求所需的 LSA。LSR 报文包括所需要的 LSA 的摘要。

（4）LSU（Link State Update，链路状态更新）报文

LSU 报文用于向对方发送其所需要的详细 LSA 信息。

（5）LSAck（Link State Acknowledgment，链路状态确认）报文

LSAck 报文用来对收到的 LSA 进行确认。

2. 掌握 OSPF 动态路由网络类型

OSPF 根据物理链路类型定义了不同的网络类型。在每种网络类型中，OSPF 的运行方式各不相同，这也影响邻接关系的建立以及所需的配置内容。常用的网络类型有以下两种。

（1）P2P（Point-to-Point，点到点）

当数据链路层协议是 PPP、HDLC 时，OSPF 默认的网络类型是 P2P。在该网络类型中，以组播形式（224.0.0.5）发送协议报文。P2P 链路互联的双方建立 OSPF 邻接关系，发送 Hello 报文并交互 LSA 等信息。

（2）Broadcast（广播）

当数据链路层的协议是 Ethernet 时，OSPF 默认的网络类型是 Broadcast。在该网络类型中，通常以组播形式（224.0.0.5 和 224.0.0.6）发送协议报文。以图 3-11 为例，在 Broadcast 网络的多路访问中，如果每台路由器与它位于同一个多路访问中的 OSPF 路由器建立邻接关系，那么任意两台路由器之间都要交换 LSA 信息，这样如果有 n 台路由器，则需要建立 $n(n-1)/2$ 个邻接关系，在本例中有 5 台路由器，就要建立 10 个邻接关系。

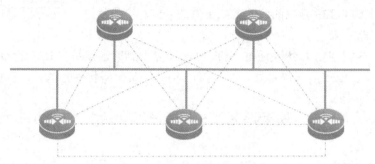

图 3-11　OSPF 邻接关系

3．掌握 OSPF 动态路由网络中的邻接关系

在 Broadcast 网络中，由于使用广播传输机制，互相连接的路由器之间形成复杂的邻接关系，因此任何一台路由器的路由变化都会导致多次传递，严重地浪费了网络中的带宽资源。

为了解决这一问题，OSPF 定义了指定路由器 DR（Designated Router），所有路由器都只将信息发送给 DR，由 DR 将网络链路状态发送出去。如果 DR 出现故障，则必须重新选举 DR，但 OSPF 再与新的 DR 建立邻接关系并进行 LSA 交换，这需要较长的时间，且这段时间网络可能出现临时中断。为了能够缩短这个过程，OSPF 提出了 BDR（Backup Designated Router，备份指定路由器）的概念。BDR 是对 DR 的一个备份，在选举 DR 的同时也选举出 BDR（选举方式会在后续介绍"OSPF 状态机"中提到），BDR 也和多路访问的所有路由器建立邻接关系并交换 LSA。

当 DR 出现故障时，无须重新选举 DR，BDR 会立即成为 DR。由于不需要重新选举，并且邻接关系事先已经建立，所以这个过程是非常短暂的。当然，这时还需要再重新选举出一个新的 BDR，虽然这一样需要较长的时间，但并不会影响路由的计算。

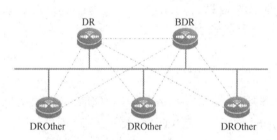

图 3-12　选举 DR、BDR 和 DROther 情况下的邻接关系

在 DR 和 BDR 之外的路由器（称为 DROther）之间将不再建立邻接关系，也不再交换任何路由信息，只是定期发送 Hello 报文。如图 3-12 所示，由于 DR、BDR 及 DROther 概念的引入，原先 Broadcast 网络中的 5 台路由器的 10 个邻接关系减少为 7 个 Broadcast 网络类型，这样也减少了 Broadcast 网络上各路由器之间 LSA 等报文交换的数量。

4．掌握 OSPF 动态路由学习中的状态

结合 OSPF 五种报文以及常用的两种网络类型，在 OSPF 邻接关系建立过程中会涉及 8 种状态，分别是 Down、Attempt、Init、2-way、Exstart、Exchange、Loading、Full。其中，常用的为 7 种状态，介绍这 7 种状态会对 OSPF 分析以及故障定位有很大的帮助。

（1）Init 状态和 Down 状态

Init 状态出现在建立邻接关系阶段。在该状态下，试图建立 OSPF 邻接关系的路由器通过 Hello 报文建立邻接关系，如图 3-13 所示，其中，Down 状态出现在邻居会话的初始阶段，表明没有在规定时间内（邻居失效时间间隔内）收到来自邻居路由器的 Hello 报文。

收到 Hello 报文后的状态为 Init 状态。

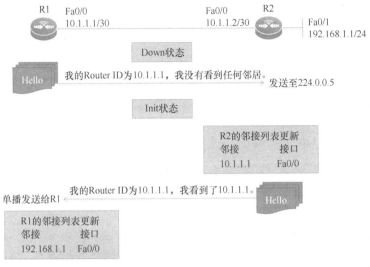

图 3-13　建立邻接关系阶段

（2）2-way 状态

2-way 状态也称为双向状态。一方路由器在收到的 Hello 报文中，发现包含自己路由器的 Router ID，则转换为 2-way 状态。如果为 Broadcast 网络，那么需要在此状态等待一段时间，进行 DR 与 BDR 的选举，使用的选举规则如下：首先，比较在此 Broadcast 网络中端口上的 OSPF 优先级，优先级最高的为 DR，次高的为 BDR。其中，优先级的取值范围为 0～255，默认为 1，如果设置为 0，则不参与 DR 与 BDR 选举，直接成为 DROther。如果优先级相同，则比较 Router ID 的数值，Router ID 数值最高的为 DR，次高的为 BDR。

如果不需要形成邻接关系，则邻接关系就停留在此状态。否则，进入 Exstart 状态。接下来进入发现网络路由阶段，如图 3-14 所示。

图 3-14　发现网络路由阶段

（3）Exstart 状态

Exstart 状态也称为预启动状态。在该状态下，网络开始协商主从关系，并确定 DD 报文的序列号，用于保障 Exchange 状态 DD 报文交互的可靠性。

（4）Exchange 状态

Exchange 状态也称为交换状态。在该状态下，建立了主从关系的双方在协商完毕后开始交换 DD 报文。

完成发现网络路由阶段后，就进入了如图 3-15 所示的添加链路状态条目阶段。

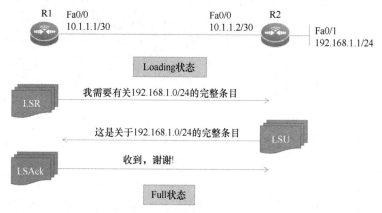

图 3-15   添加链路状态条目阶段

（5）Loading 状态

Loading 状态也称为加载状态。在该状态下，DD 报文交换完成，然后根据缺少的内容发送 LSR 并进行请求，被请求方发送 LSU 进行更新，收到 LSU 更新后完善 LSDB，并发送 LSAck 进行确认。

（6）Full 状态

Full 状态也称为完全邻接状态。在该状态下，LSR 重传列表为空。

3.2.3   在企业网中实施单区域 OSPF 动态路由

在小型网络中，路由器链路构成的结构并不复杂，较容易确定前往各个目的地的路径，因此可以仅进行单区域规划。

1．单区域规划思路

在单区域规划过程中需要注意以下几点。

（1）区域的边界在设备上，而不在链路上，也就是一个链路只能属于一个区域且互联双方属于同一个区域。

（2）在单区域规划过程中，区域 ID 可以任意指定，但出于长远考虑，企业的规模或将扩大，会涉及多区域规划，因此在单区域规划时，需要考虑单区域为区域 0 的情况。

（3）若存在 Broadcast 网络，那么需要存在 DR 和 BDR，而 DR 的"工作量"较大，因此需要考虑通过调整接口优先级的方式将性能较好的设备设置成 DR。如果存在多个 Broadcast 网络，那么尽量让不同 Broadcast 网络中的不同设备承担 DR 功能。

2．OSPF 基础配置

首先，使用全局配置命令 router ospf process-id，在路由器上启用 OSPF 进程，相关参数说明如表 3-1 所示。

表 3-1　命令 router ospf 的参数说明

参　　数	描　　述
process-id	（1）用于标识 OSPF 动态路由选择进程，不同 OSPF 设备的 process-id 可以不同，也能建立邻接关系。 （2）同一设备上的不同 OSPF 进程相互独立，不同进程间的 OSPF 动态路由需要通过重分发等方式才能学习到。 （3）process-id 的取值范围为 1～65535

接下来，使用路由配置命令 router-id ip-address 指定该进程的 Router ID，该步骤为可选步骤，但出于路由协议运行的稳定性考虑，强烈建议完成该步骤的操作。

然后，使用路由器配置命令 network ip-address wildcard-mask area-id，指定路由器的哪些接口将参与 OSPF 进程以及网络所属的 OSPF 区域。相关的参数说明如表 3-2 所示。

表 3-2　OSPF network 命令的参数说明

参　　数	描　　述
ip-address	表示网络地址、子网地址或接口地址，所覆盖的接口将向外发送信息并侦听通告
wildcard-mask	（1）对 ip-address 进行解释。转换成二进制后，0 表示相应的地址位必须相同，1 表示相同与否均可。例如，0.0.255.255 转换成二进制后表示前两个字节必须与 ip-address 相同。 （2）要指定特定的接口地址，则使用通配符掩码 0.0.0.0，要求使用 4 个字节都相同地址。 （3）通配符掩码组合 0.0.0.0 和 255.255.255.255 表示路由器的所有接口
area-id	指定该地址所属的 OSPF 区域，可以是 0～4294967295 的十进制数字，也可以是类似于 IP 地址的点分十进制表示，如 192.168.10.1

除使用 network 命令外，也可以在设备接口下使用命令 ip ospf process-id area-id 方式指定路由器的哪些接口参与 OSPF 进程以及网络所属的 OSPF 区域。

最后，使用接口命令 ip ospf priority 调整接口的 OSPF 优先级，人为干预 OSPF 的 DR 与 BDR 选举。此步骤为可选步骤，仅在 Broadcast 网络的接口上配置。

3．单区域 OSPF 配置案例

图 3-16 包含了 3 台路由器，其中 R1 与 R2 通过快速以太网进行互联，R2 和 R3 通过串行链路进行互联，R1 有 4 个业务网段，3 台路由器都被加入了区域 0 中。

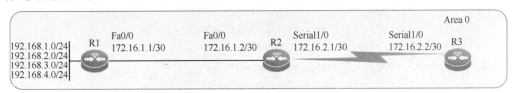

图 3-16　单区域 OSPF 配置案例

在本案例中，分别使用了 network 命令以及 R3 的 Serial1/0 接口下的命令 ip ospf 1 area 0 进行了 OSPF 启用与区域划分工作，在 network 命令中，也分别使用了不同的精确度匹配方式进行了演示，在实际应用中需要根据拓扑规划与现场情况进行谨慎恰当的选择。

另外，通过在 R1 接口上调整 OSPF 优先级，R1 成为 Broadcast 网络中的 DR，如果未加干预，则默认优先级均为 0。通过比较 Router ID 的方式进行 DR 的选举，R2 因为 Router ID 为 10.1.1.2 而成为该 Broadcast 网络中的 DR。

R1 的配置指令如下：

R1(config)# router ospf 1	//创建 OSPF 进程 1
R1(config-router)#router-id 10.1.1.1	//指定 R1 在进程 1 中的 Router ID
R1(config-router)# network 0.0.0.0 255.255.255.255 area 0	//R1 上所有接口均在进程 1 中启用 OSPF，并划入区域 0
R1(config-router)# exit	
R1(config)# interface fastethernet0/0	
R1(config-if)#ip ospf cost 10	//修改接口开销值

R2 的配置指令如下：

R2(config)# router ospf 1	//创建 OSPF 进程 1
R2(config-router)#router-id 10.1.1.2	//指定 R2 在进程 1 中的 Router ID
R2(config-router)# network 172.16.1.2 0.0.0.0 area 0	//R2 的 fastethernet0/0 在进程 1 中启用 OSPF，并划入区域 0
R2(config-router)# network 172.16.2.0 0.0.0.3 area 0	//R2 的 Serial1/0 在进程 1 中启用 OSPF，并划入区域 0

R3 的配置指令如下：

R3(config)# router ospf 1	//创建 OSPF 进程 1
R3(config-router)#router-id 10.1.1.3	//指定 R3 在进程 1 中的 Router ID
R3(config-router)# exit	
R3(config)# interface Serial1/0	
R3(config-if)#ip ospf 1 area 0	//R3 的 Serial1/0 在进程 1 中启用 OSPF，并划入区域 0

4．查看 OSPF 工作状态

1）查看 OSPF 信息

使用命令 show ip ospf interface [interface-type interface-number]，显示 OSPF 动态路由器启用 OSPF 接口的状态，在 R1 上使用 R1#show ip ospf interface fastethernet0/0 命令显示下列回显信息。

```
FastEthernet 0/0 is up, line protocol is up
Internet Address 172.16.1.1/30, Ifindex 4, Area 0.0.0.0, MTU 1500
Matching network config: 0.0.0.0/32
Process ID 1, Router ID 10.1.1.1, Network Type BROADCAST, Cost: 1
Transmit Delay is 1 sec, State DR, Priority 10, BFD enabled
Designated Router (ID) 10.1.1.1, Interface Address 172.16.1.1
Backup Designated Router (ID) 10.1.1.2, Interface Address 172.16.1.2
Timer intervals configured,Hello 10,Dead 40,Wait 40,Retransmit 5
……// 输出省略
```

其中，回显内容中的相关参数描述如表 3-3 所示。

表 3-3　回显内容中的相关参数描述

参　　数	描　　述
FastEthernet 0/0 State	该网络接口的状态，up 说明正常工作，down 说明有故障
Area	接口所属 OSPF 区域
Process ID	进程号
Router ID	R1 的 OSPF 动态路由设备标识，即 Router ID
Network Type	OSPF 网络类型
Cost	接口开销
State	DR/BDR 状态标识
Priority	该接口的 OSPF 优先级
Designated Router(ID)	该接口对应 Broadcast 网络的 DR 的路由设备标识，即 Router ID
DR's Interface Address	该接口对应 Broadcast 网络的 DR 路由器在此网络的接口 IP 地址
Backup Designated Router(ID)	该接口对应 Broadcast 网络的 BDR 的路由设备标识，即 Router ID
BDR's Interface Address	该接口对应 Broadcast 网络的 BDR 路由器在此网络的接口 IP 地址

2）查看 OSPF 邻居信息

使用命令 show ip ospf neighbor，可以显示邻居信息，经常用该命令来确认 OSPF 是否已经正常运行。在 R2 上使用 R2#show ip ospf neighbor 命令可得到下列回显信息。

Neighbor ID	Pri	State	Dead Time	Address	Interface
10.1.1.3	0	FULL/ -	00:00:32	172.16.2.2	Serial1/0
10.1.1.1	10	FULL/DR	00:00:31	172.16.1.1	FastEthernet0/0

其中，回显内容中的相关参数描述如表 3-4 所示。

表 3-4　回显内容中的相关参数描述

参　　数	描　　述
Neighbor ID	邻居路由设备标识，即使邻居的 Router ID
Pri	邻居在此广播域的内接口的 OSPF 优先级，用于选举 DR/BDR 使用
State	邻居状态，如果是 Full 表示已经与邻居建立完全邻接状态，如果是 2-way 表示双方均为 DROther，无须建立完全邻接。 /后面表示对端的角色（DR、BDR 或 DROther），在点到点链路上不选举 DR 和 BDR ，因此用 "-" 表示
Dead Time	邻居到 Dead 状态还剩余时间，如果在倒计时结束后仍然无法收到邻居发来的 Hello 报文，则认为邻居故障
Address	该邻居与 R2 建立邻接关系对应接口地址
Interface	R2 连接邻居的接口

3）查看 OSPF 路由信息

使用命令 show ip route ospf 可以显示通过 OSPF 学习到的路由信息。在 R3 上使用 R3#show ip routeospf 命令可以得到下列回显信息。

```
OSPF process 1:
Codes: C - connected, D - Discard, B – Backup, O - OSPF,
IA - OSPF inter area N1 - OSPF NSSA external type 1, N2 - OSPF NSSA   external type 2
```

```
E1 - OSPF external type 1, E2 - OSPF external type 2
      172.16.0.0/30 is subnetted, 2 subnets
O        172.16.1.0 [110/65] via 172.16.2.1, 00:22:24, Serial1/0
O   192.168.1.0/24 [110/66] via 172.16.2.1, 00:22:24, Serial1/0
O        192.168.2.0/24 [110/66] via 172.16.2.1, 00:22:24, Serial1/0
O        192.168.3.0/24 [110/66] via 172.16.2.1, 00:22:24, Serial1/0
O        192.168.4.0/24 [110/66] via 172.16.2.1, 00:22:24, Serial1/0
```

其中，回显内容中的相关参数描述如表 3-5 所示。

表 3-5　回显内容中的相关参数描述

参　　数	描　　述
Codes	路由类型以及对应的缩写描述
O	O 表示路由是通过 OSPF 获悉的，并且是区域内路由
192.168.1.0/24	100.0.0.0/24 路由对应的前缀
[110/66]	110 代表 OSPF 的默认管理距离，66 表示 R3 去往目的网段的开销
Via	R3 去往目的网段的下一跳
00:22:24	本条路由在路由表中的存在时间
Serial 1/0	R3 去往目的网段的出接口

3.2.4　在企业网中实施多区域 OSPF 动态路由

随着 CBZ 的网络规模日益扩大，其市场定位不再局限于福州片区，而是放眼全中国乃至亚洲市场。那么，无论其人员储备、研发力量以及生产规模都需要不断提升，这就需要在多区域增加运行 OSPF 动态路由协议的网络设备进行支撑。

当有大量的设备都在单区域运行 OSPF 动态路由协议时，会导致以下风险。

（1）增加路由计算复杂性，增加设备负担。单区域 LSDB 非常庞大，占用大量的存储空间，并使得运行 SPF 算法的复杂度增加，导致 CPU 负担很重。

（2）增加大量 OSPF 报文，增加 SPF 算法计算与拓扑收敛次数。在网络规模增大之后，网络拓扑结构发生变化的概率也增大，网络会经常处于"振荡"状态，造成网络中会有大量的 OSPF 报文在传递，降低了网络的带宽利用率。更为严重的是，每次变化都会导致网络中所有的路由器重新进行路由计算。

（3）明细路由无法汇总，路由表项臃肿。在单区域中无法通过有效的 OSPF 动态路由控制手段，例如使用路由汇总的方式缩小路由表，使得无论是性能较强的核心设备还是性能偏弱的中低端设备的路由条目均为全网明细路由，导致网络设备不堪重负。

OSPF 动态路由协议通过将自治系统划分成不同的区域（Area）来解决上述问题。OSPF 区域是从逻辑上将设备划分为不同的区域，每个区域用区域号（Area ID）来标识。

1．OSPF 多区域规划概述

OSPF 采用严格的两层区域结构。网络的底层物理连接必须与两层区域结构匹配，即所有非骨干区域都直接与区域 0 相连。

（1）骨干区域

骨干区域主要功能为快速、高效地传输 IP 分组的 OSPF 区域。骨干区域也称为区域 0，它是网络的核心，其他区域都与它直接相连，通常没有终端用户。

（2）非骨干区域

非骨干区域主要为连接用户和资源的 OSPF 区域。非骨干区域通常是根据职能或地理位置划分的。在绝大多数情况下，非骨干区域只能与骨干区域进行互联，不允许另一个区域使用非骨干区域连接将数据流传输到其他区域。

如图 3-17 所示，在 CBZ 的高新科技园新办公园区中进行 OSPF 多区域划分，从图中可以看出，互联的链路均属于同一个区域，但是不同的设备可以处于不同的区域。划分区域后，即可在区域边界路由器上进行路由汇总，以减少通告到其他区域的 LSA 数量，还可以将网络拓扑结构变化带来的影响最小化。

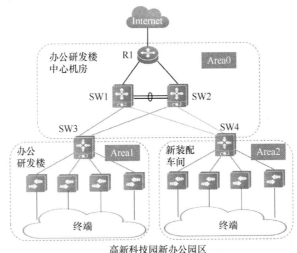

图 3-17　高新科技园新办公园区 OSPF 多区域划分

2．OSPF 多区域规划设计思路与注意事项

OSPF 多区域必须构成层次结构，这意味着所有区域都必须直接与区域 0 相连，区域之间传输的数据流必须经过区域 0。除此之外，在设计规划时需要注意以下几个方面。

（1）推荐每个区域包含的路由器数量不超过 50 台，每台路由器所属的区域数量最多不要超过 3 个。这些推荐值旨在减少路由器进行 OSPF 计算。

（2）IP 编址方案决定了部署 OSPF 的方式以及 OSPF 部署的可扩展性，必须制定详细的层次型 IP 子网和编址方案，以支持 OSPF 汇总、改善网络的可扩展性以及优化 OSPF 的行为。同时要实现有效的区域间路由汇总，区域内的网络号应该是连续的，这样可以最大限度地减少汇总后的地址数。

（3）根据实际的业务情况，确定非骨干区域的类型，从而减少区域间以及外部 LSA 的学习，减少 LSDB 表项，进而减少路由表项的条目。

（4）因为一些历史遗留问题导致区域未按照严格的 OSPF 两层结构进行设计规划，可以通过 OSPF 的相关技术，例如虚链路进行非骨干区域与骨干区域的"修补"工作，率先保障业务的使用。

3．OSPF 多区域规划设备角色

通过 OSPF 多区域划分，OSPF 路由器角色将新增以下几种类型，如图 3-18 所示。

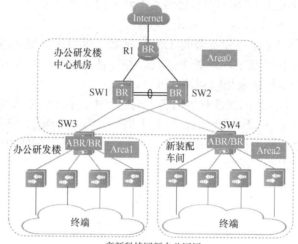

图 3-18　OSPF 路由器角色类型

（1）区域边界路由器

区域边界路由器（Area Border Router，ABR）可以同时属于两个以上的区域，但其中一个必须是骨干区域。ABR 用来连接骨干区域和非骨干区域，它与骨干区域之间既可以是物理连接，也可以是逻辑连接。在本案例中，SW3 与 SW4 为 ABR。

（2）骨干路由器

骨干路由器（Backbone Router，BR）至少有一个接口属于骨干区域。因此，所有的 ABR 和位于区域 0 的内部路由器（三层交换机）都是骨干路由器，即出口路由器 R1，如图中三层交换机 SW1、SW2、SW3、SW4 等。

与其他自治系统交换路由信息的路由器称为 ASBR。其中，ASBR 可能是区域内的路由器，也有可能是 ABR。无论使何种类型的 OSPF 路由器，只要重分发注入了外部路由的信息，它就成为 ASBR。

4．OSPF 多区域配置举例

图 3-19 对网络拓扑结构进行了调整，根据拓扑的区域划分进行相对应的配置调整。

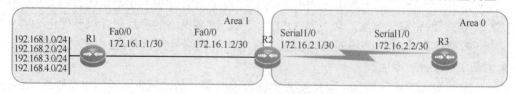

图 3-19　OSPF 多区域配置案例

R1 的配置指令如下：

R1(config)# router ospf 1	//创建 OSPF 进程 1
R1(config-router)#router-id 10.1.1.1	//指定 R1 在进程 1 中的 Router ID

R1(config-router)# network 0.0.0.0 255.255.255.255 area 1	//R1 上所有接口均在进程 1 中启用 OSPF，并划入区域 1

R2 的配置指令如下：

R2(config)# router ospf 1	//创建 OSPF 进程 1
R2(config-router)#router-id 10.1.1.2	//指定 R2 在进程 1 中的 Router ID
R2(config-router)# network 172.16.1.2 0.0.0.0 area 1	//R2 的 fastethernet0/0 在进程 1 中启用 OSPF，并划入区域 1
R2(config-router)# network 172.16.2.0 0.0.0.3 area 0	//R2 的 Serial1/0 在进程 1 中启用 OSPF，并划入区域 0

R3 的配置指令如下：

R3(config)# router ospf 1	//创建 OSPF 进程 1
R3(config-router)#router-id 10.1.1.3	//指定 R3 在进程 1 中的 Router ID
R3(config-router)# exit	
R3(config)# interface Serial1/0	
R3(config-if)#ip ospf 1 area 0	//R3 的 Serial1/0 在进程 1 中启用 OSPF，并划入区域 0

配置完毕后，同样使用相关的命令进行状态以及相关 OSPF 信息的查看。

在 R1 上，使用命令 show ip ospf interface FastEthernet0/0 可以得到下列回显信息，可以看出 R1 的 Fa0/0 接口处于 Area 0.0.0.1，即在区域 1 中。

```
FastEthernet 0/0 is up, line protocol is up
Internet Address 172.16.1.1/30, Ifindex 4, Area 0.0.0.1, MTU 1500
Matching network config: 0.0.0.0/32
Process ID 1, Router ID 10.1.1.1, Network Type BROADCAST, Cost: 1
Transmit Delay is 1 sec, State DR, Priority 10, BFD enabled
Designated Router (ID) 10.1.1.1, Interface Address 172.16.1.1
Backup Designated Router (ID) 10.1.1.2, Interface Address 172.16.1.2
……　//　输出省略
```

在 R3 上，使用 show ip ospf route 命令，可以得到下列回显信息，可以看出 R3 通过 OSPF 区域间路由学习到了区域 1 的相关网段路由，路由类型为 O IA。

```
OSPF process 1:
Codes: C - connected, D - Discard, B – Backup, O - OSPF,
IA - OSPF inter area N1 - OSPF NSSA external type 1, N2 - OSPF NSSA external type 2
E1 - OSPF external type 1, E2 - OSPF external type 2
        172.16.0.0/30 is subnetted, 2 subnets
O IA    172.16.1.0 [110/65] via 172.16.2.1, 00:22:24, Serial1/0
O IA    192.168.1.0/24 [110/66] via 172.16.2.1, 00:22:24, Serial1/0
O IA 192.168.2.0/24 [110/66] via 172.16.2.1, 00:22:24, Serial1/0
O IA 192.168.3.0/24 [110/66] via 172.16.2.1, 00:22:24, Serial1/0
O IA 192.168.4.0/24 [110/66] via 172.16.2.1, 00:22:24, Serial1/0
```

3.2.5　使用 OSPF 路由汇总，优化 OSPF 传输

1．路由汇总

路由汇总指的是将多条明细路由汇总成一条能够包含这些明细路由的路由，从而进行通告的方式。路由汇总对 OSPF 路由进程占用的带宽、CPU 周期和内存资源有直接影响。如果不进行路由汇总，每个非骨干区域的每条明细路由都将传播到 OSPF 骨干区域中，再由骨干区域通告到其他的非骨干区域，导致不必要的网络数据流和路由器开销。路由汇总可使得只有汇总后的路由传播到骨干区域。

路由汇总有助于解决 OSPF 的两个问题。

（1）路由表规模庞大，以及频繁地在整个自治系统中扩散 LSA。路由汇总可避免所有路由器都更新其路由表，从而提高了网络的稳定性，减少了不必要的 LSA 扩散。

（2）如果网络链路出现故障，仅影响所在区域的网络拓扑，有关网络拓扑变化的信息将不会传播到骨干区域（进而通过骨干区域传播到其他区域）。这样，在当前区域外的其他地方将不会发生 LSA 扩散。

2．OSPF 路由汇总方式

OSPF 路由汇总主要通过区域间路由汇总和外部路由汇总两种方式完成。

（1）区域间路由汇总

由于区域间的路由均通过 ABR 进行扩散，因此区域间路由汇总是在 ABR 上进行的，针对的是每个区域内的路由。但区域间路由汇总不能用于外部路由的汇总。如图 3-20 所示，在 R2（ABR）上针对区域间路由 192.168.1.0/24、192.168.2.0/24、192.168.3.0/24、192.168.4.0/24 汇总后，以汇总路由 192.168.0.0/21 通告给区域 0。

（2）外部路由汇总

外部路由汇总专门针对通过重分发注入 OSPF 中的外部路由。同样，确保进行外部路由汇总的外部地址范围的连续性至关重要。通常，只在重分发 ASBR 上进行外部路由汇总。

如图 3-20 所示，在 R3（ASBR）上针对区域间路由 10.10.1.0/24、10.10.2.0/24、10.10.3.0/24、10.10.4.0/24 汇总后，以汇总路由 10.10.0.0/21 通告给 OSPF 自治系统。

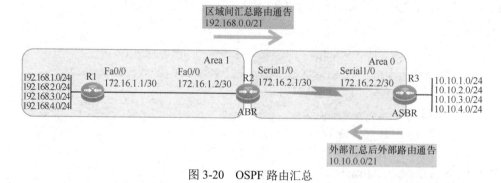

图 3-20　OSPF 路由汇总

3．OSPF 路由汇总注意事项

如果一个区域有多个 ABR，如果其中一台 ABR 进行路由汇总，而其他 ABR 没有进行路由汇总，根据路由选择路径的最长匹配原则，分组会根据明细路由进行转发，即通过未进行

路由汇总的 ABR 进行转发。因此，如果一个区域有多个 ABR，需要同时进行路由汇总。

手工配置区域间与外部路由汇总时，进行路由汇总的设备将自动创建一条指向接口 null 0 的路由，以避免形成路由环路。例如，如果执行汇总的路由器，收到一个前往汇总路由内的未知子网的分组，根据路由选择路径的最长匹配原则，分组将与汇总路由匹配，该分组将被转发到接口 null 被丢弃，从而避免形成潜在环路的可能性。

4．汇总路由相关命令简介

使用路由器配置命令 area-id range address mask，可以在 ABR 上对特定区域的路由进行汇总；然后，将汇总路由通过骨干区域将其通告给其他区域。路由器配置命令的相关参数描述如表 3-6 所示。

表 3-6 路由器配置命令的相关参数描述

参　　数	描　　述
area-id	指定要对其路由进行汇总的区域（要汇总的路由所属的区域）
address	汇总后的地址
mask	汇总路由的 IP 子网掩码

使用路由器配置命令 summary-address ip-address mask，在 ASBR 上对外部路由进行汇总，然后将外部路由通告到 OSPF 区域中。该命令的相关参数描述如表 3-7 所示。

表 3-7 summary-address 的相关参数描述

参　　数	描　　述
ip-address	汇总后的地址
mask	汇总路由的 IP 子网掩码

5．在 ABR 上配置区域间路由汇总的示例

在图 3-21 的 ABR（R2）上针对区域 1 的路由进行汇总后发送到区域 0。

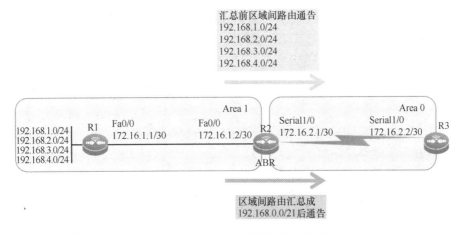

图 3-21 ABR 上配置区域间路由汇总

R2 的配置命令如下：

```
R2(config)# router ospf 1
R2(config-router)# area 1 range         //将区域 1 的 192.168.1.0/24、
192.168.0.0 255.255.248.0               192.168.2.0/24、192.168.3.0/24、
                                        192.168.4.0/24 路由汇总成 192.168.0.0/21 通告至区域 0
```

配置完毕后，使用相关的命令查看相关路由信息。

未进行路由汇总前，R3 通过命令 show ip route ospf 查看 OSPF 路由，从回显信息可以看到 R3 学习到了区域 1 中的所有路由。

```
……  // 输出省略
O IA    192.168.1.0/24 [110/66] via 172.16.2.1, 00:22:24, Serial1/0
O IA    192.168.2.0/24 [110/66] via 172.16.2.1, 00:22:24, Serial1/0
O IA    192.168.3.0/24 [110/66] via 172.16.2.1, 00:22:24, Serial1/0
O IA    192.168.4.0/24 [110/66] via 172.16.2.1, 00:22:24, Serial1/0
```

在 ABR（R2）上，针对区域间路由（192.168.1.0/24、192.168.2.0/24、192.168.3.0/24、192.168.4.0/24）进行汇总后，R3 学习到的 OSPF 路由条目更加简洁。R3 通过命令 show ip route ospf 得到的回显信息如下。

```
……  // 输出省略
O IA 192.168.0.0/21 [110/66] via 172.16.2.1, 00:00:01, Serial1/1
```

6. 在 ASBR 上配置外部路由汇总的示例

在图 3-22 中的 R3 上，添加若干路由（使用环回接口模拟），并进行路由重分发至 OSPF 自治系统中，重分发完成后进行外部路由汇总。

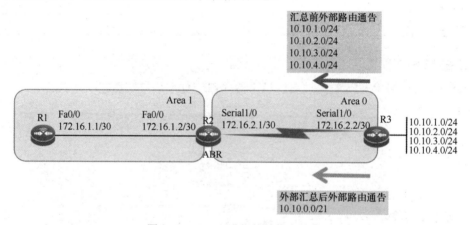

图 3-22　ASBR 进行外部路由汇总

R3 的配置命令如下：

```
R2(config)# router ospf 1
R2(config-router)# summary-address     //将重分发至 OSPF 进程 1 的外部路由 10.10.1.0/24、10.10.2.0/24、
10.10.0.0 255.255.248.0                10.10.3.0/24、10.10.4.0/24 汇总成 10.10.0.0/21 通告至 OSPF 自治系统
```

配置完毕后，使用相关的命令查看相关路由信息。

未在 R3 上针对重分发路由进行汇总前，在 R1 上通过命令 show ip ospf route 查看 OSPF 路由，从回显信息可以看到 R1 学习到了所有外部明细路由信息。

```
       …… // 输出省略
O E2      10.10.1.0/24 [110/20] via 172.16.1.2, 00:01:15, FastEthernet0/0
O E2      10.10.2.0 /24 [110/20] via 172.16.1.2, 00:01:15, FastEthernet0/0
O E2      10.10.3.0 /24 [110/20] via 172.16.1.2, 00:01:15, FastEthernet0/0
O E2      10.10.4.0 /24 [110/20] via 172.16.1.2, 00:01:15, FastEthernet0/0
```

其中，O E2 代表第二类外部路由，O E2 路由开销只包含外部开销，即为 20，只有一台 ASBR 将外部路由重分发至 OSPF 时可以使用这种外部路由，O E2 也是默认的外部路由类型。

此外，与 O E2 相对的是 O E1，O E1 为外部路由，开销为外部开销加上分组经过的每条链路的内部开销。多台 ASBR 将同一条外部路由通告到同一个自治系统中时，应使用这种路由类型，以避免使用次优路由。

在 ASBR（R3）上针对重分发至 OSPF 进程 1 的外部路由（10.10.1.0/24、10.10.2.0/24、10.10.3.0/24、10.10.4.0/24）进行汇总后，从回显信息中可以看出 R1 上学习到的 OSPF 外部路由条目更加简洁。

```
       …… // 输出省略
O E2      10.10.0.0/21 [110/20] via 172.16.1.2, 00:00:12, FastEthernet0/0
```

3.2.6　OSPF 的高阶应用与优化工作

除之前描述的 OSPF 基础配置外，本部分将介绍一些 OSPF 的高阶应用与优化工作。

1. OSPF 默认路由传播

要从 OSPF 访问外部网络，可以像前文介绍的那样通过外部网络重分发至 OSPF 来实现。但是如果需要通过 OSPF 访问互联网，网络管理员不可能将互联网的路由重分发至 OSPF 中。在 OSPF 网络规划中，通常在连接互联网的 OSPF 设备上配置静态路由，并采用 OSPF 下发默认路由的方式，使得 OSPF 路由器都通过连接互联网的 OSPF 设备，下发并传播的默认路由可以"得知"访问互联网的方式，如图 3-23 所示。

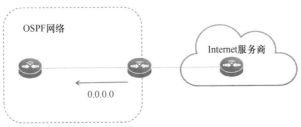

图 3-23　OSPF 下发默认路由

使用默认路由的解决方案的可扩展性最强，还可以缩小路由表的规模，以及减少占用的资源和 CPU 周期。

要让 OSPF 生成默认路由，必须在 OSPF 路由器使用配置命令 default-information originate，与此同时该路由器就将变成 ASBR。

将默认路由通告给标准区域的方式有两种。一种方式是将 0.0.0.0 通告给 OSPF 区域（条件是发出通告的路由器已经有一条默认路由），可以使用命令 default-information originate 实现；另一种方法是通告 0.0.0.0，而无论发出通告的路由器是否有默认路由，可以使用命令 default-information originate 中指定关键字 always 实现。

2．OSPF 的度量值调整

在 OSPF 中，默认根据带宽来计算接口的 OSPF 度量值，即使用公式"100 除以带宽（带宽的单位为 Mbit/s）"来计算 OSPF 开销，开销越低，表示路由效果越好。例如，64Kbit/s 的链路的度量值为 1562，T1 链路的度量值为 64，FastEthernet 的度量值为 1。但是这些度量值均为设备自动计算得到的，如果需要网络管理员手动调整这些度量值，可使用接口命令 ip ospf cost interface-cost 指定开销，其中 interface-cost 的取值范围为 1～65535。开销越低，表示链路越好，即被选中的可能性越大。

如图 3-24 所示，在没有进行接口 OSPF 开销指定前，R1 去往目的网段 10.10.1.1/24 的路由通过 R2 与 R3 进行负载分担。

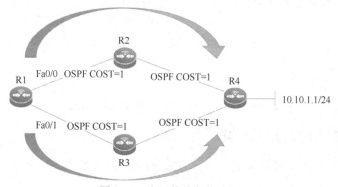

图 3-24　未调整前负载分担

如图 3-25 所示，可以通过 R1 的 Fa0/1 接口对 OSPF 开销进行调整，使得 R1 去往目的网段 10.10.1.1/24 的主用链路为 R1→R2→R4，而 R1→R3→R4 为备份链路。

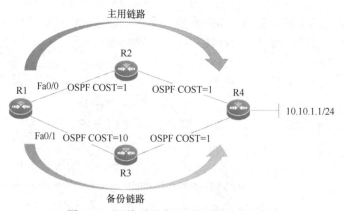

图 3-25　调整后形成主用链路和备份链路

3.3　部署实施企业网中路由策略

3.3.1　了解路由策略及其特征

1．路由策略

路由策略主要实现了路由过滤和路由属性设置等功能，它通过改变路由属性（包括可达性）来改变网络流量所经过的路径。路由策略是路由发布和接收的策略。其实，选择路由协议本身也是一种路由策略，因为在相同的网络结构中，不同的路由协议由于实现的机制不同、开销计算规则不同、优先级定义不同等可能会产生不同的路由表，这些是最基本的路由策略。

通常我们所说的路由策略是指在正常的路由协议之上，我们根据某种规则、通过改变某些参数或者设置某种控制方式来改变路由产生、发布、选择的结果，注意改变的是结果（即路由表），规则并没有改变。

2．路由策略的特征

路由协议在发布、接收和引入路由信息时，根据实际组网需求实施一些路由策略，以便对路由信息进行过滤或改变路由信息的属性。

（1）控制路由的接收和发布：只发布和接收必要、合法的路由信息，以控制路由表的容量，提高网络的安全性。

（2）控制路由的引入：当一种路由协议在引入其他路由协议发现的路由信息来丰富自己的路由信息时，只引入一部分满足条件的路由信息。

（3）设置特定路由的属性：修改通过路由策略过滤的路由属性来满足自身需要。

路由策略具有以下价值：首先，路由策略控制路由器的路由表规模，节约系统资源；其次，路由策略控制路由的接收、发布和引入，提高网络安全性；此外，路由策略通过修改路由属性，对网络流量进行合理规划，提高网络性能。

3.3.2　区分路由策略和策略路由

1．了解路由策略和策略路由

1）路由策略

路由策略主要实现了路由过滤和路由属性设置等功能，它通过改变路由属性（包括可达性）来改变网络流量所经过的路径。

2）路由策略的应用场合

当网络中运行 OSPF 这样的动态路由协议，在 ASBR 上将静态路由或 RIP、BGP 这样的外部路由引入 OSPF 区域内时，希望进行一些路由控制与过滤或针对有特殊要求的路由进行重分发；或者是在引入这些外部路由的同时，修改路由的一些属性，如度量值、下一跳、外部路由的类型就可以采用路由策略来实现。

当网络中运行 BGP 这样的动态路由协议，在与 BGP 对等体邻居进行路由学习交互时，或者是将静态路由或 RIP、OSPF 这样的外部路由引入 BGP 区域内时，希望进行一些路由控制与过滤或者针对有特殊要求的路由进行学习、传递、重分发时，就可以考虑采用路由策略来实现。在学习或者是通告给 BGP 对等体邻居的路由条目上以及想在 BGP 区域内引入外部路由的同时修改路由的一些属性，如度量值、下一跳、local-preference、MED 值、AS-path 等，或给某些路由条目打上特殊的标记（tag）以便下游的路由器根据这个 tag 再做不同的选路动作时，也可以采用路由策略来实现。

3）策略路由

策略路由是一种比基于目的地址进行路由转发更加灵活的数据包路由转发机制，可以根据用户制定的策略来进行路由选择。

4）策略路由的应用场合

当网络中的汇聚层与核心设备或核心层与出口路由器之间有多条链路互联时，普通的路由表的负载或结果可能无法满足用户的需求，或者网络中又引入了一些新的业务，这些网段在原先的网络设计时没有考虑到，此时出现新的路由访问需要，不想去调整前期规划的复杂 OSPF 路由控制选择路径的策略，就可以利用策略路由技术来针对这部分新的需求，进行一个重新的路由选择，可以按照自己的意愿，选择一条指定的链路转发数据，而不依赖于传统的路由表。

还有另外一种常见的应用场景就是：核心层到网络出口设备有多台路由器或者防火墙，它们对应多家不同的运营商链路，如电信、联通、教育网等，此时，希望根据每条链路的负载程度、带宽利用率等情况来将内网中的网络流量分流到这三条链路上，例如，各教学楼、科研所、教师办公区的用户上网全部走教育网出口；图书馆、电教中心、学校行政楼的区域上网全部走联通出口；其他流量（如学生宿舍区）全部都走电信出口，访问教育网资源的数据全部走教育网出口。基于业务类型进行分流，同时电信、联通、教育网又彼此作为各自的链路发生故障时的备份，起到冗余的作用，如果有这样的组网需求，就可以采用策略路由进行路径选择。

2．区分路由策略和策略路由

（1）路由策略的操作对象是路由信息。路由策略主要实现了路由过滤和路由属性设置等功能，它通过改变路由属性（包括可达性）来改变网络流量所经过的路径。

（2）策略路由的操作对象是数据包。在路由表已经产生的情况下，不按照路由表进行转发，而是根据实际需要，依照某种策略改变数据包的转发路径。

（3）路由策略是基于控制平面的，会影响路由表的表项，优先级比策略路由低，需要与路由协议结合使用。

（4）策略路由是基于转发平面的，在查找路由表之前对流量进行控制，不会影响路由表的表项，优先级比路由表高，设备收到报文后，会先查找策略路由进行匹配转发，若匹配失败，则再查找路由表进行转发；应用时需要手动逐条配置，以保证报文按策略进行转发。

3.3.3　配置路由策略

1．路由策略配置命令

（1）配置路由策略首先需要定义路由图，在全局模式种执行以下命令。

命　　令	描　　述
Ruijie(config)# route-map route-map-name[permit | deny] sequence	定义路由图，序列号 sequence 的范围为 0～65535
Ruijie(config)# no route-map route-map-name{[permit | deny] sequence}	删除路由图

（2）在一个路由图配置规则中，可以执行一条或多条 match 命令和 set 命令。如果没有 match 命令，则匹配所有路由；如果没有 set 命令，则不做任何操作。要定义路由图配置规则的匹配条件，在路由图配置模式中执行以下命令。

命　　令	描　　述
Ruijie(config-route-map)# match ip address {Access-list-number}	匹配访问控制列表中的地址
Ruijie(config-route-map)# match metric {Metric}	匹配路由的度量值

续表

命　令	描　述
Ruijie(config-route-map)# match tag {tag}	匹配路由的标记值
Ruijie(config-route-map)# match origin {egp | igp | incomplete}	匹配 BGP 来源的类型
Ruijie(config-route-map)# match origin {egp | igp | incomplete}	匹配 BGP 团体属性

（3）定义完路由匹配条件后需要定义匹配后的操作，在路由表配置模式中执行以下命令。

命　令	描　述
Ruijie(config-route-map)# set metric {metric}	设置重分发路由的度量值
Ruijie(config-route-map)# set metric-type{type-1 | type-2 | external | internal}	设置重分发路由的类型
Ruijie(config-route-map)# set tag {tag}	设置重分发路由的标记值
Ruijie(config-route-map)# set origin {egp | igp| incomplete}	设置 BGP 路由来源属性
Ruijie(config-route-map)# set community {community-number[community-number …] additive | none}	设置 BGP 团体属性值
Ruijie(config-route-map)# set as-path prepend as-number	设置 BGP 路由 as_path 属性值

（4）在路由协议中应用 route-map 进行路由重分发时的路由控制，配置命令如下。

命　令	描　述
Ruijie(config-router)# redistribute protocol {process-id} subnets route-map {route-map-name}	进行重分发路由时应用 route-map

（5）route-map 的执行顺序是从上到下，即按照序列号从小到大执行，最后隐含一条命令 deny any。

2. 策略路由配置命令

配置策略路由分为以下几个步骤。

（1）定义路由图。一个路由图可以由许多策略组成，策略按序号从大到小排列，只要符合了前面的策略，就退出路由图的执行；要定义重分发的路由图，在全局配置模式中执行以下命令。

命　令	描　述
Ruijie(config)# route-map route-map-name [permit | deny] sequence	定义路由图
Ruijie(config)# no route-map route-map-name {[permit | deny] sequence}	删除路由图

（2）定义路由图中每个策略的匹配规则或条件。要定义策略的匹配规则，在路由图配置模式中执行以下命令。

命　令	描　述
Ruijie(config-route-map)# match ip address access-list-number	匹配访问控制列表中的地址
Ruijie(config-route-map)# match length {[min|max]length}	匹配报文的长度

（3）定义完匹配条件后需要定义匹配后的操作。要定义匹配后的操作，在路由图配置模式中执行以下命令。

命　令	描　述
Ruijie(config-route-map)# set ip next-hop ip-address {ip-address}	设置数据包的下一跳 IP 地址
Ruijie(config-route-map)# set interface intf_name	出口设置
Ruijie(config-route-map)# set default interface intf_name	设置默认出口

续表

命　令	描　述
Ruijie(config-route-map)# set ip precedence	修改 IP 报文的优先级
Ruijie(config-route-map)# set ip tos	修改 IP 报文的 TOS 值
Ruijie(config-route-map)# set ip dscp	修改 IP 报文的 DSCP 值

（4）在指定接口中应用路由图。要在接口上应用策略路由，在接口模式下执行以下命令。

命　令	描　述
Ruijie(config-if)# ip policy route-map [name]	在接口上使用指定的 route-map
Ruijie(config-if)# no ip policy route-map [name]	在接口上取消应用的 route-map

（5）对本地发送的报文使用策略路由，执行以下命令。

命　令	描　述
Ruijie(config-if)# ip local policy route-map [name]	对本地发送的报文使用 route-map
Ruijie(config-if)# no ip local policy route-map	取消本地报文应用的策略路由

3.3.4　在企业网中实施路由策略

路由用来说明把数据包从一台设备通过网络发送到另一台处在不同网络中设备的过程，当路由器需要使用动态路由协议，通告从另外一种动态路由、静态路由或者直连目标网络学习到的路由时，路由系统将进行路由重分发。例如，路由器可能同时运行 OSPF 进程和静态路由，现需要设置 OSPF 通告来自静态路由配置的路由信息，让其他运行 OSPF 路由协议的设备能够学习到该路由信息，那么，在 OSPF 进程中就需要使用路由重分发技术。

如果从安全性和稳定性的角度来看，在企业网络中通常运行一种路由选择协议会比运行多种路由选择协议更受青睐，但是随着现代的网络发展，许多企业网络又不得不接受采用多种路由选择协议进行路由选择这一现实。

如图 3-26 所示，在本项目中由于旧工厂预计于明年方可进行设备的升级，所以本次设计依旧使用旧工厂网络设备及网络拓扑结构，但是旧工厂设备老旧，无法运行或支持 OSPF 动态路由协议。所以，在本项目中新办公园区要与旧工厂实现互联互通，需要在新办公园区的边缘设备 SW4 上配置去往旧工厂的静态路由信息，并且要使得新办公园区中的其他设备能够学习到去往旧工厂的路由信息。那么，需要在边缘设备 SW4 上使用路由重分发技术，将静态路由重分发到 OSPF 进程中，实现新办公园区其余设备都能学习到去往旧工厂的路由信息。

在图 3-26 中，在新办公园区的边缘设备 SW4 上配置去往旧工厂的静态路由，并在新办公园区的边缘设备 SW4 的 OSPF 进程中使用路由重分发技术，但在进行路由重分发时，需要控制引入的外部路由类型为 O E1（类型 1），metric 值为 50，这就需要使用到路由策略。

这里为什么要控制引入的外部路由类型为 O E1 呢？原因是 OSPF 在引入外部路由时，引入的外部路由有 2 种 metric 类型，分别是 O E1 和 O E2。其中，O E1 在 OSPF 区域内传输时叠加内部开销，若内部网络需要对该外部路由进行路径选择，建议使用 O E1（默认引入的外部路由为 O E2）。O E2 在 OSPF 区域内传输时不叠加内部开销，因此，需要使用路由策略控制引入外部路由的类型为 O E1，否则保持默认的 O E2 会造成新办公园区与旧工厂访问时网络流量出现次优路径。

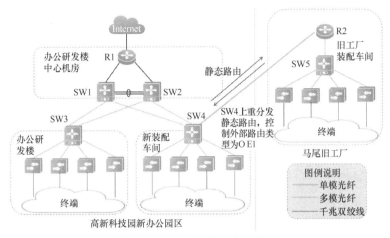

图 3-26　OSPF 外部路由重分发

【规划实践】

【任务描述】

需要实现高新科技园新办公园区与旧工厂之间的路由互访互通。高新科技园新办公园区通过 OSPF 区域规划，实现内部网络路由的自主学习，并进行区域间的路由汇总，减少路由表条目，提高稳定性。另外，在 R1 上采用下发默认路由的方式，使得内部的 OSPF 路由器均能通过 R1 访问互联网，且办公研发楼用户访问互联网主往返路径为：办公研发楼接入交换机→SW3→SW1→R1。新装配车间访问互联网的主往返路径为：新装配车间接入交换机→SW4→SW2→R1。

高新科技园新办公园区与旧工厂间使用静态路由互访，并在 SW4 上配置重分发去往旧工厂装配车间的路由。其中，办公研发楼调用新装配车间和旧装配车间的数据的主往返路径为：SW3→SW1→SW2→SW4→R2→SW5。同时，需要保证上述业务核心网络流量均能在主往返路径出现故障的情况下，切换至备份路径。

【网络拓扑结构】

图 3-27 为本项目实施的网络拓扑结构。

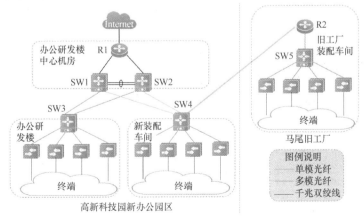

图 3-27　本项目实施的网络拓扑结构

【设备清单】

项目设备清单如表 3-8 所示。

表 3-8　项目设备清单

序　号	类　型	设　备	厂　商	型　号	数　量	备　注
1	硬件	二层交换机	锐捷	RG-S2910-24GT4XS-E	12	旧工厂 4 台
2	硬件	三层交换机	锐捷	RG-S5750-24GT4XS-L	5	旧工厂 1 台
3	硬件	路由器	锐捷	RSR20-X-28	2	旧工厂 1 台
4	硬件	计算机	—	—	—	客户端

【实施步骤】

1. 项目规划和部署

1）规划网络中的设备主机名

本项目中的设备主机名规划如表 3-9 所示，其中代号 XC 代表新办公园区，JC 代表旧工厂，BGQ1 代表办公区域 1，YFB1 代表研发部门 1，CJ1 代表装配车间 1，JR 代表接入层设备，HJ 代表汇聚层设备，HX 代表核心层设备，CK 代表出口设备。S2910 用于指明设备型号，01 指明设备编号。

表 3-9　设备主机名规划

设备型号	设备主机名
RG-S2910-24GT4XS-E	XC-BGQ1-JR-S2910-01
RG-S2910-24GT4XS-E	XC-BGQ2-JR-S2910-02
RG-S2910-24GT4XS-E	XC-YFB1-JR-S2910-01
RG-S2910-24GT4XS-E	XC-YFB2-JR-S2910-02
RG-S2910-24GT4XS-E	XC-CJ1-JR-S2910-01
RG-S2910-24GT4XS-E	XC-CJ2-JR-S2910-02
RG-S2910-24GT4XS-E	XC-CJ3-JR-S2910-03
RG-S2910-24GT4XS-E	XC-CJ4-JR-S2910-04
RG-S2910-24GT4XS-E	JC-CJ1-JR-S2910-01
RG-S2910-24GT4XS-E	JC-CJ2-JR-S2910-02
RG-S2910-24GT4XS-E	JC-CJ3-JR-S2910-03
RG-S2910-24GT4XS-E	JC-CJ4-JR-S2910-04
RG-S5750-24GT4XS-L	XC-HJ-S5750-01
RG-S5750-24GT4XS-L	XC-HJ-S5750-02
RG-S5750-24GT4XS-L	XC-HX-S5750-01
RG-S5750-24GT4XS-L	XC-HX-S5750-02
RG-S5750-24GT4XS-L	JC-HX-S5750-01
RSR20-X-28	XC-CK-RSR20-01
RSR20-X-28	JC-CK-RSR20-01

2）VLAN 规划

本项目中按区域进行 VLAN 的划分，使用 VLAN 可以减小广播风暴，便于灵活进行组网，也提高了网络的可管理性，具体 VLAN 规划如表 3-10 所示。

表 3-10　VLAN 规划

序　号	功　能　区	VLAN ID	VLAN Name
1	办公区域 1	10	XC-BGQ1
2	办公区域 2	20	XC-BGQ2
3	研发部门 1	30	XC-YFB1
4	研发部门 2	40	XC-YFB2
5	新装配车间 1	50	XC-CJ1
6	新装配车间 2	60	XC-CJ2
7	新装配车间 3	70	XC-CJ3
8	新装配车间 4	80	XC-CJ4
9	旧工厂装配车间 1	110	JC-CJ1
10	旧工厂装配车间 2	120	JC-CJ2
11	旧工厂装配车间 3	130	JC-CJ3
12	旧工厂装配车间 4	140	JC-CJ4
13	办公研发楼设备管理	200	XC-BGYF-Management
14	新装配车间设备管理	210	XC-ZPCJ-Management
15	旧工厂设备管理	220	JC-Management

3）IP 地址规划

本项目中 IP 地址规划包括各个办公区域地址、各个装配车间地址及设备管理地址。

首先，新办公园区的办公区域 1、办公区域 2、研发部门 1、研发部门 2 采用一个 C 类地址段 192.168.10.0/24 进行子网划分，分别为 192.168.10.0/26、192.168.10.64/26、192.168.10.128/26 和 192.168.10.192/26。

其次，新办公园区的装配车间 1、装配车间 2、装配车间 3、装配车间 4 采用一个 C 类地址段 192.168.20.0/24 进行子网划分，分别为 192.168.20.0/26、192.168.20.64/26、192.168.20.128/26、192.168.20.192/26。

此外，旧工厂的装配车间 1、装配车间 2、装配车间 3、装配车间 4 采用一个 C 类地址段 192.168.30.0/24 进行子网划分，分别为 192.168.30.0/26、192.168.30.64/26、192.168.30.128/26、192.168.30.192/26。

另外，新办公园区和旧工厂的设备互联地址网段都从 192.168.150/24 网段规划所得，子网掩码均为 30 位掩码。新办公园区向运营商申请了一条专线，地址为 202.101.1.1/24。具体 IP 地址规划表如表 3-11、3-12 和 3-13 所示。

表 3-11　业务地址规划

序号	功　能　区	IP 地址	掩　码	网　关
1	办公区域 1	192.168.10.0	255.255.255.192	192.168.10.1
2	办公区域 2	192.168.10.64	255.255.255.192	192.168.10.65
3	研发部门 1	192.168.10.128	255.255.255.192	192.168.10.129

续表

序号	功 能 区	IP 地址	掩 码	网 关
4	研发部门 2	192.168.10.192	255.255.255.192	192.168.10.193
5	新装配车间 1	192.168.20.0	255.255.255.192	192.168.20.1
6	新装配车间 2	192.168.20.64	255.255.255.192	192.168.20.65
7	新装配车间 3	192.168.20.128	255.255.255.192	192.168.20.129
8	新装配车间 4	192.168.20.192	255.255.255.192	192.168.20.193
9	旧工厂装配车间 1	192.168.30.0	255.255.255.192	192.168.30.1
10	旧工厂装配车间 2	192.168.30.64	255.255.255.192	192.168.30.65
11	旧工厂装配车间 3	192.168.30.128	255.255.255.192	192.168.30.129
12	旧工厂装配车间 4	192.168.30.192	255.255.255.192	192.168.30.193

表 3-12　设备管理地址规划

序号	设 备 名 称	管 理 地 址	掩 码	网 关
1	XC-BGQ1-JR-S2910-01	192.168.200.250	255.255.255.0	192.168.200.254
2	XC-BGQ2-JR-S2910-02	192.168.200.251	255.255.255.0	192.168.200.254
3	XC-YFB1-JR-S2910-01	192.168.200.252	255.255.255.0	192.168.200.254
4	XC-YFB2-JR-S2910-02	192.168.200.253	255.255.255.0	192.168.200.254
5	XC-CJ1-JR-S2910-01	192.168.210.250	255.255.255.0	192.168.210.254
6	XC-CJ2-JR-S2910-02	192.168.210.251	255.255.255.0	192.168.210.254
7	XC-CJ3-JR-S2910-03	192.168.210.252	255.255.255.0	192.168.210.254
8	XC-CJ4-JR-S2910-04	192.168.210.253	255.255.255.0	192.168.210.254
9	JC-CJ1-JR-S2910-01	192.168.220.250	255.255.255.0	192.168.220.254
10	JC-CJ2-JR-S2910-02	192.168.220.251	255.255.255.0	192.168.220.254
11	JC-CJ3-JR-S2910-03	192.168.220.252	255.255.255.0	192.168.220.254
12	JC-CJ4-JR-S2910-04	192.168.220.253	255.255.255.0	192.168.220.254
13	XC-HJ-S5750-01	192.168.200.254	255.255.255.0	—
14	XC-HJ-S5750-02	192.168.210.254	255.255.255.0	—
15	JC-HX-S5750-01	192.168.220.254	255.255.255.0	—
16	XC-HX-S5750-01	192.168.250.1	255.255.255.255	—
17	XC-HX-S5750-02	192.168.250.2	255.255.255.255	—
18	XC-CK-RSR20-01	192.168.250.3	255.255.255.255	—
19	JC-CK-RSR20-01	192.168.250.4	255.255.255.255	—

表 3-13　互联地址规划

序号	本 端 设 备	本 端 地 址	对 端 设 备	对 端 地 址
1	XC-HJ-S5750-01	192.168.150.1/30	XC-HX-S5750-01	192.168.150.2/30
2	XC-HJ-S5750-01	192.168.150.5/30	XC-HX-S5750-02	192.168.150.6/30
3	XC-HJ-S5750-02	192.168.150.9/30	XC-HX-S5750-01	192.168.150.10/30
4	XC-HJ-S5750-02	192.168.150.13/30	XC-HX-S5750-02	192.168.150.14/30
5	XC-HX-S5750-01	192.168.150.17/30	XC-HX-S5750-02	192.168.150.18/30
6	XC-HX-S5750-01	192.168.150.21/30	XC-CK-RSR20-01	192.168.150.22/30

续表

序号	本 端 设 备	本 端 地 址	对 端 设 备	对 端 地 址
7	XC-HX-S5750-02	192.168.150.25/30	XC-CK-RSR20-01	192.168.150.26/30
8	JC-HX-S5750-01	192.168.150.29/30	JC-CK-RSR20-01	192.168.150.30/30
9	XC-HJ-S5750-02	192.168.150.33/30	JC-CK-RSR20-01	192.168.150.34/30
10	XC-CK-RSR20-01	202.101.1.1/24	运营商	202.101.1.2/24

4）端口互联规划

本项目在进行端口互联规划时，考虑到成本、传输距离、传输介质等多方面因素，连接终端使用超五类或六类线，同一栋楼（如办公研发楼）的接入层交换机、汇聚层交换机与核心层交换机间使用多模光纤互联，而双核心及出口路由器均位于中心机房，使用双绞线互联。其中，新装配车间与中心机房以及与旧工厂互联均使用单模光纤，使得传输距离得以保障。具体端口互联规划表如表 3-14 所示。

表 3-14　端口互联规划表

序号	本端设备命名	本 端 接 口	对端设备命名	对 端 接 口
1	XC-CK-RSR20-01	GigabitEthernet0/0	XC-HX-S5750-01	GigabitEthernet0/22
		GigabitEthernet0/1	XC-HX-S5750-02	GigabitEthernet0/22
		GigabitEthernet0/2	Internet	—
2	XC-HX-S5750-01	GigabitEthernet0/20	XC-HJ-S5750-01	GigabitEthernet0/23
		GigabitEthernet0/21	XC-HJ-S5750-02	GigabitEthernet0/24
		GigabitEthernet0/22	XC-CK-RSR20-01	GigabitEthernet0/0
		GigabitEthernet0/23	XC-HX-S5750-02	GigabitEthernet0/23
		GigabitEthernet0/24	XC-HX-S5750-02	GigabitEthernet0/24
3	XC-HX-S5750-02	GigabitEthernet0/20	XC-HJ-S5750-01	GigabitEthernet0/24
		GigabitEthernet0/21	XC-HJ-S5750-02	GigabitEthernet0/23
		GigabitEthernet0/22	XC-CK-RSR20-01	GigabitEthernet0/1
		GigabitEthernet0/23	XC-HX-S5750-01	GigabitEthernet0/23
		GigabitEthernet0/24	XC-HX-S5750-01	GigabitEthernet0/24
4	XC-HJ-S5750-01	GigabitEthernet0/23	XC-HX-S5750-01	GigabitEthernet0/20
		GigabitEthernet0/24	XC-HX-S5750-02	GigabitEthernet0/20
		GigabitEthernet0/19	XC-BGQ1-JR-S2910-01	GigabitEthernet0/24
		GigabitEthernet0/20	XC-BGQ1-JR-S2910-02	GigabitEthernet0/24
		GigabitEthernet0/21	XC-YFB1-JR-S2910-01	GigabitEthernet0/24
		GigabitEthernet0/22	XC-YFB1-JR-S2910-02	GigabitEthernet0/24
5	XC-HJ-S5750-02	GigabitEthernet0/23	XC-HX-S5750-02	GigabitEthernet0/21
		GigabitEthernet0/24	XC-HX-S5750-01	GigabitEthernet0/21
		GigabitEthernet0/19	XC-CJ1-JR-S2910-01	GigabitEthernet0/24
		GigabitEthernet0/20	XC-CJ1-JR-S2910-02	GigabitEthernet0/24
		GigabitEthernet0/21	XC-CJ1-JR-S2910-03	GigabitEthernet0/24
		GigabitEthernet0/22	XC-CJ1-JR-S2910-04	GigabitEthernet0/24
		GigabitEthernet0/18	JC-CK-RSR20-01	GigabitEthernet0/0

序号	本端设备命名	本端接口	对端设备命名	对端接口
6	JC-CK-RSR20-01	GigabitEthernet0/0	XC-HJ-S5750-02	GigabitEthernet0/18
		GigabitEthernet0/1	JC-HX-S5750-01	GigabitEthernet0/24
7	JC-HX-S5750-01	GigabitEthernet0/24	JC-CK-RSR20-01	GigabitEthernet0/1
		GigabitEthernet0/19	JC-CJ1-JR-S2910-01	GigabitEthernet0/24
		GigabitEthernet0/20	JC-CJ1-JR-S2910-02	GigabitEthernet0/24
		GigabitEthernet0/21	JC-CJ1-JR-S2910-03	GigabitEthernet0/24
		GigabitEthernet0/22	JC-CJ1-JR-S2910-04	GigabitEthernet0/24

5）OSPF 区域规划

如图 3-28 所示，R1、SW1、SW2、SW3、SW4 划分至 OSPF 区域 0，办公研发楼划分至 OSPF 区域 1，新装配车间划分至 OSPF 区域 2。

2. 项目实施

任务一：完成本地 Console 方式登录交换机

1）任务描述

网络设备需要使用本地 Console 方式进行登录，完成对其配置调试。

2）任务操作

使用随设备自带的 Console 线缆连接计算机的 COM 口和设备的 Console 口。如果使用笔记本电脑配置设备，需要使用 USB 转串口线缆进行 USB 到 COM 口转接。线缆连接完成后，使用 SecureCRT 连接设备。Console 登录快速连接设置如图 3-29 所示。

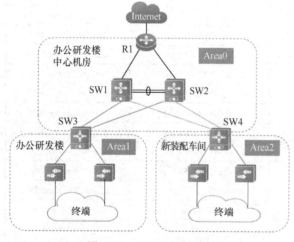

图 3-28　OSPF 区域规划

图 3-29　Console 登录快速连接设置

任务二：完成 VLAN 配置

1）任务描述

完成交换机中的 VLAN 配置。

2）任务操作

接入层以办公研发楼接入层交换机为例，VLAN 配置命令如下。

XC-BGQ1-JR-S2910-01(config)#vlan 10	//创建办公区域 1 VLAN 10
XC-BGQ1-JR-S2910-01(config-vlan)#name XC-BGQ1	//VLAN 命名
XC-BGQ1-JR-S2910-01(config-vlan)#vlan 200	//创建办公研发楼设备管理 VLAN 200
XC-BGQ1-JR-S2910-01(config-vlan)	//VLAN 命令
#name XC-BGYF-Management	

汇聚层以办公研发楼汇聚层交换机 SW3 为例,VLAN 配置命令如下。

XC-HJ-S5750-01(config)#vlan 10	//创建办公区域 1 VLAN 10
XC-HJ-S5750-01(config-vlan)#name XC-BGQ1	//VLAN 命名
XC-HJ-S5750-01(config-vlan)#vlan 20	//创建办公区域 2 VLAN 20
XC-HJ-S5750-01(config-vlan)#name XC-BGQ2	//VLAN 命名
XC-HJ-S5750-01(config-vlan)#vlan 30	//创建研发部门 1 VLAN 30
XC-HJ-S5750-01(config-vlan)#name XC-YFB1	//VLAN 命名
XC-HJ-S5750-01(config-vlan)#vlan 40	//创建研发部门 2 VLAN 40
XC-HJ-S5750-01(config-vlan)#name XC-YFB2	//VLAN 命名
XC-HJ-S5750-01(config-vlan)#vlan 200	//创建办公研发楼设备管理 VLAN 200
XC-HJ-S5750-01(config-vlan)#name XC-BGYF-Management	//VLAN 命名

其他交换机 VLAN 的配置与此类似。

任务三:完成交换机接口配置

1)任务描述

完成交换机接口配置。

2)任务操作

交换机接口配置包括连接用户终端的 access 接口配置、交换机之间二层互联的 trunk 接口配置以及汇聚层交换机与核心层交换机、核心层交换机与路由器三层互联的路由接口配置,以及配置核心层交换机之间链路聚合。

(1)access 接口配置

以办公研发楼 1 的接入层交换机为例,连接终端用户的接口需要划分至办公区域 1 的 VLAN 中,相关配置命令如下:

XC-BGQ1-JR-S2910-01 (config)#interface range gi0/1-23	//进入接口范围
XC-BGQ1-JR-S2910-01 (config-if-range)#switchport mode access	//配置接口为 access 模式
XC-BGQ1-JR-S2910-01 (config-if-range)#switchport access vlan 10	//将接口划分至 VLAN

(2)trunk 接口配置

接入层交换机与汇聚层交换机之间为二层互联,互联的接口需要配置为 trunk 模式。以办公研发楼的汇聚层交换机 SW3 为例,相关配置命令如下。

XC-HJ-S5750-01(config)#interface range gi0/19-22	//进入接口范围
XC-HJ-S5750-01(config-if-range)#switchport mode trunk	//配置接口为 trunk 模式

为了节约链路带宽,减少广播包泛洪,可以使用 trunk 修剪技术将不属于本交换机的 VLAN 在交换机互联 trunk 接口上修剪掉。在汇聚层交换机 SW3 下联办公区域和研发部门接入层交换机的接口上,使用 trunk 修剪相关配置命令如下。

XC-HJ-S5750-01(config)#interface gi0/19	//进入接口
XC-HJ-S5750-01(config-if)#switchport trunk allowed vlan only 10,200	//仅放行 VLAN 10 和 VLAN 200
XC-HJ-S5750-01(config)#interface gi0/20	//进入接口

XC-HJ-S5750-01(config-if)#switchport trunk allowed vlan add 20,200	//仅放行 VLAN 20 和 VLAN 200
XC-HJ-S5750-01(config)#interface gi0/21	//进入接口
XC-HJ-S5750-01(config-if)#switchport trunk allowed vlan add 30,200	//仅放行 VLAN 30 和 VLAN 200
XC-HJ-S5750-01(config)#interface gi0/22	//进入接口
XC-HJ-S5750-01(config-if)#switchport trunk allowed vlan add 40,200	//仅放行 VLAN 40 和 VLAN 200

旧工厂核心层交换机 SW5 下联四个车间接入层交换机的接口上的 trunk 修剪相关配置命令如下。

JC-HX-S5750-01(config)#interface gi0/19	//进入接口
JC-HX-S5750-01(config-if)#switchport trunk allowed vlan add 110,220	//仅放行 VLAN 110 和 VLAN 220
JC-HX-S5750-01(config)#interface gi0/20	//进入接口
JC-HX-S5750-01(config-if)#switchport trunk allowed vlan add 120,220	//仅放行 VLAN 120 和 VLAN 220
JC-HX-S5750-01(config)#interface gi0/21	//进入接口
JC-HX-S5750-01(config-if)#switchport trunk allowed vlan add 130,220	//仅放行 VLAN 130 和 VLAN 220
JC-HX-S5750-01(config)#interface gi0/22	//进入接口
JC-HX-S5750-01(config-if)#switchport trunk allowed vlan add 140,200	//仅放行 VLAN 140 和 VLAN 220

接入层交换机的上联 trunk 接口也需要进行相应的 VLAN 修剪，以旧工厂车间 1 接入层交换机为例，trunk 修剪相关配置命令如下，其他接入层交换机 trunk 修剪配置与此类似。

JC-CJ1-JR-S2910-01(config)#interface gi0/24	//进入接口
JC-CJ1-JR-S2910-01(config-if)#switchport mode trunk	//配置为 trunk 模式
JC-CJ1-JR-S2910-01(config-if)#switchport trunk allowed vlan add 110,220	//仅放行 VLAN 110 和 VLAN 220

（3）SVI 接口配置

新办公园区的汇聚层交换机上的用户网关需要配置在对应 VLAN 的 SVI 接口下，通过 description 命令可以对 SVI 接口进行描述，在存在多个网关的场景下便于进行识别。

以新办公园区的汇聚层交换机 SW3 为例，其配置命令如下。旧工厂核心层交换机配置同理。

XC-HJ-S5750-01(config)#interface vlan 10	//进入 VLAN 10 SVI 接口
XC-HJ-S5750-01(config-if)#description BanGongQu1_GW	//对 SVI 进行描述
XC-HJ-S5750-01(config-if)#ip address 192.168.10.1 255.255.255.192	//配置办公区域 1 用户网关
XC-HJ-S5750-01(config-if)#interface vlan 20	//进入 VLAN 20 SVI 接口
XC-HJ-S5750-01(config-if)#description BanGongQu2_GW	//对 SVI 进行描述
XC-HJ-S5750-01(config-if)#ip address 192.168.10.65 255.255.255.192	//配置办公区域 2 用户网关
XC-HJ-S5750-01(config-if)#interface vlan 30	//进入 VLAN 30 SVI 接口
XC-HJ-S5750-01(config-if)#description YanFaBu1_GW	//对 SVI 进行描述
XC-HJ-S5750-01(config-if)#ip address 192.168.10.129 255.255.255.192	//配置研发部门 1 用户网关
XC-HJ-S5750-01(config-if)#interface vlan 40	//进入 VLAN 30 SVI 接口
XC-HJ-S5750-01(config-if)#description YanFaBu2_GW	//对 SVI 进行描述
XC-HJ-S5750-01(config-if)#ip address 192.168.10.193 255.255.255.192	//配置研发部门 2 用户网关
XC-HJ-S5750-01(config-if)#interface vlan 200	//进入 VLAN 200 SVI 接口
XC-HJ-S5750-01(config-if)#description XC_BGYF_Management_GW	//对 SVI 进行描述
XC-HJ-S5750-01(config-if)#ip address 192.168.200.254 255.255.255.0	//配置办公研发楼管理网关

接入层交换机只需配置管理 VLAN 的 SVI 接口，并配置下一跳指向汇聚层交换机设备管理网关默认路由，实现接入设备跨网段远程管理。

以办公区域 1 的接入层交换机为例，配置命令如下。

XC-BGQ1-JR-S2910-01(config)#interface vlan 200	//进入 VLAN 200 SVI 接口
XC-BGQ1-JR-S2910-01(config-if)#description XC_BGYF_Management	//对 SVI 进行描述
XC-BGQ1-JR-S2910-01(config-if)#ip address 192.168.200.250 255.255.255.0	//配置交换机管理 IP 地址
XC-BGQ1-JR-S2910-01(config-if)#exit	//返回全局模式
XC-BGQ1-JR-S2910-01(config-if)#ip route 0.0.0.0 0.0.0.0 192.168.200.254	//配置默认路由指向管理 SVI

（4）路由接口配置

汇聚层交换机与核心层交换机、核心层交换机与路由器之间的互联属于三层互联，使用 no switchport 命令，可以将交换机的二层接口转化为路由接口直接配置互联 IP 地址。以汇聚层交换机 SW3 和核心层交换机 SW1 为例，相关配置命令如下。

SW3 配置命令如下：

XC-HJ-S5750-01(config)#interface gi0/23	//进入与 SW1 互联接口
XC-HJ-S5750-01(config-if)#no switchport	//转换为路由接口
XC-HJ-S5750-01(config-if)#ip address 192.168.150.1 255.255.255.252	//配置互联 IP 地址
XC-HJ-S5750-01(config)#interface gi0/24	//进入与 SW2 互联接口
XC-HJ-S5750-01(config-if)#no switchport	//转换为路由接口
XC-HJ-S5750-01(config-if)#ip address 192.168.150.5 255.255.255.252	//配置互联 IP 地址

SW1 配置命令如下：

XC-HX-S5750-01(config)#interface gi0/20	//进入与 SW3 互联接口
XC-HX-S5750-01(config-if)#no switchport	//转换为路由接口
XC-HX-S5750-01(config-if)#ip address 192.168.150.2 255.255.255.252	//配置互联 IP 地址
XC-HX-S5750-01(config-if)#interface gi0/21	//进入与 SW4 互联接口
XC-HX-S5750-01(config-if)#no switchport	//转换为路由接口
XC-HX-S5750-01(config-if)#ip address 192.168.150.10 255.255.255.252	//配置互联 IP 地址
XC-HX-S5750-01(config-if)#interface gi0/22	//进入与 R1 互联接口
XC-HX-S5750-01(config-if)#no switchport	//转换为路由接口
XC-HX-S5750-01(config-if)#ip address 192.168.150.21 255.255.255.252	//配置互联 IP 地址
XC-HX-S5750-01(config)#interface loopback 10	//进入 loopback 接口
XC-HX-S5750-01(config-if)#ip address 192.168.250.1 255.255.255.255	//配置管理地址

（5）链路聚合配置

为了增加链路带宽，提高网络可靠性，新办公园区的两台核心层设备之间需要配置链路聚合，相关配置命令如下。

XC-HX-S5750-01>enable	
XC-HX-S5750-01#configure terminal	
XC-HX-S5750-01(config)#interface aggregateport 1	//进入聚合接口 1
XC-HX-S5750-01(config-if)#no switchport	//转换为路由接口
XC-HX-S5750-01(config-if)#ip address 192.168.150.17 255.255.255.252	//配置互联 IP 地址
XC-HX-S5750-01(config)#interface range gigabitEthernet0/23-24	//进入物理接口
XC-HX-S5750-01(config-if)#no switchport	//转换为路由接口
XC-HX-S5750-01(config-if)#port-group 1	//加入聚合接口 1

XC-HX-S5750-02>enable	
XC-HX-S5750-02#configure terminal	
XC-HX-S5750-02(config)#interface aggregateport 1	//进入聚合接口 1
XC-HX-S5750-02(config-if)#no switchport	//转换为路由接口
XC-HX-S5750-02(config-if)#ip address 192.168.150.18 255.255.255.252	//配置互联 IP 地址
XC-HX-S5750-02(config)#interface range gigabitEthernet0/23-24	//进入物理接口
XC-HX-S5750-02(config-if)#no switchport	//转换为路由接口
XC-HX-S5750-02(config-if)#port-group 1	//加入聚合接口 1

任务四：完成路由器接口配置

1）任务描述

完成路由器接口配置。

2）任务操作

本项目中新办公园区的 R1 与运营商之间通过光纤进行互联，旧工厂的 R2 与新办公园区的 SW4 之间也通过光纤进行互联。因此，需要将 R1 和 R2 相应的接口先由默认的电口模式转换为光口模式；然后，再配置 IP 地址。相关配置命令如下。

R1 的配置命令如下：

XC-CK-RSR20-01(config)#interface gigabitEthernet0/0	//进入与 SW1 互联接口
XC-CK-RSR20-01(config-if)#ip address 192.168.150.22 255.255.255.252	//配置互联 IP 地址
XC-CK-RSR20-01(config)#interface gigabitEthernet0/1	//进入与 SW2 互联接口
XC-CK-RSR20-01(config-if)#ip address 192.168.150.26 255.255.255.252	//配置互联 IP 地址
XC-CK-RSR20-01(config-if)#interface gigabitEthernet0/2	//进入与运营商互联接口
XC-CK-RSR20-01(config-if)#media-type basex auto	//将接口类型转换为光口
XC-CK-RSR20-01(config-if)#ip address 202.101.1.1 255.255.255.0	//配置互联 IP 地址
XC-CK-RSR20-01(config)#interface loopback 10	//进入 loopback10
XC-CK-RSR20-01(config-if)#ip address 192.168.250.3 255.255.255.255	//配置管理 IP 地址

R2 的配置命令如下：

JC-CK-RSR20-01(config-if)#interface gigabitEthernet0/0	//进入与 SW4 互联的接口
JC-CK-RSR20-01(config-if)#media-type basex auto	//将接口类型转换为光口
JC-CK-RSR20-01(config-if)#ip address 192.168.150.34 255.255.255.252	//配置互联 IP 地址
JC-CK-RSR20-01(config)#interface gigabitEthernet0/1	//进入与 SW5 互联接口
JC-CK-RSR20-01(config-if)#ip address 192.168.150.30 255.255.255.252	//配置互联 IP 地址
JC-CK-RSR20-01(config)#interface loopback 10	//进入 loopback10
JC-CK-RSR20-01(config-if)#ip address 192.168.250.4 255.255.255.255	//配置管理 IP 地址

任务五：完成动态路由协议规划与配置

1）任务描述

完成 OSPF 动态路由协议规划与配置。

2）任务操作

新办公园区的网络新建涉及的设备数量较多，考虑到后续还会进行一定的扩容和变更，使用动态路由协议能够极大地减少网络管理和运维的工作量。新办公园区的网络通过 OSPF 动态路由协议实现互联互通，具体路由规划如下。

新办公园区的设备运行 OSPF 动态路由协议，协议进程为 100，R1、SW1、SW2、SW3、SW4 划分至 OSPF 区域 0，办公研发楼区域划分至 OSPF 区域 1，新装配车间划分至 OSPF 区域 2。

SW1 的配置命令如下：

```
XC-HX-S5750-01(config)#router ospf 100                              //进入 OSPF 进程
XC-HX-S5750-01(config-router)#router-id 1.1.1.1                     //手工指定 router-id
Change router-id and update OSPF process! [yes/no]:yes             //输入"yes"，并按回车键
XC-HX-S5750-01(config-router)#network 192.168.150.0 0.0.0.3 area 0  //宣告与 SW3 的互联网段
XC-HX-S5750-01(config-router)#network 192.168.150.8 0.0.0.3 area 0  //宣告与 SW4 的互联网段
XC-HX-S5750-01(config-router)#network 192.168.150.16 0.0.0.3 area 0 //宣告与 SW2 的互联网段
XC-HX-S5750-01(config-router)#network 192.168.150.20 0.0.0.3 area 0 //宣告与 R1 的互联网段
XC-HX-S5750-01(config-router)#network 192.168.250.1 0.0.0.0 area 0  //宣告设备管理地址
```

SW2 的配置命令如下：

```
XC-HX-S5750-02(config)#router ospf 100                              //进入 OSPF 进程
XC-HX-S5750-02(config-router)#router-id 2.2.2.2                     //手工指定 router-id
Change router-id and update OSPF process! [yes/no]:yes             //输入"yes"，并按回车键
XC-HX-S5750-02(config-router)#network 192.168.150.4 0.0.0.3 area 0  //宣告与 SW3 的互联网段
XC-HX-S5750-02(config-router)#network 192.168.150.12 0.0.0.3 area 0 //宣告与 SW4 的互联网段
XC-HX-S5750-02(config-router)#network 192.168.150.16 0.0.0.3 area 0 //宣告与 SW1 的互联网段
XC-HX-S5750-02(config-router)#network 192.168.150.24 0.0.0.3 area 0 //宣告与 R1 的互联网段
XC-HX-S5750-02(config-router)#network 192.168.250.2 0.0.0.0 area 0  //宣告设备管理地址
```

SW3 的配置命令如下：

```
XC-HJ-S5750-01(config)#router ospf 100                              //进入 OSPF 进程
XC-HJ-S5750-01(config-router)#router-id 3.3.3.3                     //手工指定 router-id
Change router-id and update OSPF process! [yes/no]:yes             //输入"yes"，并按回车键
XC-HJ-S5750-01(config-router)#network 192.168.150.0 0.0.0.3 area 0  //宣告与 SW1 的互联网段
XC-HJ-S5750-01(config-router)#network 192.168.150.4 0.0.0.3 area 0  //宣告与 SW2 的互联网段
XC-HJ-S5750-01(config-router)#network 192.168.10.0 0.0.0.63 area 1  //宣告办公区域 1 的用户网段
XC-HJ-S5750-01(config-router)#network 192.168.10.64 0.0.0.63 area 1 //宣告办公区域 2 的用户网段
XC-HJ-S5750-01(config-router)#network 192.168.10.128 0.0.0.63 area 1 //宣告研发部门 1 的用户网段
XC-HJ-S5750-01(config-router)#network 192.168.10.192 0.0.0.63 area 1 //宣告研发部门 2 的用户网段
XC-HJ-S5750-01(config-router)#network 192.168.200.0 0.0.0.255 area 1 //宣告设备管理网段
```

SW4 的配置命令如下：

```
XC-HJ-S5750-02(config)#router ospf 100                              //进入 OSPF 进程
XC-HJ-S5750-02(config-router)#router-id 4.4.4.4                     //手工指定 router-id
Change router-id and update OSPF process! [yes/no]:yes             //输入"yes"，并按回车键
XC-HJ-S5750-02(config-router)#network 192.168.150.8 0.0.0.3 area 0  //宣告与 SW1 的互联网段
XC-HJ-S5750-02(config-router)#network 192.168.150.12 0.0.0.3 area 0 //宣告与 SW2 的互联网段
XC-HJ-S5750-02(config-router)#network 192.168.20.0 0.0.0.63 area 2  //宣告装配车间 1 的用户网段
XC-HJ-S5750-02(config-router)#network 192.168.20.64 0.0.0.63 area 2 //宣告装配车间 2 的用户网段
XC-HJ-S5750-02(config-router)#network 192.168.20.128 0.0.0.63 area 2 //宣告装配车间 3 的用户网段
XC-HJ-S5750-02(config-router)#network 192.168.20.192 0.0.0.63 area 2 //宣告装配车间 4 的用户网段
XC-HJ-S5750-02(config-router)#network 192.168.210.0 0.0.0.255 area 2 //宣告设备管理网段
```

R1 的配置命令如下：

XC-CK-RSR20-01(config)# router ospf 100	//进入 OSPF 进程
XC-CK-RSR20-01(config-router)#router-id 5.5.5.5	//手工指定 router-id
Change router-id and update OSPF process! [yes/no]:yes	//输入 "yes"，并按回车键
XC-CK-RSR20-01(config-router)#network 192.168.150.20 0.0.0.3 area 0	//宣告与 SW1 的互联网段
XC-CK-RSR20-01(config-router)#network 192.168.150.24 0.0.0.3 area 0	//宣告与 SW2 的互联网段
XC-CK-RSR20-01(config-router)#network 192.168.250.3 0.0.0.0 area 0	//宣告 loopback 接口地址

任务六：完成静态路由配置

1）任务描述

完成去往旧工厂的静态路由配置以及出口路由器的静态默认路由配置。

2）任务操作

由于旧工厂设备老旧，无法运行或支持 OSPF 动态路由协议，所以在本项目中新办公园区要与旧工厂实现互联互通。需要在新办公园区的 SW4 上配置去往旧工厂的静态路由信息。

相关配置命令如下：

XC-HJ-S5750-02(config)#ip route 192.168.30.0 255.255.255.192 192.168.150.34	//配置静态路由
XC-HJ-S5750-02(config)#ip route 192.168.30.64 255.255.255.192 192.168.150.34	
XC-HJ-S5750-02(config)#ip route 192.168.30.128 255.255.255.192 192.168.150.34	
XC-HJ-S5750-02(config)#ip route 192.168.30.192 255.255.255.192 192.168.150.34	

新办公园区要实现用户访问互联网，需要在 R1 上配置一条静态默认路由；旧工厂无论是访问互联网还是与新办公园区互访，都使用静态默认路由即可。因此，在旧工厂的 R2 和核心层交换机 SW5 上需要各配置一条静态默认路由。

R1 的配置命令如下：

XC-CK-RSR20-01(config)#ip route 0.0.0.0 0.0.0.0 202.101.1.2	//配置静态默认路由

R2 的配置命令如下：

JC-CK-RSR20-01(config)#ip route 0.0.0.0 0.0.0.0 192.168.150.33
JC-CK-RSR20-01(config)#ip route 192.168.30.0 255.255.255.0 192.168.150.29

SW5 的配置命令如下：

JC-HX-S5750-01(config)# ip route 0.0.0.0 0.0.0.0 192.168.150.30

任务七：完成 OSPF 路由优化配置与默认路由下放

1）任务描述

完成新办公园区 OSPF 路由优化配置，并下放默认路由。

2）任务操作

为了实现新办公园区用户访问互联网时，流量选择的是最优路径，并实现数据分流，需要对 OSPF 路由进行优化配置，更改 OSPF 接口开销可以实现这一目标。办公研发楼的用户访问互联网时，数据的主往返路径为 SW3→SW1→R1，备份路径为 SW3→SW2→R1；装配车间的用户访问互联网时，数据的主往返路径为 SW4→SW2→R1，备份路径为 SW4→SW1→R1。

为了使全网三层设备都有访问互联网的默认路由，故在 R1 上使用 OSPF 下放默认路由，内部运行 OSPF 的核心层交换机和汇聚层交换机都能从 OSPF 学习到一条默认路由。

SW3 的配置命令如下：

XC-HJ-S5750-01(config)# interface gigabitEthernet0/24	//进入与 SW2 互联接口
XC-HJ-S5750-01(config-if)#ip ospf cost 100	//修改接口开销值

SW4 的配置命令如下：

XC-HJ-S5750-02(config)# interface gigabitEthernet0/24	//进入与 SW1 互联接口
XC-HJ-S5750-02(config-if)# ip ospf cost 100	//修改接口开销值

SW1 的配置命令如下：

XC-HX-S5750-01(config)# interface gigabitEthernet0/21	//进入与 SW4 互联接口
XC-HX-S5750-01(config-if)# ip ospf cost 100	//修改接口开销值

SW2 的配置命令如下：

XC-HX-S5750-02(config)# interface gigabitEthernet0/21	//进入与 SW3 互联接口
XC-HX-S5750-02(config-if)# ip ospf cost 100	//修改接口开销值

在 R1 上使用 OSPF 下放默认路由，配置命令如下：

XC-CK-RSR20-01(config)#router ospf 100	//进入 OSPF 进程 100
XC-CK-RSR20-01(config-router)#default-information-originate	//下放默认路由

任务八：完成路由重分发与路由策略配置

1）任务描述

完成路由重分发与路由策略配置。

2）任务操作

在新办公园区的 SW4 的 OSPF 进程中使用路由重分发技术，将去往旧工厂的静态路由引入 OSPF 动态路由协议中，但在重分发时需要控制引入的外部路由类型为 O E1，metric 值为 50，那么就需要使用到路由策略。相关配置命令如下：

XC-HJ-S5750-02(config)#ip access-list standard 1	//配置 ACL 规则
XC-HJ-S5750-02(config-std-nacl)#10 permit 192.168.30.0 0.0.0.63	
XC-HJ-S5750-02(config-std-nacl)#20 permit 192.168.30.64 0.0.0.63	
XC-HJ-S5750-02(config-std-nacl)#30 permit 192.168.30.128 0.0.0.63	
XC-HJ-S5750-02(config-std-nacl)#40 permit 192.168.30.192 0.0.0.63	
XC-HJ-S5750-02(config)#route-map 1 permit 10	//创建策略 1
XC-HJ-S5750-02(config-route-map)#match ip address 1	//匹配 ACL 列表 1 的路由条目
XC-HJ-S5750-02(config-route-map)#set metric-type type-1	//配置引入的外部路由类型为 O E1
XC-HJ-S5750-02(config-route-map)#set metric 50	//配置引入的外部路由 metric 值为 50
XC-HJ-S5750-02(config)#router ospf 100	//进入 OSPF 进程 100
XC-HJ-S5750-02(config-router)#redistribute static subnets route-map 1	//将静态路由重分发至 OSPF 时调用 route-map 1

任务八：完成 OSPF 路由汇总配置

1）任务描述

完成 OSPF 路由汇总配置。

2）任务操作

为了减小核心设备的路由表规模，需要使用路由汇总技术，在 ABR（SW3 和 SW4）和 ASBR（SW4）上配置路由汇总。

SW3 汇总域内路由配置命令如下：

XC-HJ-S5750-01(config)# router ospf 100	//进入 OSPF 进程 100
XC-HJ-S5750-01(config-router)#area 1 range 192.168.10.0 255.255.255.0	//汇总域内办公研发楼路由

SW4 汇总域内路由配置命令如下：

XC-HJ-S5750-02(config)# router ospf 100	//进入 OSPF 进程 100
XC-HJ-S5750-02(config-router)#area 2 range 192.168.20.0 255.255.255.0	//汇总域内装配车间路由

SW4 汇总域外路由配置命令如下：

XC-HJ-S5750-02(config)# router ospf 100	//进入 OSPF 进程 100
XC-HJ-S5750-02(config-router)#summary-address 192.168.30.0 255.255.255.0	//汇总域外路由

任务九：完成网络测试，及时排除网络故障

1）查看 OSPF 邻接关系建立

需要使用 OSPF 动态路由协议学习网络的路由，首先，要建立 OSPF 邻接关系。结合网络拓扑结构，可以分析出相邻的设备之间会进行 OSPF 邻接关系的设备，通过命令 show ip ospf neighbor 进行查看。

以 XC-HX-S5750-01 即 SW1 为例进行介绍。在 XC-HX-S5750-01 上使用命令 show ip ospf neighbor，从回显信息中可以看到 SW1 建立了 4 个 OSPF 邻接关系，均处于 Full 状态，并由于 SW1 的 Router ID 为 1.1.1.1，在接口优先级相同的情况下，SW1 的 Router ID 最小，因此，建立邻接关系的对端均为 DR，而 SW1 为 BDR。

OSPF process 100, 4 Neighbors, 4 is Full:

Neighbor ID	Pri	State	Dead Time	Address	Interface
3.3.3.3	1	Full/DR	00:00:36	192.168.150.1	GigabitEthernet 1/0/20
4.4.4.4	1	Full/DR	00:00:36	192.168.150.9	GigabitEthernet 1/0/21
2.2.2.2	1	Full/DR	00:00:39	192.168.150.18	AggregatePort 1
5.5.5.5	1	Full/DR	00:00:37	192.168.150.22	GigabitEthernet 1/0/22

2）查看 OSPF 路由

在网络部署过程中，在新办公园区进行区域划分，分别进行了区域间外部路由汇总和外部重分发进入 OSPF 的路由汇总，最后，还针对接口 OSPF 开销值进行了调整，以 XC-HJ-S5750-01 的 OSPF 路由表为例，如图 3-30 所示。

```
XC-HJ-S5750-01#show ip route ospf
O*E2  0.0.0.0/0 [110/1] via 192.168.150.2, 00:02:51, GigabitEthernet 0/23
O     192.168.10.0/24 [110/0] via 0.0.0.0, 00:00:36, Null 0
O IA  192.168.20.0/24 [110/3] via 192.168.150.2, 00:01:00, GigabitEthernet 0/23
O E1  192.168.30.0/24 [110/53] via 192.168.150.2, 00:00:48, GigabitEthernet 0/23
O     192.168.150.8/30 [110/101] via 192.168.150.2, 00:02:41, GigabitEthernet 0/23
O     192.168.150.12/30 [110/3] via 192.168.150.2, 00:02:51, GigabitEthernet 0/23
O     192.168.150.16/30 [110/2] via 192.168.150.2, 00:02:51, GigabitEthernet 0/23
O     192.168.150.20/30 [110/2] via 192.168.150.2, 00:17:10, GigabitEthernet 0/23
O     192.168.150.24/30 [110/2] via 192.168.150.2, 00:02:51, GigabitEthernet 0/23
O IA  192.168.210.254/32 [110/3] via 192.168.150.2, 00:02:51, GigabitEthernet 0/23
O     192.168.250.1/32 [110/1] via 192.168.150.2, 00:17:00, GigabitEthernet 0/23
O     192.168.250.2/32 [110/2] via 192.168.150.2, 00:02:51, GigabitEthernet 0/23
O     192.168.250.3/32 [110/2] via 192.168.150.2, 00:02:51, GigabitEthernet 0/23
```

图 3-30　XC-HJ-S5750-01 的 OSPF 路由表

其中，O*E2　0.0.0.0/0 [110/1] via 192.168.150.2，00:02:51，GigabitEthernet 0/23 表示该设备收到了 R1 通过 OSPF 动态路由协议下发来的默认路由。

O　192.168.10.0/24　[110/0] via 0.0.0.0，00:00:36，Null 0 表示该设备是办公研发楼的汇聚

层设备，也是 ABR，并针对区域 1 的业务网段进行了路由汇总，因此会在本地产生一个指向 Null 0 的路由，避免潜在的路由环路。O IA 192.168.20.0/24 [110/3] via 192.168.150.2，00:01:00，GigabitEthernet 0/23 表示该设备收到了 SW4，即新装配车间针对其区域业务网段的汇总后的路由 192.168.20.0/24。

O E1 192.168.30.0/24 [110/53] via 192.168.150.2，00:00:48，GigabitEthernet 0/23 表示该设备收到了 SW4，即新装配车间对于重分发进 OSPF 的旧工厂业务网段的汇总路由 192.168.30.0/24，由于在重分发过程中，指定了重分发进 OSPF 的路由外部路由类型为 O E1，且初始开销为 50，因此总开销为 53。

3）测试网络传输路径

新办公园区访问互联网（以访问 202.101.1.2 为例），以及新办公园区与旧工厂的互访均要做到有主往返路径和备份路径冗余，且无论使用哪条链路进行访问均要做到往返路径一致。

（1）测试研发办公区访问互联网

根据项目规划的需求，研发办公区访问互联网的主往返路径为"办公研发区接入层交换机→SW3→SW1→R1"，且要求往返路径一致。这里以办公区 VLAN 10 用户 tracert 公网地址为例。从图 3-31、图 3-32 可以看出主往返路径符合规划的需求，且往返路径一致。

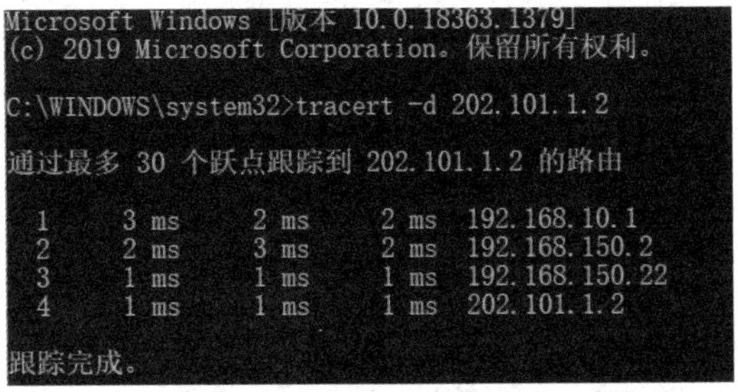

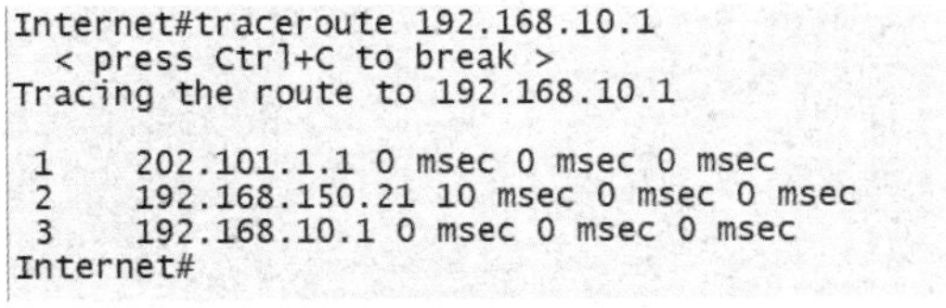

图 3-31 办公研发区用户访问互联网主往返路径追踪　图 3-32 互联网数据返回办公研发区主往返路径追踪

当主往返路径出现故障，这里以 SW3 与 SW1 的互联链路断开进行模拟，通过在终端 tracert 以及在设备上 traceroute 可以看出成功切换至备份路径，且备份路径的往返路径一致，如图 3-33 和图 3-34 所示。

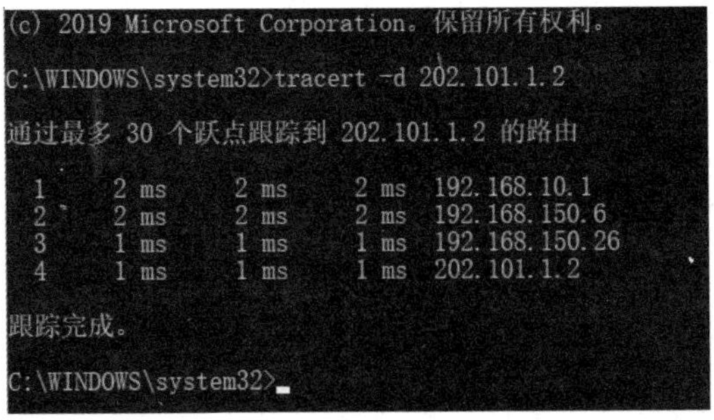

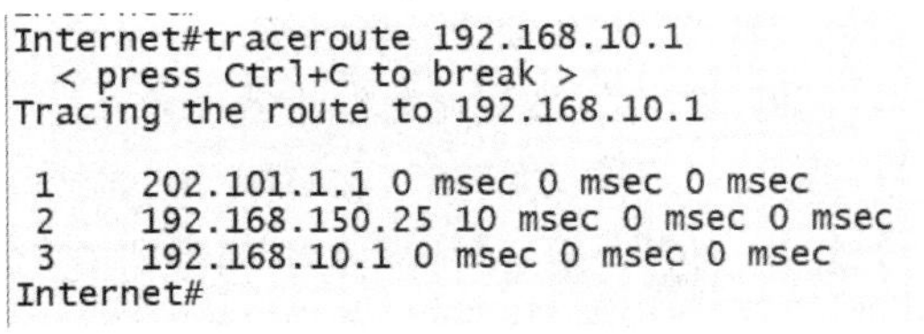

图 3-33 办公研发区用户访问互联网备份路径追踪　图 3-34 互联网数据返回办公研发区备份路径追踪

（2）测试研发办公区与旧工厂互访

根据项目规划的需求，研发办公区与旧工厂互访流量的主往返路径为"办公研发区接入层交换机→SW3→SW1→SW2→SW4→R2→SW5”，且往返路径一致。这里以研发办公区VLAN 10的用户与旧工厂VLAN 110的用户进行相互路径追踪为例。结合图3-35和图3-36可以看出主往返路径为规划的路径，且往返路径一致。

```
Microsoft Windows [版本 10.0.18363.1379]
(c) 2019 Microsoft Corporation。保留所有权利。

C:\WINDOWS\system32>tracert -d 192.168.30.2

通过最多 30 个跃点跟踪到 192.168.30.2 的路由

  1     2 ms     2 ms     2 ms  192.168.10.1
  2     2 ms     2 ms     2 ms  192.168.150.2
  3     2 ms     2 ms     4 ms  192.168.150.18
  4     2 ms     2 ms     2 ms  192.168.150.13
  5     1 ms     1 ms     1 ms  192.168.150.34
  6     2 ms     2 ms     2 ms  192.168.150.29
  7     1 ms     1 ms     1 ms  192.168.30.2

跟踪完成。

C:\WINDOWS\system32>
```

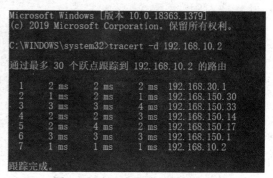

图3-35　研发办公区用户访问旧工厂业务网段的主往返路径追踪

```
Microsoft Windows [版本 10.0.18363.1379]
(c) 2019 Microsoft Corporation。保留所有权利。

C:\WINDOWS\system32>tracert -d 192.168.10.2

通过最多 30 个跃点跟踪到 192.168.10.2 的路由

  1     2 ms     2 ms     2 ms  192.168.30.1
  2     1 ms     2 ms     1 ms  192.168.150.30
  3     3 ms     3 ms     4 ms  192.168.150.33
  4     2 ms     2 ms     3 ms  192.168.150.14
  5     2 ms     4 ms     2 ms  192.168.150.17
  6     3 ms     3 ms     3 ms  192.168.150.1
  7     1 ms     1 ms     1 ms  192.168.10.2

跟踪完成。
```

图3-36　旧工厂业务网段访问研发办公区的主往返路径追踪

当主往返路径出现故障，这里以SW3与SW1的互联链路断开进行模拟，从图3-37和图3-38可以看出，当主往返路径出现故障后，成功切换至备份路径，且备份路径的往返路径一致。

```
Microsoft Windows [版本 10.0.18363.1379]
(c) 2019 Microsoft Corporation。保留所有权利。

C:\WINDOWS\system32>tracert -d 192.168.30.2

通过最多 30 个跃点跟踪到 192.168.30.2 的路由

  1     2 ms     2 ms     2 ms  192.168.10.1
  2     2 ms     2 ms     2 ms  192.168.150.6
  3     2 ms     2 ms     3 ms  192.168.150.13
  4     1 ms     2 ms     1 ms  192.168.150.34
  5     2 ms     2 ms     2 ms  192.168.150.29
  6     1 ms     1 ms     2 ms  192.168.30.2

跟踪完成。
```

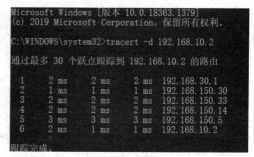

图3-37　研发办公区用户访问旧工厂业务网段的备份路径追踪

```
Microsoft Windows [版本 10.0.18363.1379]
(c) 2019 Microsoft Corporation。保留所有权利。

C:\WINDOWS\system32>tracert -d 192.168.10.2

通过最多 30 个跃点跟踪到 192.168.10.2 的路由

  1     2 ms     2 ms     2 ms  192.168.30.1
  2     1 ms     1 ms     1 ms  192.168.150.30
  3     2 ms     2 ms     2 ms  192.168.150.33
  4     2 ms     2 ms     2 ms  192.168.150.14
  5     3 ms     3 ms     3 ms  192.168.150.5
  6     2 ms     1 ms     1 ms  192.168.10.2

跟踪完成。
```

图3-38　旧工厂业务网段访问研发办公区用户的备份路径追踪

【认证测试】

一、单选题

1. 下列哪一项不是链路状态路由协议的特征？（　　）
   A. 能够对网络变化做出快速反应
   B. 每隔30分钟广播一次
   C. 网络发生变化时发送触发更新
   D. 以较长的间隔（如每隔30分钟）发送定期更新，这被称为链路状态刷新
2. 下列哪项不是指定OSPF路由器ID 的方式？（　　）
   A. 使用最大的物理接口 IP地址　　B. 使用最小的物理接口 IP地址
   C. 环回接口的IP地址　　D. 命令 router-id
3. 下列哪项不是OSPF区域的特征？（　　）
   A. 减少了路由表条目

    B. 必须采用扁平的网络设计

    C. 将网络拓扑结构变化的影响限制在区域内

    D. 详细的 LSA 扩散到区域边界为止

4. 下列哪个 IP 地址用于将更新后的 LSA 条目发送给 OSPF 的 DR 和 BDR？（　　）

    A. 单播地址 224.0.0.5　　　　　　　　B. 单播地址 224.0.0.6

    C. 多播地址 224.0.0.5　　　　　　　　D. 多播地址 224.0.0.5

5. 下面哪种有关 OSPF 中 DR 和 BDR 选举的说法不正确？（　　）

    A. 优先级最高的路由器为 DR

    B. 优先级次高的路由器为 BDR

    C. 如果所有路由器的优先级皆为默认值，则 RID 最小的路由器为 DR

    D. 优先级为 0 的路由器不能成为 DR 或 BDR

6. O E1 外部路由的开销是如何计算的？（　　）

    A. 分组经过的每条链路的内部开销之和

    B. 外部开销加上分组经过的每条链路的内部开销

    C. 外部开销

    D. 所有区域的内部开销之和

7. 下列哪个命令导致 OSPF 路由器生成一条默认路由？（　　）

    A. ospf default-initiate　　　　　　　　B. default-information originate

    C. default information-initiate　　　　　　D. ospf information-originate

8. 在默认情况下，OSPF 度量值是如何计算的？（　　）

    A. 根据所有去往目的网段的设备出接口的带宽计算路由器的 OSPF 度量值

    B. 根据所有去往目的网段的设备入接口的带宽计算路由器的 OSPF 度量值

    C. 根据接口带宽的倒数计算接口的 OSPF 度量值

    D. 根据速度最低的接口的带宽计算 OSPF 度量值

9. 在默认情况下，外部路由属于哪类？（　　）

    A. O El　　　　　　B. O E2　　　　　　C. O　　　　　　D. O IA

10. 路由器 A 为区域 0 和区域 1 之间的 ABR，下列哪个命令能将区域 1 的下述路由汇总并通告给区域 0？（　　）

    A. area 1 range 192.168.10.0 255.255.248.0

    B. area 0 range 192.168.10.0 255.255.248.0

    C. summary-address 192.168.10.0 255.255.248.0

    D. default-information 192.168.10.0 255.255.248

二、不定项选择

1. 链路状态路由协议使用两层的区域层次结构，这种结构由哪两种区域组成？（　　）

    A. 骨干区域　　　　B. 传输区域　　　　C. 常规区域　　　　D. 链接区域

2. OSPF 动态路由协议比 RIP 的优势表现在（　　）。

    A. 支持可变长子网掩码　　　　　　　　B. 路由协议使用组播技术

    C. 支持协议报文验证　　　　　　　　　D. 没有路由环

    E. 收敛速度快

3. 使用链路状态算法的路由协议是（　　）。

    A. RIP　　　　　　　B. BGP　　　　　　　C. IS-IS　　　　　　D. OSPF

4. 以下 OSPF 动态路由协议的状态中，属于稳定状态的有（　　）。

    A. Init　　　　　　　B. 2-way　　　　　　C. Full　　　　　　D. Exchange

5. 下列 OSPF 角色中一定可以进行路由汇总的是（　　）。

    A. DR　　　　　　　B. ABR　　　　　　C. ASBR　　　　　　D. BR　　　　E. BDR

项目 4　规划企业网中的内网访问安全

【项目背景】

　　福州国广装修公司是一家以室内装修设计为主要业务的商务公司，公司租用新开发区的新建大楼的 1 楼到 5 楼，拥有 200 个左右的点位。为加强管理，公司规定普通员工上班期间不能访问外网网站，但可以访问外网邮箱，QQ、微信等软件也要求能够正常运转；管理层人员则不受此限制，可以访问外网的所有内容，因此需要构建高安全性办公网络，实施层次化设计。

　　企业网中安全规划场景如图 4-1 所示，要求通过层次化的设计，根据网络位置和作用优选设备，增强网络的稳定性，实现公司的办公需求。

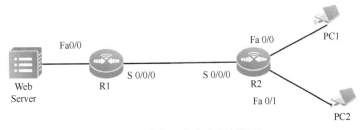

图 4-1　企业网中安全规划场景

【学习目标】

1. 保障企业网中接入安全规划。
2. 规划企业网中区域网络之间访问控制安全。
3. 保障企业网中协议控制安全。
4. 实施企业内、外网规划及安全策略部署。

【规划技术】

4.1　保障企业网接入安全

4.1.1　实施网络端口中接入安全

1. 端口安全技术应用场景

　　端口安全功能适用于用户希望使用控制端口接入用户的 IP 地址和 MAC 地址，当然这里的用户必须是管理员指定的合法用户。端口安全技术希望实现用户能够在固定端口上网而不能随意移动、变换 IP 地址、MAC 地址或端口号，也适用于防止 MAC 地址耗尽攻击（病毒发送持续变化的、构造出来的 MAC 地址，导致交换机在短时间内学习了大量无用的 MAC 地址，MAC 地址表填满后无法学习合法用户的 MAC 地址，导致通信异常）的场景，如图 4-2 所示。

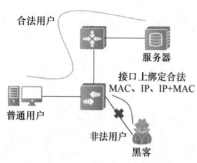

图 4-2　端口安全技术应用

端口安全技术通过定义报文的源 MAC 地址来限定报文是否可以进入交换机的端口，管理员可以设置静态可靠的 MAC 地址或者限定动态学习的 MAC 地址的个数，来控制报文是否可以进入端口，使用端口安全技术的端口称为安全端口。只有源 MAC 地址为端口安全地址表中配置或者学习到的 MAC 地址的报文，才可以进入交换机，实现安全通信，其他报文将被丢弃。

管理员还可以设定端口安全地址绑定 IP 地址和 MAC 地址，或者仅绑定 IP 地址，用来限制必须符合绑定的、以端口安全地址为源 MAC 地址的报文才能进入交换机通信。

2. 配置合法的 MAC 地址

1）静态可靠的 MAC 地址

在交换机接口模式下手动配置静态可靠的 MAC 地址，这个配置会被保存在交换机 MAC 地址表和运行配置文件中，交换机重新启动后不丢失（在保存配置完成后），具体命令如下：

```
Switch(config-if)#switchport port-security mac-address
```

2）动态可靠的 MAC 地址

这种类型是交换机默认的类型。在这种类型下，交换机会动态学习 MAC 地址，但是这种配置只会保存在 MAC 地址表中，不会保存在运行配置文件中。交换机重新启动后，这些 MAC 地址表中的 MAC 地址会被自动清除。

3）配置黏性可靠的 MAC 地址

在这种类型下，用户可以手动配置 MAC 地址和绑定端口，也可以让交换机自动学习来绑定端口，这个配置会被保存在 MAC 地址表和运行配置文件中。如果保存配置，交换机重新启动后不用再自动重新学习 MAC 地址，虽然黏性可靠的 MAC 地址可以手动配置，但是一般厂商都不推荐这样做。配置命令如下：

```
Switch(config-if)#switchport port-security mac-address sticky
```

完成该命令配置并且该端口得到 MAC 地址后，会自动生成一条配置命令，即

```
Switch(config-if)#switchport port-security mac-address sticky
```

3. 配置端口安全上的违规操作

当端口接收到未经允许的 MAC 地址流量时，交换机会执行违规动作。

（1）保护（Protect）：丢弃未经允许的 MAC 地址流量，但不会创建日志消息。

（2）限制（Restrict）：丢弃未经允许的 MAC 地址流量，创建日志消息并发送 SNMP Trap 消息。

（3）关闭（Shutdown）：默认选项，将端口设置为 Err-disabled 状态，创建日志消息并发送 SNMP Trap 消息，需要手动恢复或使用 errdisable recovery 重新启用该端口。

4.1.2　实施网络中端口镜像安全

1. 端口镜像

用户可以利用端口镜像（SPAN）提供的功能，将指定端口的报文复制到交换机上另一个连接有网络监测设备的端口，进行网络监控与流量分析。

端口镜像可以监控所有从源端口进入和输出的报文，实现报文快速地、原封不动地"复制"。在企业中使用端口镜像功能，可以很好地对企业内部的网络数据进行监控管理，在网络出现故障时可以快速地定位故障位置。

端口镜像不会改变镜像报文的任何信息，也不会影响原有报文的正常转发。同时，端口镜像对于源端口和目的端口的介质类型没有要求，可以是光口的流量镜像到电口，也可以是电口的流量镜像到光口。端口镜像对于源端口和目的端口的属性没有要求，可以是 access 接口镜像到 trunk 接口，也可以是 trunk 接口镜像到 access 接口。端口镜像的应用如图 4-3 所示。

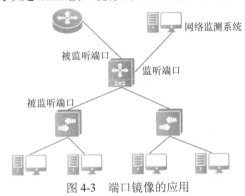

图 4-3　端口镜像的应用

2. 了解端口镜像技术的组成

网络安全中的端口镜像技术主要包括以下几项内容。

（1）源端口：即被监控的端口，如交换机端口或路由器端口，通信监控可以为单向的和双向的。

（2）目标端口：即监听端口，只负责端口镜像会话，不参与二层协议。

（3）源交换机：源交换机指包含镜像端口（被监控的端口）、反射端口的交换机，负责指定需要监听的源端口、输出端口、反射端口及远程端口镜像 VLAN 等信息，其通过反射端口把端口镜像泛洪到远程端口镜像 VLAN。

（4）中间交换机：中间交换机处于源交换机和目标交换机之间，通过远程端口镜像 VLAN 把源交换机镜像端口数据副本传输到目标交换机。

（5）目标交换机：指包含目标端口的交换机，负责指定目标端口及设置远程端口镜像 VLAN 信息，通过远程端口镜像 VLAN 接受源交换机端口镜像副本。

远程端口镜像如图 4-4 所示。

图 4-4　远程端口镜像

3. 配置端口镜像

端口镜像安全场景如图 4-5 所示，可以配置端口镜像，实现监控服务器能够监控 G0/1 及 G0/2 流入方向和流出方向的数据流，同时，监控服务器依然能够实现对外网网络的访问。

配置命令如下：

Switch#configure terminal

Switch(config)#monitor session 1 source interface gigabitEthernet 0/1 both

　// 指定端口镜像的源端口为 G0/1，both 表示双方向的数据流

Switch(config)#monitor session 1 source interface gigabitEthernet 0/2 both

　// 指定端口镜像的源端口为 G0/2，both 表示双方向的数据流

Switch(config)#monitor session 1 destination interface gigabitEthernet 0/24 switch

　// 指定 G0/24 为端口镜像的目标端口，switch 表示目标端口也能够上网

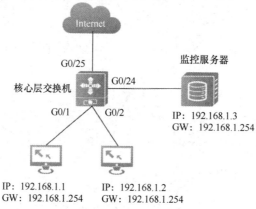

图 4-5　端口镜像安全场景

4.1.3　实施网络中保护端口安全

1. 了解交换机上的保护端口功能

端口保护用来保护端口之间的通信，当端口设为保护端口之后，保护端口之间互相无法通信，但保护端口与非保护端口之间可以正常通信。

保护端口有两种模式，第一种模式是阻断保护端口之间的二层交换，但允许保护端口之间进行路由交换；第二种模式是同时阻断保护端口之间的二层交换和路由交换。在两种模式都支持的情况下，第一种模式将作为默认配置模式。

端口保护适用于同一台交换机需要进行用户二层隔离的场景，例如不允许同一个 VLAN 内的用户互相访问，必须完全隔离，防止病毒扩散攻击等。

端口保护的优点是配置简单；缺点是对于 48 端口的产品（通常由双 MAC 芯片构成），前 24 个端口和后 24 个端口之间的端口保护不生效，堆叠设备主机和从机之前也无法生效。

2. 配置交换机保护端口案例

如图 4-6 所示，PC1、PC2 属于 VLAN 10，PC3 属于 VLAN 20，需要实现 PC1、PC2、PC3 之间不能互相访问，但是它们都能上外网。由于 PC1 与 PC2 都属于 VLAN 10，可以配置端口保护来实现同网段之间的访问隔离，注意上联口不要开启。PC3 与 PC1、PC2 属于不同的 VLAN，可以在 PC3 所连接的端口上开启端口保护，并且全局开启路由阻断功能

实现不同网段之间路由阻断。

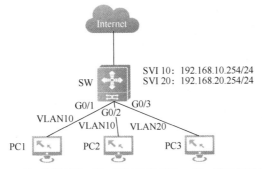

图 4-6 配置交换机保护端口场景

交换机配置命令如下：

```
Switch#configure terminal
Switch(config)#vlan 10                                              // 创建 VLAN 10
Switch(config-vlan)#vlan 20                                         // 创建 VLAN 20
Switch(config-vlan)#exit
Switch(config)#interface vlan 10
Switch(config-if-VLAN 10)#ip address 192.168.10.254 255.255.255.0
Switch(config-if-VLAN 10)#interface vlan 20
Switch(config-if-VLAN 20)#ip address 192.168.20.254 255.255.255.0
Switch(config-if-VLAN 20)#exit
Switch(config)#interface GigabitEthernet 0/1
Switch(config-if-GigabitEthernet 0/1)#switchport access vlan 10     // 划分 access 接口
Switch(config-if-GigabitEthernet 0/1)#switchport protected          // 接口开启端口保护
Switch(config-if-GigabitEthernet 0/1)#interface GigabitEthernet 0/2
Switch(config-if-GigabitEthernet 0/2)#switchport access vlan 10
Switch(config-if-GigabitEthernet 0/2)#switchport protected          // 接口开启端口保护
Switch(config-if-GigabitEthernet 0/2)#interface GigabitEthernet 0/3
Switch(config-if-GigabitEthernet 0/3)#switchport access vlan 20
Switch(config-if-GigabitEthernet 0/3)#switchport protected          // 接口开启端口保护
Switch(config-if-GigabitEthernet 0/3)#exit
Switch(config)#protected-ports route-deny
```

全局开启路由隔离功能，这样配置了端口保护的端口之间就不能进行三层访问，仅部分产品支持该功能。

4.1.4 防范网络中 DHCP 欺骗

1. 了解 DHCP 欺骗原理

由于 DHCP 发现报文以广播形式发送，所以 DHCP Server 仿冒者可以侦听到此报文。DHCP Server 仿冒者回应给 DHCP Client 仿冒信息，如错误的网关地址、错误的 DNS 服务器、错误的 IP 等，达到防范 DoS（Denial of Service）安全攻击的目的。

2. 了解 DHCP Snooping 安全

为防止 DHCP Server 仿冒者攻击，可使用 DHCP Snooping 的"信任（Trusted）/不信任（Untrusted）"工作模式。其中，DHCP Snooping 的信任工作模式能够保证客户端从合法的服务器获取 IP 地址。

网络中如果存在私自架设的伪 DHCP Server，则可能导致 DHCP Client 获取错误的 IP 地址和网络配置参数，无法正常通信。DHCP Snooping 的信任工作模式控制 DHCP Server 应答报文的来源，以防止网络中可能存在的伪造信息或非法的 DHCP Client，为其他主机分配 IP 地址及配置信息。

DHCP Snooping 的信任工作模式允许将端口分为信任端口和非信任端口。其中，信任端口正常转发接收到的 DHCP 应答报文。而非信任端口在接收到 DHCP Server 响应的 DHCP Ack、DHCP Nak、DHCP offer 和 DHCP Decline 报文后，丢弃该报文。

在部署网络时，一般将与合法的 DHCP Server 直接或间接连接的端口设置为信任端口，其他端口设置为非信任端口，从而保证 DHCP Server 只能从合法的 DHCP Client 获取 IP 地址，私自架设的伪 DHCP Server 无法为 DHCP Client 分配 IP 地址。DHCP Snooping 安全场景如图 4-7 所示。

3. 配置案例

图 4-8 中的接入层交换机为 S2652G，核心层交换机是 S5750，S2652G 下联用户计算机，并使用动态 DHCP 获取 IP 地址，为了防止内网中有用户接入非法的 DHCP Server，如自带的无线小路由器等，导致正常用户获取到错误的地址，而无法上网或产生地址冲突，则需要实施 DHCP Snooping 功能。

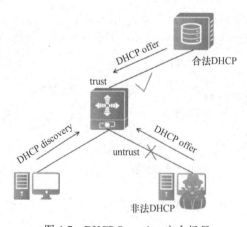

图 4-7　DHCP Snooping 安全场景

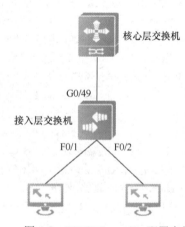

图 4-8　DHCP Snooping 配置案例

（1）核心层交换机配置。

```
Switch#configure terminal
Switch(config)#service dhcp                        // 开启 DHCP 服务
Switch(config)#interface vlan 1
Switch(config-if-VLAN 1)#ip address 192.168.1.254 255.255.255.0
```

```
// 创建核心设备的 IP 地址，即用户的网关地址
Switch(config-if-VLAN 1)#exit
Switch(config)#ip dhcp pool vlan1                        // 创建核心设备的 DHCP 地址池
Switch(dhcp-config)#network 192.168.1.0 255.255.255.0    // 设置分配给用户的 IP 地址
Switch(dhcp-config)#dns-server 218.85.157.99             // 设置分配给客户端的 DNS 地址
Switch(dhcp-config)#default-router 192.168.1.254         // 设置分配给用户的网关地址
Switch(dhcp-config)#end
```
（2）接入层交换机配置。
```
Switch#configure terminal
Switch(config)#ip dhcp snooping                          // 开启 DHCP Snooping 功能
Switch(config)#interface gigabitEthernet 0/49
Switch(config-GigabitEthernet 0/49)#ip dhcp snooping trust
 // 连接 DHCP Server 的接口配置为信任端口
Switch(config-GigabitEthernet 0/49)#end
```

4.2　规划企业网区域访问控制安全

4.2.1　了解网络访问控制安全

1. ACL

ACL 的全称为接入控制列表（Access Control Lists），也称为访问控制列表（Access Lists），俗称为防火墙，在有的文档中也称为包过滤。ACL 通过定义一些规则对网络设备接口上的数据报文进行控制，即允许数据报文通过或丢弃。

ACL 对数据流进行过滤，可以限制网络中通信数据的类型，限制网络的使用者或网络中使用的设备。ACL 在数据流通过网络设备时对其进行分类过滤，并对从指定端口输入或输出的数据流进行检查，根据匹配条件决定是允许其通过还是丢弃。

2. 配置 ACL 的原因

配置 ACL 的原因比较多，主要有以下两种。

（1）限制路由更新

配置 ACL 可以控制路由更新信息发往什么地方，同时希望在什么地方收到路由更新信息。

（2）限制网络访问

为了确保网络安全，配置 ACL 可以限制用户访问一些服务（如只需要访问 WWW 和电子邮件服务，其他服务则禁止），或者仅允许在给定的时间段内访问，或只允许一些主机访问网络等。

如图 4-9 所示，该示例只允许财务访问会计服务器，禁止人资访问会计服务器。

3. 了解 ACL 输入、输出过滤规则

输入 ACL 在设备接口接收到报文时，检查报文是否与该接口输入 ACL 的某一条规则相匹配；输出 ACL 在设备准备从某一个接口输出报文时，检查报文是否与该接口输出 ACL 的某一条规则相匹配。在制定不同的过滤规则时，多条规则可能同时被应用，也可能只应用其中的几条规则。只要是符合某条规则，就按照该规则的定义处理报文，即允许报文通过

或丢弃。

图 4-9 配置 ACL 示例

制定完成的 ACL 规则需要根据以太网报文的某些字段来标识以太网报文，这些字段包括以下几种。

（1）二层字段：48 位的源 MAC 地址、48 位的目的 MAC 地址、16 位的二层类型字段。

（2）三层字段：源 IP 地址字段、目的 IP 地址字段、协议类型字段。

（3）四层字段：可以申明一个 TCP 的源端口、目的端口或者都申明；可以申明一个 UDP 的源端口、目的端口或者都申明。

此外，过滤域是指在生成一条规则时，根据报文中的某些字段对报文进行识别、分类。过滤域模板就是这些字段组合的定义。例如，在生成某一条规则时，希望根据报文的目的 IP 地址字段对报文进行识别、分类；而在生成另一条规则时，希望根据报文的源 IP 地址字段和 UDP 的源端口字段对报文进行识别、分类。这样，这两条规则就使用了不同的过滤域模板。

例如，permit tcp host 192.168.12.2 any eq telnet，在这条规则中，过滤域的模板为以下字段集合：源 IP 地址字段、IP 协议字段、TCP 目的端口字段。其中，对应的值分别为：源 IP 地址＝Host 192.168.12.2；IP 协议＝TCP；TCP 目的端口＝Telnet。

4.2.2 使用标准 ACL 保障企业网访问控制安全

1. 了解标准 ACL 安全访问规则

在设备上配置 ACL，必须为协议的 ACL 指定唯一的名称或编号，以便在协议内部能够唯一地标识每个 ACL。其中，标准的 ACL（编号为 1～99 或 1300～1999）主要根据源 IP 地址进行转发或阻断分组。

需要注意的是：在每个 ACL 的末尾，都隐含着一条"拒绝所有数据流"规则语句。因此，如果分组与任何规则都不匹配，则该分组将被拒绝。

例如，Access-list 1 permit host 192.168.4.12，该列表只允许源主机为 192.168.4.12 的报文通过，其他主机都将被拒绝。因为 ACL 最后包含了一条规则语句：access-list 1 deny any。例如，access-list 1 deny host 192.168.4.12，如果列表只包含这一条语句，则任何主机报文通过该端口时，都将被拒绝。

2. 了解标准 ACL 中输入规则中的语句顺序

加入的每条语句都被追加到 ACL 的最后，语句被创建以后就无法单独删除它，而只能删除整个 ACL。所以，ACL 语句的次序非常重要。

设备在决定转发还是阻断分组时，设备按语句创建的次序将分组与语句进行比较，找到匹配的语句后，便不再检查其他语句。假设创建了一条语句，它允许所有的数据流通过，则后面的语句将不被检查。例如，

access-list 101 deny ip any any

access-list 101 permit tcp 192.168.12.0 0.0.0.255 eq telnet any

由于第一条语句拒绝了所有的 IP 报文，所以 192.168.12.0/24 网络的主机产生的报文将被拒绝。因为设备在检查到报文和第一条语句匹配，便不再检查后面的语句。

3. 配置标准 ACL

标准 ACL 通过使用 IP 包中的源 IP 地址进行过滤，使用 ACL 编号 1～99 创建相应的 ACL 规则。标准 ACL 占用的路由器资源很少，是一种最基本、最简单的 ACL 格式，应用比较广泛，经常在要求控制级别较低的情况下使用。

在全局配置模式中执行以下命令：

Ruijie(config)#access-list access-list-number {remark | permit | deny} protocol

source source-wildcard [log]

其中，相关参数说明如表 4-1 所示。

表 4-1 相关参数说明

参　　数	参 数 含 义
access-list-number	标准 ACL 编号，范围为 0～99 或 1300～1999
remark	添加备注，增强 ACL 的易读性
permit	条件匹配时允许访问
deny	条件匹配时拒绝访问
protocol	指定协议类型，如 IP、TCP、UDP、ICMP 等
source	发送数据包的网络地址或主机地址
source-wildcard	通配符掩码，与源地址对应
log	对符合条件的数据包生成日志消息，该消息将发送到控制台

在配置完成标准 ACL 之后，可以在接口模式下使用 ip access-group 命令，将其关联到具体接口上，例如

Ruijie (config-if)#ip access-group access-list-number {in | out}

其中，参数说明如表 4-2 所示。

表 4-2 参数说明

参　　数	参 数 含 义
access-list-number	标准 ACL 编号，范围为 0～99 或 1300～1999
in	限制特定设备与 ACL 中地址之间的传入连接
out	限制特定设备与 ACL 中地址之间的传出连接

4. 配置标准 ACL 实例

配置标准 ACL 实例场景如图 4-10 所示。本实例要求只允许 PC1 通过 Telnet 方式登录路由器 R1、R2 和 R3，只允许 PC1 所在网段访问 PC3 所在网段。

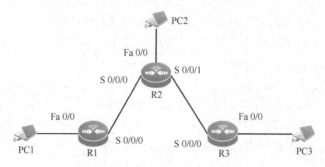

图 4-10　配置标准 ACL 实例场景

其中，规划完成的 IP 地址如表 4-3 所示，部分的接口连接信息可根据现场的设备连接调整。

表 4-3　规划完成的 IP 地址表

设 备 名 称	设 备 接 口	IP 地 址	子 网 掩 码
R1	Fa 0/0	192.168.1.1	255.255.255.0
	S 0/0/0	172.16.1.2	255.255.255.0
R2	S 0/0/0	172.16.1.1	255.255.255.0
	S 0/0/1	172.16.1.5	255.255.255.0
	Fa 0/0	192.168.10.1	255.255.255.0
R3	S 0/0/1	172.16.1.6	255.255.255.0
	Fa 0/0	192.168.20.1	255.255.255.0
PC1	本地连接 1	192.168.1.10	255.255.255.0
PC2	本地连接 1	192.168.10.10	255.255.255.0
PC3	本地连接 1	192.168.20.10	255.255.255.0

按照以下步骤部署实施安全访问控制。

步骤 1：配置 R1。

```
R1(config-if)#inter fa 0/0
R1(config-if)#ip add 192.168.1.1 255.255.255.0
R1(config-if)#inter s 0/0/0
R1(config-if)#ip add 172.16.1.2 255.255.255.252
R1(config-if)#clock rate 64000
R1(config-if)#exit
R1(config)#enable secret ruijie            // 配置 enable 密码
R1(config)#router ospf 1
R1(config-router)#network 172.16.1.0 0.0.0.3 area 0
R1(config-router)#network 192.168.1.0 0.0.0.255 area 0
                           // 以上 3 条为配置 OSPF 动态路由协议，保证网络正常联通
R1(config)#access-list 2 permit 192.168.1.10
                           //定义 ACL2，允许源 IP 地址为 192.168.1.10 的数据包通过
R1(config-if)#line vty 0 4
R1(config-line)#access-class 2 in
                           // 在接口下应用 ACL2，允许 IP 地址为 192.168.1.10 主机通过 Telent 连接到 R1
```

R1(config-line)#password ruijie　　　　// 配置 Telent 远程登录密码为 ruijie

R1(config-line)#login

步骤 2：配置 R2。

R2(config)#inter s0/0/0

R2(config-if)#ip add 172.16.1.1 255.255.255.252

R2(config-if)#clock rate 64000

R2(config-if)#exit

R2(config)#inter s0/0/1

R2(config-if)#ip add 172.16.1.5 255.255.255.252

R2(config-if)#clock rate 64000

R2(config-if)#exit

R2(config)#inter fa 0/0

R2(config-if)#ip add 192.168.1 255.255.255.0

R2(config-if)#exit

R2(config)#enable secret ruijie　　　　// 配置 enable 密码

R2(config)#router ospf 1

R2(config-router)#network 172.16.1.0 0.0.0.3 area 0

R2(config-router)#network 172.16.1.4 0.0.0.3 area 0

R2(config-router)#network 192.168.20.0 0.0.0.255 area 0

　　　　　　　　　　　// 以上 4 条为配置 OSPF 动态路由协议，保证网络正常联通

R2(config)#access-list 2 permit 192.168.1.10

　　　　　　　　　　　//定义 ACL2，允许源 IP 地址为 192.168.1.10 的数据包通过

R2(config-if)#line vty 0 4

R2(config-line)#access-class 2 in

　　　　　　//在接口下应用 ACL2，允许 IP 地址为 192.168.1.10 主机通过 Telent 连接到 R2

R2(config-line)#password ruijie　　　　// 配置 Telent 远程登录密码为 ruijie

R2(config-line)#login

步骤 3：配置 R3。

R3(config)#inter s 0/0/1

R3(config-if)#ip add 172.16.1.6 255.255.255.252

R3(config-if)#clock rate 64000

R3(config-if)#exit

R3(config)#inter fa 0/0

R3(config-if)#ip add 192.168.20.1 255.255.255.0

R3(config-if)#exit

R3(config)#enable secret ruijie　　// 配置 enable 密码

R3(config)# router ospf 1

R3(config-router)#network 172.16.1.4 0.0.0.3 area 0

R3(config-router)#network 192.168.20.0 0.0.0.255 area 0

　　　　　　　　　　　// 以上 3 条为配置 OSPF 动态路由协议，保证网络正常联通

R3(config)#access-list 1 permit 192.168.1.0　　0.0.0.255

　　　　　　　　　　　// 定义 ACL1，允许源 IP 地址为 192.168.1.0/24 的数据包通过

R3(config)#access-list 1 deny any

```
R3(config)#interface fa 0/0
R3(config-if)#ip access-group 1 out
            //在接口下应用 ACL1，允许 IP 地址为 192.168.1.0/24 的 IP 包从 fa 0/0 接口离开 R3
R3(config)#access-list 2 permit 192.168.1.10
                    //定义 ACL2，允许源 IP 地址为 192.168.1.10 的数据包通过
R3(config-if)#line vty 0 4
R3(config-line)#access-class 2 in
            //在接口下应用定义 ACL2，允许 IP 地址为 192.168.1.10 主机通过 Telent 连到 R3
R3(config-line)#password ruijie        // 配置 Telent 远程登录密码为 ruijie
R3(config-line)#login
```

4.2.3　使用扩展 ACL 保障服务访问控制安全

1. 扩展 ACL

为了更加精确地控制流量过滤，可以使用编号为 100～199 和 2000～2699 之间的数字来标识扩展 ACL（最多可以使用 800 个扩展 ACL）。扩展 ACL 比标准 ACL 更常用，因为其控制范围更广，可以提升网络的安全性。

与标准 ACL 类似，扩展 ACL 可以检查数据包的源地址，除此之外，扩展 ACL 还可以检查目的地址、协议和端口号（或服务），因此，便可基于更多的因素来构建 ACL。例如，扩展 ACL 可以允许通过从某网络到指定目的地址的电子邮件流量，同时拒绝文件传输和网页浏览流量。

2. 配置扩展 ACL 语法

配置扩展 ACL 可以在全局配置模式中执行以下命令：

```
Router(config)#access-list access-list-number {remark | permit | deny} protocol source [source-wildcard]
[operator port]   destination   [destination-wildcard] [operator port] [established] [log]
```

其中，参数说明如表 4-4 所示。

表4-4　参数说明

参　　数	参 数 含 义
access-list-number	扩展 ACL 编号，范围为 100～199 或 2000～2699
remark	添加备注，增强 ACL 的易读性
permit	条件匹配时允许访问
deny	条件匹配时拒绝访问
protocol	指定协议类型，如 IP、TCP、UDP、ICMP 等
source 和 destination	分别识别源地址和目的地址
source-wildcard	通配符掩码，与源地址对应
destination-wildcard	通配符掩码，与目的地址对应
operator	可以设置为 lt、gt、eg、neg，表示小于、大于、等于、不等于
port	端口号
established	只用于 TCP 协议，只针对已建立的连接
log	对符合条件的数据包生成日志消息，该消息将发送到控制台

3. 扩展 ACL 配置实例

扩展 ACL 配置场景如图 4-11 所示，本实例要求配置 OSPF 动态路由协议使得网络联通，同时定义扩展 ACL 实现以下访问控制。

（1）该网段只允许 IP 地址为 172.16.1.0/28 范围的主机访问 Web Server（192.168.1.254）的 Web 服务。

（2）该网段只允许 IP 地址为 172.16.1.0/28 范围的主机访问 Web Server（192.168.1.254）的 FTP 服务。

（3）拒绝 PC2 所在网段访问服务器的 Telnet 服务。

（4）拒绝 PC2 所在网段 ping 到指定的服务器（192.168.1.254）。

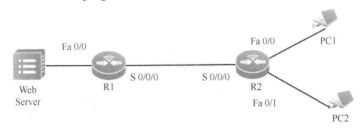

图 4-11　扩展 ACL 配置场景

其中，相关网络中 IP 地址规划说明表如表 4-5 所示，部分的接口连接信息可根据现场的设备连接调整。

表 4-5　IP 地址规划说明表

设 备 名 称	设 备 接 口	IP 地 址	子 网 掩 码
R1	S 0/0/0	192.168.2.1	255.255.255.0
	Fa 0/0	172.16.1.1	255.255.255.0
	Fa 0/1	172.16.2.1	255.255.255.0
R2	S 0/0/1	192.168.2.2	255.255.255.0
	Fa 0/0	192.168.1.1	255.255.255.0
Web Server	本地连接 1	192.168.1.254	255.255.255.0
PC1	本地连接 1	172.16.1.10	255.255.255.0
PC2	本地连接 1	172.16.2.20	255.255.255.0

按照以下步骤实施扩展 ACL 配置操作。

步骤 1：配置 R1。

```
R1(config)#inter fa 0/0
R1(config-if)#ip add 172.16.1.1 255.255.255.0
R1(config-if)#no shut
R1(config)#inter fa 0/1
R1(config-if)#ip add 172.16.2.1 255.255.255.0
R1(config-if)#no shut
R1(config-if)#exit
R1(config)#router ospf 1
R1(config-router)#net 192.168.2.0 0.0.0.3 area 0
```

```
R1(config-router)#net 172.16.1.0 0.0.0.255 area 0
R1(config-router)#net 172.16.2.0 0.0.0.255 area 0
R1(config-router)#exit
R1(config)#access-list 101 remark This is an example for extended ACL
                    //为 ACL101 添加标注
R1(config)#access-list 101 permit tcp 172.16.1.0 0.0.0.15 host 192.168.1.254 eq 80 log
                    //允许 IP 地址为 172.16.1.10 的主机访问 192.168.1.254 的 Web 服务
R1(config)#access-list 101 permit tcp 172.16.1.0 0.0.0.15 host 192.168.1.254 eq 20 log
R1(config)#access-list 101 permit tcp 172.16.1.0 0.0.0.15 host 192.168.1.254 eq 21 log
                    //以上 2 条 ACL 拒绝 IP 地址为 172.16.1.20 主机访问 192.168.1.254 的 FTP 服务
R1(config)#access-list 101 deny ip any any
                    //可不添加，因为 ACL 末尾默认隐含"deny any"
R1(config)#access-list 102 remark This is an example for extended ACL
                    //为 ACL102 添加标注
R1(config)#access-list 102 deny tcp 172.16.2.0   0.0.0.255   host 192.168.1.254 eq 23 log
                    //拒绝 IP 地址为 172.16.1.0/24 的主机访问 192.168.1.254 的 Telnet 服务
R1(config)#access-list 102 deny icmp 172.16.2.0   0.0.0.255   host 192.168.1.254 log
                    //拒绝 IP 地址为 172.16.1.0/24 的主机访问 192.168.1.254 的 icmp 服务
R1(config)#access-list 102 permit ip any any
                    //将其余流量放行，否则 ACL 会将所有流量拒绝，因为 ACL 末尾隐含了"deny any"
R1(config)#interface fa 0/0
R1(config-if)#ip access-group 101 in            // 应用 ACL101 到接口 fa0/0 的出方向
R1(config-if)#exit
R1(config)#interface fa 0/1
R1(config-if)#ip access-group 102 in            // 应用 ACL102 到接口 fa0/1 的出方向
```
步骤 2：配置 R2。
```
R2(config)#inter s 0/0/0
R2(config-if)#ip add 192.168.2.2 255.255.255.252
R2(config-if)#clock rate 64000
R2(config-if)#no shut
R2(config-if)#exit
R2(config)#inter fa 0/0
R2(config-if)#ip add 192.168.1.1 255.255.255.0
R2(config-if)#no shut
R2(config-if)#exit
R2(config)#router ospf 1
R2(config-router)#net 192.168.2.0 0.0.0.3 area 0
R2(config-router)# net 192.168.1.0 0.0.0.255 area 0
R2(config-router)#end
```

4.3　保障企业网协议安全

4.3.1　实施生成树协议安全控制

生成树协议采用 BPDU 消息检测环路，如果一台交换机的不同端口同时收到另一台交换机的 BPDU 消息，则判定网络存在环路；然后，生成树协议将阻塞冗余端口，达到消除环路、维护网络稳定的目的。

生成树协议通过比较交换机 Bridge-ID 的优先级，从而选举出根交换机，这一选举过程是动态进行的。根交换机是可预见的，一般选择网络核心层交换机为根交换机。但如果生成树协议缺乏防护，新增的交换机可能会抢占根交换机的角色，此外单向链路故障可能会导致网络环路，主机 BPDU 欺骗可能造成 VLAN 信息泄露等，因此，生成树协议的安全性尤为重要。

下面从 5 个方面来介绍生成树协议安全的控制。

1. 了解快速端口安全机制

交换机端口连接设备后，需要进行生成树的计算，端口经历关闭、阻塞、监听、学习和转发 5 种状态，大约需要 30 秒。

如果交换机端口连接的不是网络设备而是终端主机，生成树计算是没有必要的，即终端主机连接交换机，端口应该立即进入转发状态，无须等待 30 秒。

如果交换机连接的是实时性要求较高的服务器系统，在端口需要重启或更换线路时，等待 30 秒是灾难性的、不可接受的。因此，需要将端口配置成快速端口，让端口绕过监听和学习状态，直接进行转发，实现"秒开"。

快速端口机制与后面介绍的几种防护机制一样，可以全局配置，也可以基于端口配置，建议基于端口配置，以实现端口精细化管理。

快速端口机制的使用范围：与终端主机相连的接入层交换机端口。

配置命令如下：

```
Switch#configure terminal
Switch (config)#interface fa0/1
Switch (config-if)#spanning-tree portfast
```

2. 了解 BPDU 防护安全机制

快速端口安全机制主要针对连接终端主机的交换机端口。如果快速端口或普通接入端口错误地连接了交换机或连接的主机有 BPDU 欺骗行为等，可能会对网络安全和网络稳定造成影响，这也是不希望看到的。

由于生成树协议需要 BPDU 消息来维护，那么错误接入的交换机会立即发送 BPDU 消息，只要接入端口拒绝接收和发送 BPDU 消息，即可有效保护生成树协议。BPDU 防护安全机制正是利用这个原理，当受防护端口接收到 BPDU 消息时，受防护端口立即做出反应，使端口进入 Shutdown 状态或者 Err-disabled 状态。BPDU 防护安全机制不能和根防护安全机制同时配置。

BPDU 防护安全机制的使用范围：与终端主机相连的接入层交换机端口以及网络中其他空闲的交换机端口。

配置 BPDU 防护安全机制的命令如下：

```
Switch#configure terminal
Switch (config)#interface fa0/1
Switch (config-if)#spanning-tree bpduguard enable
```

3. 了解 BPDU 过滤安全机制

BPDU 过滤安全机制与 BPDU 防护安全机制类似，如果接入端口错误地连接了交换机或连接的主机有 BPDU 欺骗行为等，接入端口将直接丢弃所收到的 BPDU 消息，从而保护生成树协议。

BPDU 过滤安全机制与 BPDU 防护安全机制无须同时配置，如果同时配置，则 BPDU 过滤安全机制优先于 BPDU 防护安全机制；BPDU 过滤安全机制不能与根防护安全机制同时配置。

BPDU 过滤安全机制的使用范围：与终端主机相连的接入层交换机端口以及网络中其他空闲交换机端口。

配置 BPDU 过滤安全机制的命令如下：

```
Switch#configure terminal
Switch (config)#interface fa0/1
Switch (config-if)#spanning-tree
Switch (config-if)#bpdufilter enable
```

4. 了解根防护安全机制

一个稳定的生成树协议对网络安全至关重要。由于根交换机的选举是动态进行的，Bridge-ID 值越低则优先级越高。因此，在网络设计时，根交换机是可以预见的。如果网络需要接入新的交换机，且此交换机被错误地配置了较低的 Bridge-ID 值（比根交换机还低），该交换机会被选举为根交换机，网络重新收敛会造成网络中断，这是致命的。而且，新的根交换机出现改变了网络拓扑结构，可能使网络出现严重的瓶颈。

如果网络需要接入新的交换机，而这台交换机要成为根交换机，与之相连的网络端口就必须成为根端口。因此，只要不让与之相连的网络端口成为根端口，新接入的交换机就不会对网络造成影响，这就是根防护安全机制。根防护安全机制和 BPDU 防护安全机制、BPDU 过滤安全机制不能同时配置，根防护安全机制和环路防护安全机制也不能同时配置。

根防护安全机制的使用范围：网络中可能连接交换机的端口，一般在汇聚层下行端口启用时使用。

配置根防护安全机制的命令如下：

```
Switch#configure terminal
Switch (config)#interface fa0/1
Switch (config-if)#spanning-tree guard root
```

5. 了解环路防护安全机制

在存在多条冗余链路的网络中，在生成树协议的作用下，只保留一条活动链路，其他冗余链路被阻塞，从而保证网络没有环路。

假设某条被阻塞的冗余链路，两端所连端口分别为端口 A 和端口 B，在正常情况下，端口 A 和端口 B 可以相互收发 BPDU 消息，其中一个端口为指定端口，另一个端口为阻塞端口。如果端口 A 和端口 B 出现单向链路故障，导致端口只能接收但不能发送 BPDU 消息，或只能发送但不能接收 BPDU 消息，其后果是生成树协议认为网络不存在环路，端口 A 和端口 B 都进入转发状态，从而引发网络广播风暴。如果端口 A 或端口 B 出现单向链路故障，生成树协议不会认为网络存在环路，而是让相应端口进入 Loop-inconsistent 状态，从而避免网络环路情况发生，这就是环路防护机制。环路防护安全机制和根防护安全机制不能同时配置。

环路防护安全机制的使用范围：网络中所有非指定端口。

配置环路防护安全机制的命令如下：

```
Switch#configure terminal
Switch (config)#interface fa0/1
Switch (config-if)#spanning-tree guard loop
```

4.3.2 实施企业网接入互联网安全

1. 了解 PPP

链路层协议 PPP（Point-to-Point Protocol）是为了在点对点物理链路（如 RS232 串口链路、电话 ISDN 线路等）上，安全地传输 OSI 模型中的网络层报文而设计的。PPP 是现在最流行的点对点链路控制协议，它改进了 SLIP 中只能运行一个网络协议、无容错控制、无授权等许多缺陷。通过 PPP 实现的安全连接能提供同时的、双向的、全双工操作，并且 PPP 还提供了一种广泛的解决办法，方便将多种不同的值作为最大接收单元的值。

2. 掌握 PPP 的安全机制

PPP 主要通过两种安全认证方式实现安全机制：一种是 PAP，另一种是 CHAP。相对来说，PAP 的安全性没有 CHAP 高。因为 PAP 在传输过程中使用的密码是明文的，而 CHAP 在传输过程中不使用密码，而使用哈希值。此外，PAP 是通过两次握手实现的，而 CHAP 则是通过三次握手实现的。其中，PAP 是被叫提出连接请求，主叫响应。而 CHAP 则是主叫发出请求，被叫回复一个数据包，这个数据包里面有主叫发送的随机的哈希值，主叫在数据库中确认无误后，发送一个连接成功的数据包进行连接。

3. 了解 PAP 的安全验证过程

PAP 安全验证采用的是两次握手验证，口令为明文。PAP 的安全验证过程如图 4-12 所示。

首先，被验证方把本地用户名和密码发送给验证方；然后，验证方根据本地用户表查看是否有被验证方的用户名；若有，则查看密码是否正确；若密码正确，则认证通过；若密码不正确，则认证失败。若没有找到密码，则认证失败。

4. 了解 CHAP 的安全验证过程

CHAP 安全验证采用的是三次握手验证。它只在网络上传输用户名，而并不传输密码。因此，其安全性要比 PAP 高。CHAP 的安全验证过程如图 4-13 所示。

CHAP 安全验证使用的单向验证过程分为两种情况：验证方配置了用户名的验证过程和验证方没有配置用户名的验证过程。推荐使用验证方配置用户名的验证过程，这种方式可以对验证方的用户名进行确认。

（1）验证方配置了用户名的验证过程

首先，验证方主动发起验证请求，验证方向被验证方发送一些随机报文（Challenge），并同时将本端的用户名附带上，一起发送给被验证方。

接下来，被验证方接到验证方的验证请求后，先检查本端接口上是否配置了 ppp chap password 命令。如果配置了该命令，则被验证方用报文 ID、命令中配置的用户密码和 MD5

算法，对该随机报文进行加密，将生成的加密报文和自己的用户名发回验证方（Response）。如果接口上未配置 ppp chap password 命令，则根据此随机报文中验证方的用户名，在本端的用户表查找该用户对应的密码；用报文 ID、此用户的密码和 MD5 算法，对该随机报文进行加密，将生成的加密报文和被验证方自己的用户名，发回验证方（Response）。最后，验证方用自己保存的被验证方密码和 MD5 算法，对原随机报文加密，比较二者的密文。若比较结果一致，则认证通过；若比较结果不一致，则认证失败。

图 4-12　PAP 的安全验证过程

图 4-13　CHAP 的安全验证过程

（2）验证方配置了用户名的验证过程

首先，验证方主动发起验证请求，验证方向被验证方发送一些随机报文（Challenge）。接下来，被验证方接到验证方的验证请求后，利用报文 ID、ppp chap password 命令，配置的 CHAP 密码和 MD5 算法，对该随机报文进行加密，将生成的加密报文和自己的用户名，发回验证方（Response）。最后，验证方用自己保存的被验证方密码和 MD5 算法，对原随机报文加密。比较二者的密文，若比较结果一致，则认证通过；若比较结果不一致，则认证失败。

5. CHAP 与 PAP 的安全验证过程对比

在 PAP 的安全验证过程中，密码以明文方式在链路上发送，完成 PPP 链路的建立后，被验证方会不停地在链路上反复发送用户名和密码，直到身份验证过程结束，所以安全性不高。当实际应用对安全性要求不高时，可以采用 PAP 的安全验证建立 PPP 连接。

在 CHAP 的安全验证过程中，验证协议为三次握手验证协议。它只在网络上传输用户名，而并不传输密码，因此，安全性比 PAP 的安全验证高。当实际应用对安全性要求较高时，可以采用 CHAP 的安全验证建立 PPP 连接。

4.3.3　保障 RIPV2 路由安全

1. 了解 RIPV2 路由安全

由于 RIP 没有邻居的概念，所以自己并不知道发出去的路由更新是否有路由器收到；同样，也不知道会被什么样的路由器收到。因为 RIP 的路由更新信息是明文的，网络中无论谁收到，都可以读取里面的信息，这就难免会有不怀好意者窃听 RIP 的路由信息。

为了防止路由信息被非法窃取，RIPV2 可以实现互联设备之间的相互认证，只有能够提供密码的路由器，才能够获得路由更新信息。

需要注意的是：RIPV1 是不支持认证的，RIPV2 可以支持明文与 MD5 算法认证。

2. RIPV2 路由认证安全机制

在激活了 RIPV2 的互联路由器之间，当一方开启认证之后，另一方也同样需要开启认证，并且密码一致才能读取路由信息。其中，RIPV2 支持的认证是基于接口配置的，密码使用 key chain 来定义。需要注意的是：在 key chain 中可以定义多个密码，每个密码都有一个序号。

在 RIPV2 认证时，只要双方最前面的一组密码相同，认证即可通过。双方密码序号不一定需要相同，key chain 名字也不需要相同。但在某些低版本中，会要求双方的密码序号必须相同，才能认证成功，所以，建议大家配置认证时，双方都配置相同的序号和密码。

3. 配置 RIPV2 路由认证安全

如图 4-14 所示，两台路由器之间运行 RIP 路由协议，为了增加网络的安全可靠性，需要配置 RIPV2 路由认证。

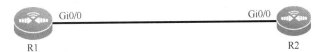

图 4-14　RIPV2 路由认证

第 1 步：配置 R1 的接口 IP 地址信息。

```
Router>en
Router#conf terminal
Router(config)#hostname R1
R1(config)#interface gigabitEthernet 0/0
R1(config-if)#no shutdown
R1(config-if)#ip address 172.16.1.1 255.255.255.0
R1(config)#interface loopback 0
R1(config-if)#ip address 1.1.1.1 255.255.255.255
```

第 2 步：配置 R2 的接口 IP 地址信息。

```
Router>en
Router#conf t
Router(config)#hostname R2
R2(config)#interface gigabitEthernet 0/0
R2(config-if)#no shutdown
R2(config-if)#ip address 172.16.1.2 255.255.255.0
R2(config)#interface loopback 0
R2(config-if)#ip address 2.2.2.2 255.255.255.255
```

第 3 步：配置 R1 的 RIPV2 路由。

```
R1(config)#router rip
R1(config-router)#version 2
```

```
R1(config-router)#no auto-summary
R1(config-router)#network 1.1.1.1
R1(config-router)#network 172.16.1.0
```

第 4 步：配置 R2 的 RIPV2 路由。

```
R2(config)#router rip
R2(config-router)#version 2
R2(config-router)#no auto-summary
R2(config-router)#network 2.2.2.2
R2(config-router)#network 172.16.1.0
```

第 5 步：配置 R1 的 RIPV2 路由认证。

```
R1#configure terminal
R1(config)#key chain 123
R1(config-keychain))#key 1                          //创建一个密码
R1(config-keychain-key)#key-string zhongrui         //密码是 zhongrui
R1(config)#interface GigabitEthernet 0/0
R1(config-if)#ip rip authentication mode md5        //MD5 算法认证方式
R1(config-if)#ip rip authentication key-chain 123   //调用上面的 key-chain
```

第 6 步：配置 R2 的 RIPV2 路由认证。

```
R2#configure terminal
R2(config)#key chain 123
R2(config-keychain))#key 1                          //创建一个密码
R2(config-keychain-key)#key-string zhongrui         //密码是 zhongrui
R2(config)#interface GigabitEthernet 0/0
R2(config-if)#ip rip authentication mode md5        //MD5 算法认证方式
R2(config-if)#ip rip authentication key-chain 123   //调用上面的 key-chain
```

第 7 步：查看 RIP 路由表。

```
R1#show ip route rip
      2.0.0.0/32 is subnetted，   1 subnets
R       2.2.2.2 [120/1] via 172.16.1.2，  00：00：06，  FastEthernet0/0
……   // 限于篇幅其他路由显示省略


R2#show ip route rip
      1.0.0.0/32 is subnetted，   1 subnets
R       1.1.1.1 [120/1] via 172.16.1.1，  00：00：05，  FastEthernet0/0
……   // 限于篇幅其他路由显示省略
```

4.3.4　保障 OSPF 路由安全

1. 了解 OSPF 路由安全

与 RIP 一样，出于安全考虑，OSPF 也使用认证来保障路由安全。其中，OSPF 同时支持明文和 MD5 算法认证。在启用 OSPF 认证后，Hello 包中将携带密码，双方 Hello 包中的密码必须相同，才能建立 OSPF 邻居关系，需要注意，空密码也是密码的一种。

当激活了 OSPF 邻居的一方在接口上启用认证后，从该接口发出的 Hello 包中就会带有密码，双方的 Hello 包中拥有相同的密码时，邻居方可建立。

2. 使用 OSPF 路由安全保障接口安全

一台 OSPF 路由器可能有多个 OSPF 接口，也可能多个接口在多个 OSPF 区域，只要在接口上输入 OSPF 认证的命令后，便表示开启了 OSPF 认证，可以在每个接口上一个一个启用认证，也可以一次性开启多个接口的认证。

如果需要开启多个接口的认证功能，那么认证的命令不是直接在接口上输入，而是在 OSPF 进程模式下输入，并且是对某个区域全局开启的，当在进程下对某个区域开启 OSPF 认证后，就表示在属于该区域的所有接口上开启了认证。所以，在进程下对区域配置认证是快速配置多个接口认证的方法，与在多个接口上一个一个开启，没有本质区别。因为 OSPF 虚链路被认为是骨干区域的一个接口、一条链路，所以，在 OSPF 进程下对骨干区域开启认证后，不仅表示开启了区域 0 下所有接口的认证，同时也开启了 OSPF 虚链路的认证，但 OSPF 虚链路在建立后，并没有 Hello 包的传递，所以认证在没有重置 OSPF 进程的情况下，是不会生效的。

3. 配置 OSPF 路由安全

如图 4-15 所示，两台路由器之间运行 OSPF 动态路由协议，为了增加网络的安全可靠性，需要配置 OSPF 认证。

Gi0/0　　　　　　　　　　　　　　　Gi0/0

R1　　　　　　　　　　　　　　　　　R2

图 4-15　OSPF 认证

第 1 步：配置 R1 的接口 IP 地址信息。

```
Router>en
Router#conf terminal
Router(config)#hostname R1
R1(config)#interface gigabitEthernet 0/0
R1(config-if)#no shutdown
R1(config-if)#ip address 172.16.1.1 255.255.255.0
R1(config)#interface loopback 0
R1(config-if)#ip address 1.1.1.1 255.255.255.255
```

第 2 步：配置 R2 的接口 IP 地址信息。

```
Router>en
Router#conf t
Router(config)#hostname R2
R2(config)#interface gigabitEthernet 0/0
R2(config-if)#no shutdown
R2(config-if)#ip address 172.16.1.2 255.255.255.0
R2(config)#interface loopback 0
R2(config-if)#ip address 2.2.2.2 255.255.255.255
```

第 3 步 ： 配置 R1 的接口 OSPF 动态路由协议。

```
R1(config)#router ospf 1
R1(config-router)#network 172.16.1.0 0.0.0.255 area 0
R1(config-router)#network 1.1.1.1 0.0.0.0 area 0
```

第 4 步 ： 配置 R2 的接口 OSPF 动态路由协议。

```
R2(config)#router ospf 1
R2(config-router)#network 172.16.1.0 0.0.0.255 area 0
R2(config-router)#network 2.2.2.2 0.0.0.0 area 0
```

第 5 步 ： 配置 R1 的接口 OSPF 认证。

```
R1(config)#interface gigabitEthernet 0/0
R1(config-if)#ip ospf authentication-key zhongrui
R1(config-if)#ip ospf authentication
```

第 6 步 ： 配置 R2 的接口 OSPF 认证。

```
R2(config)#interface gigabitEthernet 0/0
R2(config-if)#ip ospf authentication-key zhongrui
R2(config-if)#ip ospf authentication
```

第 7 步：查看 OSPF 路由表。

```
R1#show ip route ospf
      2.0.0.0/32 is subnetted，  1 subnets
O     2.2.2.2 [110/2] via 172.16.1.2，  00：00：52，  FastEthernet0/0
……   // 限于篇幅其他路由显示省略

R2#show ip route  ospf
      1.0.0.0/32 is subnetted，  1 subnets
O     1.1.1.1 [110/2] via 172.16.1.1，  00：01：11，  FastEthernet0/0
……   // 限于篇幅其他路由显示省略
```

【规划实践】

【任务描述】

　　某企业网已经搭建完成后，由于网络设计之初并没有考虑网络的安全可靠性，现需要对网络在不造成网络拓扑结构变化的情况下进行升级改造。已知内部路由使用 RIP 路由协议，出口路由器与运营商路由器之间使用 OSPF 动态路由协议，内网交换机之间运行生成树协议防止环路。

　　为了保障企业网接入的安全性，要求在出口路由器及 ISP 路由器之间配置 PAP 认证。为保证企业内部网络的冗余可靠性，所有的路由协议之间加入验证，防止非法路由侵入，STP 虽然已经搭建完毕，但是需要提高 STP 的稳定性。

【网络拓扑结构】

　　企业网的网络拓扑结构如图 4-16 所示，需要完成相关区域的安全保障。

　　其中，企业网地址规划如表 4-6 所示，部分接口连接信息可根据现场的设备连接调整。

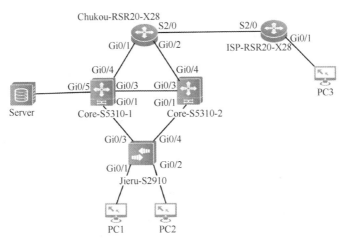

图 4-16　企业网的网络拓扑结构

表 4-6　企业网地址规划

设备名称	设备型号	设备接口	IP 地址	备注
ISP-RSR20-X28	RG-RSR20-X-28	S2/0	111.167.148.1	
		Gi0/1	117.8.152.1	
Chukou-RSR20-X28	RG-RSR20-X-28	S2/0	111.167.148.2	
		Gi0/1	192.168.1.1	
		Gi0/2	192.168.2.1	
Core-S5310-1	RG-S5310-24GT4XS	VLAN 10	172.16.10.254	
		VLAN 20	172.16.20.254	
		Gi0/4	192.168.1.2	
		Gi0/5	NA	VLAN 20
Core-S5310-2	RG-S5310-24GT4XS	VLAN 10	172.16.10.253	
		VLAN 20	172.16.20.253	
		Gi0/4	192.168.2.2	
Jieru-S2910	RG-S2910-24GT4XS-E	Gi0/1	NA	VLAN 10
		Gi0/2	NA	VLAN 10
Server	未知	本地连接 1	172.16.20.110	
PC1	未知	本地连接 1	172.16.10.1	
PC2	未知	本地连接 1	172.16.10.2	
PC3	未知	本地连接 1	117.8.152.110	

【实施步骤】

1. 配置 PAP 认证

（1）配置 PAP 认证前，查看两台路由器端口状态。

Chukou-RSR20-X28#show ip interface brief

Interface	IP-Address	OK? Method Status	Protocol
GigabitEthernet0/1	192.168.1.1	YES manual up	up
GigabitEthernet0/2	192.168.2.1	YES manual up	up
Serial2/0	111.167.148.2	YES manual up	up

ISP-RSR20-X28#show ip interface brief

Interface	IP-Address	OK? Method Status	Protocol
GigabitEthernet0/1	117.8.152.1	YES manual up	up
Serial2/0	111.167.148.1	YES manual up	up

（2）配置 PAP 认证。

```
Chukou-RSR20-X28(config)#interface serial 2/0              // 进入 S2/0 接口
Chukou-RSR20-X28(config-if)#encapsulation ppp             // 接口类型改为 PPP
Chukou-RSR20-X28(config-if)#ppp authentication pap        // PPP 认证方式改为 PAP
Chukou-RSR20-X28(config-if)#ppp pap sent-username Chukou-RSR20-X28 password zhongrui
                                                          //设置 PAP 发送的用户名和密码
Chukou-RSR20-X28(config-if)#exit                          //返回上一步
Chukou-RSR20-X28(config)#username ISP-RSR20-X28 password zhongrui
                                                          //配置对端的用户名密码
ISP-RSR20-X28(config)#interface serial 2/0
ISP-RSR20-X28(config-if)#encapsulation ppp
ISP-RSR20-X28(config-if)#ppp authentication pap
ISP-RSR20-X28(config-if)#ppp pap sent-username ISP-RSR20-X28 password zhongrui
ISP-RSR20-X28(config-if)#exit
ISP-RSR20-X28(config)#username Chukou-RSR20-X28 password zhongrui
```

2. 配置 OSPF 验证

（1）查看路由器之间 OSPF 的状态。

Chukou-RSR20-X28#show ip ospf neighbor

Neighbor ID	Pri	State	Dead Time	Address	Interface
117.8.152.1	0	FULL/ -	00：00：38	111.167.148.1	Serial2/0

ISP-RSR20-X28#show ip ospf neighbor

Neighbor ID	Pri	State	Dead Time	Address	Interface
192.168.2.1	0	FULL/ -	00：00：31	111.167.148.2	Serial2/0

（2）配置 OSPF 验证。

```
Chukou-RSR20-X28#configure terminal
Chukou-RSR20-X28(config)#interface serial 2/0            //进入 S2/0 接口
Chukou-RSR20-X28(config-if)#ip ospf authentication-key zhongrui
                                                         //配置 OSPF 验证密码为 zhongrui
Chukou-RSR20-X28(config-if)#ip ospf authentication       //在接口下开启 OSPF 验证

ISP-RSR20-X28#configure terminal
```

ISP-RSR20-X28(config)#interface serial 0/0/0

ISP-RSR20-X28(config-if)#ip ospf authentication-key zhongrui

ISP-RSR20-X28(config-if)#ip ospf authentication

3. 配置 RIP 安全验证

（1）查看设备之间存在的 RIP 路由。

Chukou-RSR20-X28#show ip route rip

```
        172.16.0.0/24 is subnetted，    2 subnets
  R     172.16.10.0 [120/1] via 192.168.1.2，00：00：26，GigabitEthernet0/1
                    [120/1] via 192.168.2.2，00：00：07，GigabitEthernet0/2
  R     172.16.20.0 [120/1] via 192.168.1.2，00：00：26，GigabitEthernet0/1
                    [120/1] via 192.168.2.2，00：00：07，GigabitEthernet0/2
```

（2）配置 RIP 验证。

Chukou-RSR20-X28#configure terminal

Chukou-RSR20-X28(config)#key chain 123

Chukou-RSR20-X28(config-keychain))#key 1　　　　　// 创建一个密码

Chukou-RSR20-X28(config-keychain-key)#key-string zhongrui　　// 密码是 zhongrui

Chukou-RSR20-X28(config)#interface GigabitEthernet 0/1

Chukou-RSR20-X28(config-if)#ip rip authentication mode md5　　// MD5 算法认证方式

Chukou-RSR20-X28(config-if)#ip rip authentication key-chain 123　// 调用上面的 key-chain

Chukou-RSR20-X28(config)#interface GigabitEthernet 0/2

Chukou-RSR20-X28(config-if)#ip rip authentication mode md5

Chukou-RSR20-X28(config-if)#ip rip authentication key-chain 123

Core-S5310-1#configure terminal

Core-S5310-1# (config)#key chain 123

Core-S5310-1 (config-keychain))#key 1

Core-S5310-1 (config-keychain-key)#key-string zhongrui

Core-S5310-1 (config)#interface GigabitEthernet 0/4

Core-S5310-1 (config-if)#ip rip authentication mode md5

Core-S5310-1 (config-if)#ip rip authentication key-chain 123

Core-S5310-1 (config)#interface vlan 10

Core-S5310-1 (config-if)#ip rip authentication mode md5

Core-S5310-1 (config-if)#ip rip authentication key-chain 123

Core-S5310-1 (config)#interface vlan 20

Core-S5310-1 (config-if)#ip rip authentication mode md5

Core-S5310-1 (config-if)#ip rip authentication key-chain 123

Core-S5310-2#configure terminal

Core-S5310-2 (config)#key chain 123

Core-S5310-2 (config-keychain))#key 1

Core-S5310-2 (config-keychain-key)#key-string zhongrui

Core-S5310-2 (config)#interface GigabitEthernet 0/4

Core-S5310-2 (config-if)#ip rip authentication mode md5
Core-S5310-2 (config-if)#ip rip authentication key-chain 123
Core-S5310-2 (config)#interface vlan 10
Core-S5310-2 (config-if)#ip rip authentication mode md5
Core-S5310-2 (config-if)#ip rip authentication key-chain 123
Core-S5310-2 (config)#interface vlan 20
Core-S5310-2 (config-if)#ip rip authentication mode md5
Core-S5310-2 (config-if)#ip rip authentication key-chain 123

4．配置生成树安全控制

```
Jieru-S2910(config)#interface range gigabitEthernet 0/1-2
Jieru-S2910(config-if-range)#spanning-tree portfast            // 开启快速端口安全机制
Jieru-S2910(config-if-range)#spanning-tree bpduguard enable    // 开启 BPDU 防护安全机制
Jieru-S2910(config-if-range)#spanning-tree bpdufilter enable   // 开启 BPDU 过滤安全机制
Jieru-S2910(config-if-range)#spanning-tree guard loop          // 开启环路防护安全机制


Core-S5310-1(config)#interface gigabitEthernet 0/1
Core-S5310-1(config-if)#spanning-tree guard root               //开启根防护安全机制
```

5. 完成 OSPF 状态测试

Chukou-RSR20-X28#show ip ospf neighbor

Neighbor ID	Pri	State	Dead Time	Address	Interface
117.8.152.1	0	FULL/ -	00：00：38	111.167.148.1	Serial2/0

ISP-RSR20-X28#show ip ospf neighbor

Neighbor ID	Pri	State	Dead Time	Address	Interface
192.168.2.1	0	FULL/ -	00：00：34	111.167.148.2	Serial2/0

6. 完成 RIP 状态测试

Chukou-RSR20-X28#show ip route rip

	172.16.0.0/24 is subnetted， 2 subnets			
R	172.16.10.0 [120/1] via 192.168.1.2，	00：00：02，	GigabitEthernet0/1	
	[120/1] via 192.168.2.2，	00：00：16，	GigabitEthernet0/2	
R	172.16.20.0 [120/1] via 192.168.1.2，	00：00：02，	GigabitEthernet0/1	
	[120/1] via 192.168.2.2，	00：00：16，	GigabitEthernet0/2	

【认证测试】

1．在 PPP 中，（   ）采用明文形式传送用户名和口令。

    A. PAP   B. CHAP   C. EAP   D. HASH

2．在 PPP 的 CHAP 的安全验证中，敏感信息以（   ）形式进行传送。

    A. 明文   B. 加密   C. 摘要   D. 加密的摘要

3．在使用 PAP 的安全验证时，在被验证方接口上使用（　　）命令实现发送用户名和密码。

A. ppp pap sent-hostname xxx password yyy

B. ppp pap sent-username xxx password yyy

C. ppp pap hostname xxx password yyy

D. ppp pap username xxx password yyy

4．在 PPP 连接建立过程中，验证在（　　）阶段进行。

A. NCP 协商　　　　B. LCP 协商　　　　C. HDLC 协商　　　D. SDLC 协商

5．当端口因违反端口安全规定而进入"err-disabled"状态后，使用（　　）命令将其恢复。

A. errdisable recovery　　　　　　　B. no shut

C. recovery errdisable　　　　　　　D. recovery

6．下面能够表示"禁止从 129.9.0.0 网段中的主机建立与 202.38.16.0 网段内的主机的 WWW 端口的连接"的访问控制列表是（　　）。

A. access-list 101 deny tcp 129.9.0.0 0.0.255.255 202.38.16.0 0.0.0.255 eq www

B. access-list 100 deny tcp 129.9.0.0 0.0.255.255 202.38.16.0 0.0.0.255 eq 53

C. access-list 100 deny udp 129.9.0.0 0.0.255.255 202.38.16.0 0.0.0.255 eq www

D. access-list 99 deny ucp 129.9.0.0 0.0.255.255 202.38.16.0 0.0.0.255 eq 80

7．在访问控制列表中，有一条规则为

access-list 131 permit ip any 192.168.10.0 0.0.0.255 eq ftp

在该规则中，any 的意思是表示（　　）。

A. 检查源地址的所有 bit 位　　　　　B. 检查目的地址的所有 bit 位

C. 允许所有的源地址　　　　　　　　D. 允许 255.255.255.255 0.0.0.0

8．计算机中病毒后，通过抓包软件，你发现本机的网卡在不断向外发目的端口为 8080 的数据包，这时如果在接入交换机上做阻止病毒的配置，则应采取（　　）技术。

A. 标准 ACL　　　B. 扩展 ACL　　　C. 端口安全　　　D. NAT

9．将一个内部 IP 地址转换后，独占一组外部 IP 地址中的一个地址，这种转换方式是（　　）。

A. 静态 NAT　　　B. 动态 NAT　　　C. 静态 NAPT　　　D. 动态 NAPT

10．以下陈述中属于 NAT 的缺点的是（　　）。

A. NAT 节约合法的公网地址　　　　B. NAT 增加了转发延迟

C. NAT 减少了网络重新编址的代价　　D. NAT 增加了连接到公共网络的灵活性

项目5 部署中小企业的核心网健壮性

【项目背景】

某企业新建成了 A 和 B 两栋办公楼，需要分别为两栋楼建立内网，实现这两栋楼各自内部用户的互联互通。目前企业采购了一批网络设备，中锐网络股份有限公司公司负责汇聚层网络设备的功能规划设计及实施。办公楼沿用三层网络架构，企业希望新办公楼的网络汇聚层更安全可靠，需要增强链路及设备的冗余性。图 5-1 为 A 和 B 两栋办公楼的网络拓扑结构。

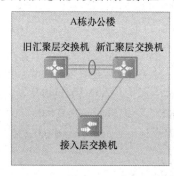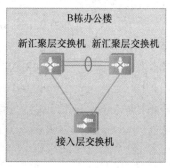

图 5-1 A 和 B 两栋办公楼的网络拓扑结构

企业之前留有 1 台旧汇聚层交换机。为了节约成本，本次企业只采购了 3 台汇聚层交换机。其中 A 栋办公楼的汇聚层交换机新旧混用，B 栋办公楼的两台汇聚层交换机均使用新设备。

办公楼网络搭建项目设备清单如表 5-1 所示，需要说明的是，企业对于 VSU 所需的模块及线缆均有充足的储备。

表 5-1 办公楼网络搭建项目设备清单

序　号	设 备 型 号	数 量（台）	用　途	备　注
1	RG-S5760C-24GT8XS-X	3	办公楼汇聚层交换机	—
2	RG-PA150I-F	3	交换机电源	—
3	RG-S5760C-24GT8XS-X	1	A 栋办公楼汇聚层交换机	旧汇聚层交换机
4	RG-PA150I-F	1	交换机电源	—
5	RG-S2910-10GT2SFP-P-E	2	办公楼接入层交换机	—

【学习目标】

1. 掌握端口聚合的应用场景及配置方法。
2. 掌握常见链路检测技术。
3. 掌握 MSTP、VRRP 等传统网关冗余技术。
4. 掌握 VSU 网络虚拟化技术。

【规划技术】

5.1　保障企业网骨干链路带宽

5.1.1　了解企业网骨干链路聚合技术

1. 使用链路聚合技术的原因

把多个物理链接捆绑在一起形成一个逻辑链接，这个逻辑链接称为聚合端口（Aggregate Port，AP）。中锐网络股份有限公司所提供设备的链路聚合技术符合 IEEE 802.3ad 标准，它可以用于扩展链路带宽，提供更高的连接可靠性。

链路聚合技术支持流量平衡，可以把流量均匀地分配给各成员链路。链路聚合技术还实现了链路备份，当链路中的一条成员链路断开时，系统会将该成员链路的流量自动地分配到其他有效成员链路上去。一条成员链路收到的广播或者多播报文将不会被转发到其他成员链路上。

图 5-2 是链路聚合的典型应用场景，链路聚合技术可以将两台交换机的互联接口分别进行聚合。

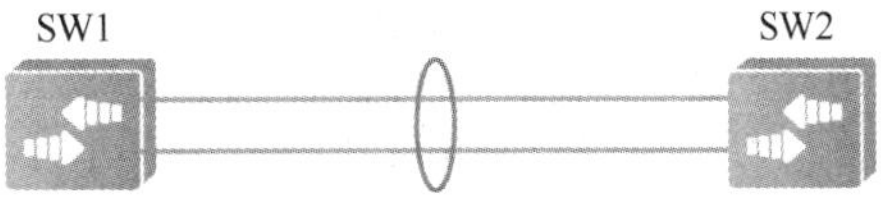

图 5-2　链路聚合的典型应用场景

2. 链路聚合技术的流量平衡方式

目前，链路聚合设备可以根据报文的源 MAC 地址、目的 MAC 地址，源 IP 地址、目的 IP 地址等多种特征值把流量平均地分配到成员链路中。其中，基于源 MAC 地址流量平衡方式根据报文的源 MAC 地址把报文分配到各成员链路中。不同源 MAC 地址的报文根据源 MAC 地址在各成员链路间平衡分配，相同源 MAC 地址的报文固定从同一个成员链路进行转发。

1）基于目的 MAC 地址流量平衡方式

基于目的 MAC 地址流量平衡方式根据报文的目的 MAC 地址，把报文分配到各成员链路中。其中，相同目的 MAC 地址的报文固定从同一个成员链路转发，不同目的 MAC 地址的报文根据目的 MAC 地址在各成员链路间平衡分配。

2）基于源 MAC 地址和目的 MAC 地址流量平衡方式

基于源 MAC 地址和目的 MAC 地址流量平衡方式根据报文的源 MAC 地址和目的 MAC 地址把报文分配到各成员链路中。具有不同的源 MAC 地址和目的 MAC 地址的报文根据源 MAC 地址和目的 MAC 地址在各成员链路间平衡分配，而具有相同的源 MAC 地址和目的 MAC 地址的报文，则固定分配给同一个成员链路。

3）基于源 IP 地址或目的 IP 地址流量平衡方式

基于源 IP 地址或目的 IP 地址流量平衡方式根据报文源 IP 地址或目的 IP 地址进行流量分配。具有不同源 IP 地址或目的 IP 地址的报文，根据源 IP 地址或目的 IP 地址在各成员链路间平衡分配；相同源 IP 地址或目的 IP 地址的报文则固定通过相同的成员链路转发。该流量平衡方式用于三层报文，如果在此流量平衡方式下收到二层报文，则自动根据设备的默认方式进行流量平衡。

4）基于源 IP 地址和目的 IP 地址流量平衡方式

基于源 IP 地址和目的 IP 地址流量平衡方式根据报文源 IP 地址和目的 IP 地址进行流量

分配。该流量平衡方式用于三层报文，如果在此流量平衡模式下收到二层报文，则自动根据设备的默认方式进行流量平衡。具有不同的源 IP 地址和目的 IP 地址的报文根据源 IP 地址和目的 IP 地址在各成员链路间平衡分配，具有相同的源 IP 地址和目的 IP 地址的报文则固定分配给相同的成员链路。

以上所有流量平衡方式都适用于二层链路聚合和三层链路聚合，即源 IP 地址流量平衡方式、目的 IP 地址流量平衡方式、源 IP 地址和目的 IP 地址流量平衡方式也适用于二层链路聚合。

根据不同网络环境，设置合适的流量平衡方式，以便能把流量较均匀地分配到各个链路上，充分利用网络的带宽。

3. 链路聚合需满足的条件

链路聚合的成员属性必须一致，包括接口速率、双工、介质类型（指光口或者电口）等，光口和电口不能绑定，千兆与万兆不能绑定。此外，二层端口只能加入二层链路聚合，三层端口只能加入三层链路聚合，已经关联了成员端口的聚合端口，不允许改变二层和三层属性。链路聚合后，成员端口不能单独再进行配置，只能在聚合端口中配置所需要的功能。

两个互联设备的链路聚合模式必须一致，并且同一时刻只能选择一种，如静态链路聚合或动态链路聚合。

4. 配置链路聚合命令

```
Switch(config)#interface range gigabitEthernet 0/1-2      //  同时进入到 g0/1-2 口配置模式
Switch (config-if-range)#port-group 1                     //  设置为 AG1
Switch (config-if-range)#exit
```

5.1.2　在企业网骨干链路实施静态链路聚合

1. 链路聚合的主要类型

目前链路聚合分为动态链路聚合和静态链路聚合。在静态链路聚合模式下，聚合组内的各成员端口上不启用任何协议，其端口状态（加入或离开）完全依据手工指定的方式直接生效。在动态链路聚合模式下，聚合组内的各成员端口上均启用 LACP 协议，其端口状态（加入或离开）通过该协议自动进行维护。

无论是静态链路聚合还是动态链路聚合，按照聚合端口的类型来分，又可分为二层链路聚合和三层链路聚合，所以可分为静态二层链路聚合、静态三层链路聚合、动态二层链路聚合、动态三层链路聚合，本节先讨论前两种。

图 5-3　静态二层链路聚合

2. 配置静态二层链路聚合

为了增加链路带宽，提高网络可靠性，现要在两台核心设备之间配置静态二层链路聚合，采用基于源 MAC 地址流量平衡方式，如图 5-3 所示。

第 1 步：将 SW1 端口加入聚合端口。

```
SW1>enable
SW1#configure terminal
SW1(config)#interface range gigabitEthernet 0/1-2          //  同时进入 g0/1-2 口配置模式
```

SW1(config-if-range)#port-group 1	//　设置为 AG1
SW1(config-if-range)#exit	

第 2 步：将 SW2 端口加入聚合端口。

```
SW2>enable
SW2#configure terminal
SW2(config)#interface range gigabitEthernet 0/1-2
SW2(config-if-range)#port-group 1
SW2(config-if-range)#exit
```

第 3 步：更改 SW1 为基于源 MAC 地址流量平衡方式。

```
SW1(config)#aggregateport load-balance src-mac
```

第 4 步：更改 SW2 为基于源 MAC 地址流量平衡方式。

```
SW2(config)#aggregateport load-balance src-mac
```

说明：本项目中的交换机默认的流量平衡方式为基于源 MAC 地址和目的 MAC 地址流量平衡方式。

第 5 步：在 SW1 上修改聚合端口属性。

SW1(config)#interface aggregateport 1	//　进入 AG1 配置模式
SW1(config-if-AggregatePort 1)#switchport mode trunk	//　将 AG1 配置为 trunk 端口
SW1(config-if-AggregatePort 1)#exit	

第 6 步：在 SW2 上修改聚合端口属性。

```
SW2(config)#interface aggregateport 1
SW2(config-if-AggregatePort 1)#switchport mode trunk
SW2(config-if-AggregatePort 1)#exit
```

3. 配置静态三层链路聚合

为了增加链路带宽，提高网络可靠性，现要在两台核心设备之间运行静态三层链路聚合，两台交换机互联接口的 IP 地址分别为 1.1.1.1/24 和 1.1.1.2/24，采用基于源 IP 地址和目的 IP 地址流量平衡方式，如图 5-4 所示。

主要配置思路为：第 1 步，先创建一个聚合端口，将该聚合端口更改为三层端口，并且配置 IP 地址；第 2 步，进入需要加入聚合端口的物理端口配置模式，将物理端口变为三层端口；第 3 步，将物理端口加入成员端口；第 4 步，调整聚合端为基于源 IP 地址和目的 IP 地址流量平衡方式。

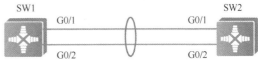

图 5-4　静态三层链路聚合

具体配置步骤如下。

第 1 步：完成 SW1 的基础信息配置。

SW1>enable	
SW1#configure terminal	
SW1(config)#interface aggregateport 1	
SW1(config-if-AggregatePort 1)#no switchport	//　配置 AP1 为三层聚合端口
SW1(config-if-AggregatePort 1)#ip address 1.1.1.1 255.255.255.0	
SW1(config-if-AggregatePort 1)#exit	
SW1(config)#interface range gigabitEthernet 0/1-2	//　同时进入 g0/1-2 口

```
SW1(config-if-range)#no switchport                    //  设置聚合端口为三层端口
SW1(config-if-range)#port-group 1
SW1(config-if-range)#exit
SW1(config)#aggregateport load-balance src-dst-ip
```

第 2 步：完成 SW2 的基础信息配置。

```
SW2>enable
SW2#configure terminal
SW2(config)#interface aggregateport 1
SW2(config-if-AggregatePort 1)#no switchport
SW2(config-if-AggregatePort 1)#ip address 1.1.1.2 255.255.255.0
SW2(config-if-AggregatePort 1)#exit
SW2(config)#interface range gigabitEthernet 0/1-2
SW2(config-if-range)#no switchport
SW2(config-if-range)#port-group 1
SW2(config-if-range)#exit
SW2(config)#aggregateport load-balance src-dst-ip
```

4. 在 SW1 上查看聚合端口的状态信息

（1）查看聚合端口汇总信息，使用命令如下：

```
SW1#show aggregateport summary
```

（2）查看某个聚合端口信息，以 AG1 为例，使用命令如下：

```
SW1#show interface aggregateport 1
```

（3）查看流量平衡方式，使用命令如下：

```
SW1#show aggregateport load-balance
```

5.1.3   在企业网骨干链路实施动态链路聚合

1. 动态链路聚合

动态链路聚合中的两台交换机使用 LACP 协议进行协商，当端口启用 LACP 协议后，端口通过发送 LACPDU 协议报文来通告自己的系统优先级、系统 MAC 地址、端口的优先级、端口号和操作 key 等。相连设备收到该报文后，根据所存储的其他端口的信息，选择端口进行相应的聚合操作，从而可以使双方在端口退出或加入聚合端口的行为一致。

2. 动态链路聚合模式

动态链路聚合有 3 种模式：主动模式、被动模式和静态模式。其中，主动模式的端口会主动发起 LACP 报文协商；被动模式的端口只会对收到的 LACP 报文做应答；静态模式不会发出 LACP 报文进行协商。

3. 动态链路聚合的特点

静态链路聚合与动态链路聚合可以理解为静态路由与 OSPF 动态路由之间的区别，一种是根据管理员配置的方式强制生效，另一种是通过协议报文与邻居协商状态，动态维护邻居关系与路由条目。

动态链路聚合可以动态地发现链路故障，避免静态链路聚合时单条成员链路不通（如交换机端口完好，但是由于中间光纤问题已经不能通信的情况）导致的异常，用户对可靠性要求较高，成员端口动态加入和离开的切换速度要求较快时推荐使用动态链路聚合。动态链路聚合会消耗设备资源，中小企业网的设备进行互联时或设备在 VSU 环境下存在大量聚合端口时，推荐使用静态链路聚合。

　　需要说明的是，Vmware 服务器不支持动态链路聚合，ESXi 虚拟机服务器多网卡绑定时有四种流量平衡方式，虚拟机服务器如果使用基于 IP 地址流量平衡方式，则需要在 Vmware 配置手册中注明；如果端口选用基于 IP 地址流量平衡方式，要求交换机端口使用静态链路聚合；如果使用其他流量平衡方式，则需在 Vmware 手册中注明交换机端口禁用链路聚合，则交换机端口只能使用普通模式，而不能使用链路聚合。

4. 配置动态二层链路聚合

　　为了增加链路带宽，提高网络可靠性，现要在两台核心设备之间配置动态二层链路聚合，如图 5-5 所示。

　　动态链路聚合与静态链路聚合类似，主要配置过程如下。

　　（1）完成 SW1 配置。

```
SW1(config)#interface range gigabitEthernet 0/1-2      // 同时进入 g0/1-2 口
SW1(config-if-range)#port-group 1 mode active          // 设置为 AG1 模式为主动模式
SW1(config-if-range)#exit
```

　　（2）完成 SW2 配置。

```
SW2(config)#interface range gigabitEthernet 0/1-2      // 同时进入 g0/1-2 口
SW2(config-if-range)#port-group 1 mode active          // 设置为 AG1 模式为被动模式
SW2(config-if-range)#exit
```

　　需要说明的是：使用链路聚合的两台交换机的模式要一致，不能一台交换机配置为动态链路聚合，另一台交换机配置为静态链路聚合。

3. 配置动态三层链路聚合

　　为了增加链路带宽，提高网络可靠性，现要在两台核心设备之间配置动态三层链路聚合，两台交换机互联接口 IP 地址分别为 1.1.1.1/24 和 1.1.1.2/24，如图 5-6 所示。

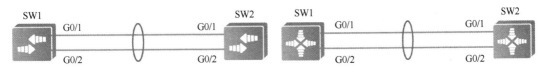

图 5-5　动态二层链路聚合　　　　　　　图 5-6　动态三层链路聚合

　　（1）完成 SW1 配置。

```
SW1>enable
SW1#configure terminal
SW1(config)#interface aggregateport 1
SW1(config-if-AggregatePort 1)#no switchport               // 配置 AP1 为三层聚合端口
SW1(config-if-AggregatePort 1)#ip address 1.1.1.1 255.255.255.0
SW1(config-if-AggregatePort 1)#exit
SW1(config)#interface range gigabitEthernet 0/1-2          // 同时进入 g0/1-2 口
SW1(config-if-range)#no switchport                         // 设置聚合端口为三层端口
```

```
SW1(config-if-range)#port-group 1 mode active
SW1(config-if-range)#exit
```

（2）完成 SW2 配置。

```
SW2>enable
SW2#configure terminal
SW2(config)#interface aggregateport 1
SW2(config-if-AggregatePort 1)#no switchport
SW2(config-if-AggregatePort 1)#ip address 1.1.1.2 255.255.255.0
SW2(config-if-AggregatePort 1)#exit
SW2(config)#interface range gigabitEthernet 0/1-2
SW2(config-if-range)#no switchport
SW2(config-if-range)#port-group 1 mode active
SW2(config-if-range)#exit
```

5.1.4　使用 DLDP 检测骨干链路稳定性

1. 使用 DLDP 的原因

DLDP（Data Link Detection Protocol，设备连接检测协议）适合于在网络出口位置的设备上部署，通常部署在核心层交换机、路由器、防火墙上等。它能够快速检测多运营商出口链路或中间传输设备故障，以便及时进行路由切换（注意：通常是将静态路由所关联的出口的 SVI 或 no switchport 的端口上的逻辑协议关闭，从而引起路由切换）的场景，例如使原本走联通出口的数据能够快速地切换到备份的电信线路上去，避免业务中断。

在一些对网络可靠性、稳定性、容错性要求比较高的行业会容易用到 DLDP，DLDP 典型应用场景如图 5-7 所示。

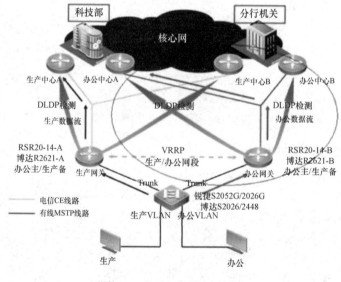

图 5-7　DLDP 典型应用场景

2. 了解 DLDP 的功能

一般的以太网链路检测机制都只是利用物理连接状态，通过物理层的自动协商来检测链路的连通性。但是这种检测机制存在一定的局限性，在一些情况下无法为用户提供可靠的链路检测信息，例如，光纤口上的光纤接收线对接错，由于光纤转换器的存在，造成设备对应端口在物理上是连通的，但实际对应的链路却无法通信。再例如两台以太网设备之间架设着一个中间网络，网络传输中存在中继设备，如果这些中继设备出现故障，将造成实际链路不通。

3. 掌握 DLDP 原理

DLDP 是一种通过 ICMP echo 报文快速检测以太网链路故障的协议。DLDP 通过在三层端口（SVI、Routed Port、L3 AP）下不断地发出 ICMP echo 报文进行链路检测，如果在指定时间内对端设备没有回应 ICMP reply，则 DLDP 认为这个端口存在问题，将该端口设置为"三层端口 Down"，然后触发三层上的协议的各种收敛、备份切换动作。

由于 DLDP 只是设置"三层端口 Down"，实际物理链路还是连通的（STP、802.1x 等二层协议还将继续正常通信）。因此，DLDP 还可以继续发出 ICMP echo 报文，如果对端设备恢复响应了 ICMP reply，则三层端口恢复正常通信。

4. 配置 DLDP 功能

DLDP 的配置命令格式如下：

Ruijie(config-if)#dldp ip-address [next-hop ip-address] [interval tick] [retry retry-num] [resume resume-num]

其中，各项参数信息说明如下：

（1）ip-address：设置对端设备的 IP 地址；

（2）next-hop ip-address：下一跳 IP 地址。

（3）interval tick：检测报文的发送间隔。取值范围为 1～6000 tick（1 tick =10 毫秒），默认值为 100 tick（1 秒），也就是每秒发送一个 ICMP echo 报文。

（4）retry retry-num：检测报文的重传次数。取值范围为 1～3600，默认值为 4。如果发送了 4 个 ICMP echo 报文，依然没有得到对方的回应，那么会将端口的 Up 状态变为 Down 状态。

（5）resume resume-num：恢复次数。取值范围为 1～200，默认值为 3，也就是收到 3 个 ICMP echo 报文后会自动将端口从 Down 状态变为 Up 状态。

例如，每 1.5 秒发送一个 ICMP echo 报文，如果 5 次没有得到回应，则将端口置为 Down 状态，如果连续收到 4 个 ICMP echo 报文则会自动将端口恢复为 Up 状态，命令如下：

Ruijie(config-if-GigabitEthernet 0/1)#dldp 1.1.1.1 next-hop 172.16.1.2 interval 150 retry 5 resume 4

5.1.5　使用 Track 检测骨干链路稳定性

1. 使用 Track 的原因

RNS 和 Track 功能通常与 PBR（Policy Based Routing，策略路由）或者 VRRP（Virtual Router Redundancy Protocol，虚拟路由器冗余协议）配合使用，用来检测感兴趣的链路是否出现故障（如 PBR 所指定的下一跳 IP 地址是否可达、VRRP 主设备的上行链路是否出现故障等），以便使 PBR 失效或者切换到另外一跳，完成 VRRP 主设备状态切换等。利用 RNS 和 Track 功能可以确保故障自动感知，并且做出应变切换，保证网络可靠性，保证业务不中断。

2. Track 的功能

RNS 是 Ruijie Network Service 的缩写，RNS 通过探测对端设备是否有响应报文，来监控端到端连接的完整性。利用 RNS 的探测结果，用户可以对网络故障进行诊断和定位。目前，锐捷网络设备实现了 ICMP echo 和 DNS 两种探测协议类型。

此外，Track 为了提高通信的可靠性，一些应用模块需要及时跟踪接口链路状态或网络可达性。负责接口链路状态和网络可达性的监测模块与应用模块之间增加 Track 模块，可以屏蔽不同监测模块的差异，简化应用模块的处理。一个 Track 对象可以跟踪一个 IP 地址是否可达，也可以跟踪一个接口是否为 Up 状态。

Track 可以分离要跟踪的对象和对这个对象状态感兴趣的模块，如 PBR 和 VRRP。当 Track 对象状态变化时，它们可以采取不同的动作，例如使 PBR 失效或者切换到另外一跳，使 VRRP 主设备状态切换等。

3. RNS 与 Track 配合

RNS 与 Track 配合使用的过程如下。首先，配置一个 RNS 对象，根据检测链路两端设备的支持情况，选择采用发送 ICMP echo 报文还是 DNS 报文定期探测。然后，创建一个 Track 对象来跟踪一个 RNS 对象的状态；如果 RNS 对象发送的报文收到响应报文，则 Track 对象为 Up 状态，否则 Track 对象为 Down 状态。最后，在实际的功能模块，如 PBR 和 VRRP 中关联 Track 对象，检测感兴趣的链路是否出现故障，以便使 PBR 失效或者切换到另外一跳或使 VRRP 主设备状态切换等。

4. 配置 Track 的步骤

第 1 步，定义 RNS。

例如，要配置监控本地到 IP 地址为 1.1.1.2 的链路，每隔 1 秒发送一个 ICMP echo 报文，如果 2 秒没有收到回应，则认为查询失败。

```
Switch(config)#ip rns 10
Switch(config-ip-rns-icmp-echo)#icmp-echo 1.1.1.2
Switch(config-ip-rns-icmp-echo)#timeout 2000
Switch(config-ip-rns-icmp-echo)#frequency 3000
```

需要说明的是，在默认情况下 RNS 发送 ICMP echo 报文的频率是每 60 秒发送一次，如果 5 秒没有收到回复，则认为查询失败。建议在现实网络实施过程中，修改默认的计时器大小，否则会导致切换时间过长。timeout、frequency 的参数单位都是毫秒，配置时需要注意，避免配置发送的频率过快，导致设备 CPU 占用过高。

第 2 步，配置 Track 跟踪 RNS，即调用 RNS 序号。

```
Switch(config)#track 10 rns 10
```

第 3 步，在 PBR 等协议中，调用 Track 对象，此处以 PBR 为例说明。

```
Switch(config)#route-map TEST permit 10
Switch(config-route-map)#match ip address 1
Switch(config-route-map)#set ip next-hop verify-availability 1.1.1.2 track 10
```

说明：由于篇幅有限，此处省略 VRRP 的相关配置。

5.2 保障企业核心网稳定技术（1）

5.2.1 使用 MSTP 实现冗余网络快速收敛

1. MSTP 概述

MSTP（Multiple Spanning Tree Protocol，多生成树协议）是 IEEE 定义的一种生成树协议，通过多个生成树来解决以太网的环路问题。在此之前，有 STP 和 RSTP 两种生成树协议，RSTP 在 STP 的基础上进行了改进，实现了网络拓扑快速收敛。但 RSTP 和 STP 还存在同一个缺陷：由于局域网内所有的 VLAN 共享一棵生成树，因此，无法在 VLAN 间实现数据流量的负载均衡，链路被阻塞后将不承载任何流量，还有可能造成部分 VLAN 的报文无法转发。

为了弥补 STP 和 RSTP 的缺陷，IEEE 于 2002 年发布的 802.1S 标准中定义了 MSTP。MSTP 兼容 STP 和 RSTP，既可以快速收敛，又可以形成多棵无环路的树，解决广播风暴并实现冗余备份。另外，还可以实现多棵生成树在 VLAN 间实现负载均衡，不同 VLAN 的流量按照不同的路径转发。

MSTP 把一个交换网络划分成多个域，每个域内生成多棵生成树，生成树之间彼此独立。每棵生成树称为一个 MSTI（Multiple Spanning Tree Instance，多生成树实例），每个域称为 MST 域。

2. MSTP 的工作原理

MSTP 实例如图 5-8 所示，MSTI 就是多个 VLAN 的集合。通过将多个 VLAN 捆绑到一个实例，可以节省通信开销和资源占用率。各个 MSTI 拓扑的计算相互独立，在这些MSTI 上可以实现负载均衡。可以把多个相同网络拓扑结构的 VLAN 映射到一个 MSTI中，这些 VLAN 在端口上的转发状态取决于端口在对应 MSTI 中的状态。

MSTP 通过设置 VLAN 映射表（VLAN 和 MSTI 的对应关系表），把 VLAN 和 MSTI联系起来。每个 VLAN 只能对应一个 MSTI，即同一个 VLAN 的数据只能在一个 MSTI 中传输，而一个 MSTI 可能会对应多个 VLAN。

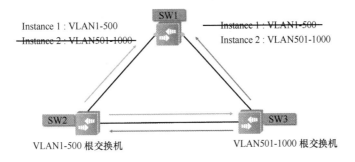

Instance 1：VLAN1-500
Instance 2：VLAN501-1000

图 5-8 MSTP 实例

在 MST 域内，MSTP 根据 VLAN 和 MSTI 的映射关系，针对不同的 VLAN 生成不同的 MSTI。关于 MSTI 计算的特点如下：

（1）每个 MSTI 独立计算自己的生成树，互不干扰；

（2）每个 MSTI 的生成树计算方法与 RSTP 基本相同；

（3）每个 MSTI 的生成树可以有不同的根和不同的网络拓扑结构；

（4）每个 MSTI 在自己的生成树内发送 BPDU；

（5）每个 MSTI 的网络拓扑结构通过命令配置决定（不是自动生成的）；

（6）每个端口在不同 MSTI 上的生成树参数可以不同；

（7）每个端口在不同 MSTI 上的角色、状态可以不同。

3. 配置生成 MSTP 的命令

```
Switch(config)#spanning-tree
Switch(config)#spanning-tree mode mstp
Switch(config)#spanning-tree mst configuration
Switch(config-mst)#instance 1 vlan 10
Switch(config-mst)#instance 2 vlan 20
Switch(config-mst)#name test
Switch(config-mst)#revision 1
Switch(config-mst)#exit
Switch(config)#spanning-tree mst 0 priority 4096
```

5.2.2 使用 VRRP 实现出口网络备份

1. VRRP 概述

VRRP 是一种容错协议，它把几台路由设备联合组成一台虚拟的路由设备，并通过一定的机制来保证当主机的下一跳设备出现故障时，可以及时将业务切换到其他设备，从而保持通信的连续性和可靠性，如图 5-9 所示。

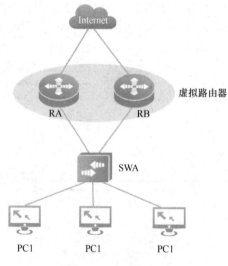

图 5-9　VRRP 的应用

2. VRRP 的技术原理

VRRP 将局域网内的一组路由器划分在一起，称为一个备份组。备份组由一个主路由器和多个备份路由器组成，功能上相当于一台虚拟路由器。局域网内的主机只需要知道这个虚拟路由器的 IP 地址，并不需要知道具体某台设备的 IP 地址，将网络内主机的默认网关设置为该虚拟路由器的 IP 地址，主机就可以利用该虚拟网关与外部网络进行通信。

正常情况下，用户通过主设备上网。当主设备出现故障时，用户再通过备份设备上网，如图 5-10 和图 5-11 所示。

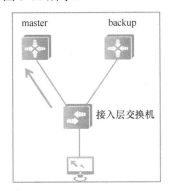
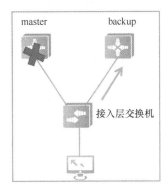

　图 5-10　正常情况下的数据走向　　　　图 5-11　主设备故障时的数据走向

VRRP 将该虚拟路由器动态地关联到承担传输业务的主路由器上，当该主路由器出现故障时，选择备份路由器来接替业务传输工作，整个过程对用户完全透明，实现了内部网络和外部网络的不间断通信。

VRRP 中涉及的相关术语如下。

（1）VRID：虚拟路由器号，编号范围为 1～255，由用户进行配置，以区分不同备份组。有相同 VRID 的一组路由器构成一个虚拟路由器。

（2）虚拟路由器：由一个主路由器和多个备份路由器组成。主机将虚拟路由器作为默认网关。

（3）主路由器：虚拟路由器中承担 VRRP 报文转发任务的路由器。

（4）备份路由器：当主路由器出现故障时，能够代替主路由器工作的路由器，备份路由器在正常情况下处于监听状态。

（5）虚拟 IP 地址：虚拟路由器的 IP 地址。一个虚拟路由器可以拥有一个或多个 IP 地址。该 IP 地址其实就是用户的默认网关。

（6）IP 地址拥有者：设备的接口 IP 地址与 VRRP 组的虚拟 IP 地址相同的路由器被称为 IP 地址拥有者。

（7）虚拟 MAC 地址：一个虚拟路由器拥有一个虚拟 MAC 地址。虚拟 MAC 地址的格式为 00-00-5E-00-01-{VRID}。通常情况下，虚拟路由器回应 ARP 请求使用的是虚拟 MAC 地址，只有虚拟路由器进行特殊配置时，才回应接口的真实 MAC 地址。

（8）优先级：VRRP 根据优先级来确定虚拟路由器中每台路由器的地位。优先级取值范围为 0～255，优先级默认值为 100，配置范围为 1～254。备份组中优先级最高路由器将成为主路由器，优先级相同时，比较接口的 IP 地址，IP 地址越大，优先级越高。

（9）非抢占模式：如果备份路由器在非抢占模式下，则只要主路由器没有出现故障，备份路由器即使随后被配置了更高的优先级也不会成为主路由器。

（10）抢占模式：抢占模式主要用于保证高优先级的路由器只要一接入网络就会成为活

动路由器。默认情况下，抢占模式都是开启的。如果关闭抢占模式，高优先级的备份路由器不会主动成为活动路由器，即使活动路由器优先级较低，只有当活动路由器失效时，备份路由器才会成为主路由器。

3. 了解 VRRP 报文

VRRP 报文是组播报文，承载在 IP 报文之上，使用的协议号为 112，IP 组播地址是 224.0.0.18，由主路由器定时发送，通告它的存在，VRRP 报文可以检测虚拟路由器的各种参数，可以用于主路由器的选举，VRRP 发送选举报文过程如图 5-12 所示。

VRRP 选举过程如图 5-13 所示。

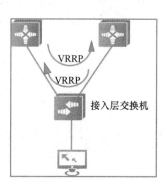

图 5-12　VRRP 发送选举报文过程

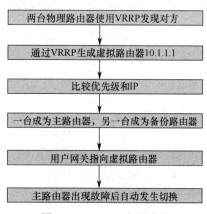

图 5-13　VRRP 选举过程

4. 了解 VRRP 状态切换

VRRP 三种状态切换过程如图 5-14 所示。在使用 VRRP 的过程中，VRRP 会有三种状态。

（1）初始状态：路由器刚刚启动时进入此状态，通过 VRRP 报文交换数据后，进入其他状态。

（2）活动状态：VRRP 组中的路由器通过 VRRP 报文交换后，确定的当前转发数据包的一种状态。

（3）备份状态：VRRP 组中的路由器通过 VRRP 报文交换后，确定的处于监听的一种状态。

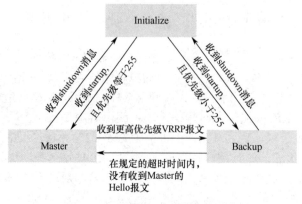

图 5-14　VRRP 三种状态切换过程

5.2.3　使用 MSTP 和 VRRP 保障企业核心网的健壮性

MSTP 和 VRRP 应用在双核心网络拓扑结构上，一般应用于对网络可用性要求较高的环境，如中小企业园区网、高校校园网等，医疗和金融行业网络环境中的应用也比较普遍。该应用方案的用户网关，采用 VRRP 进行备份，双汇聚设备分别承担部分用户流量，实现负载分担。物理链路使用 MSTP 进行备份，提高网络整体可用性。

在双核心网络拓扑结构的基础上，MSTP 保证了物理链路的备份，VRRP 保障了用户网关的备份。MSTP 和 VRRP 的协同配置可以使接入层到汇聚层的数据流量实现负载分担，减轻单台汇聚设备的压力，使网络更加稳定和可靠。MSTP 和 VRRP 是提高网络系统可用性的一个比较优秀的解决方案。

如图 5-15 所示，部署 MSTP 和 VRRP 实现了设备及链路的冗余和负载均衡。

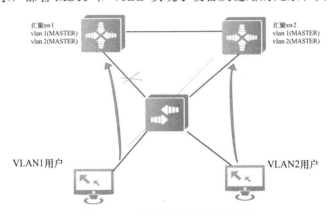

图 5-15　MSTP 和 VRRP 应用场景

以下是两台汇聚层交换机及一台接入层交换机的主要配置。

第 1 步：完成第 2 台汇聚层交换机（SW1）MSTP 主要配置。

```
SW1(config)#vlan 10
SW1(config-vlan)#vlan 20
SW1(config-vlan)#exit
SW1(config)#spanning-tree mode mstp
SW1(config)#spanning-tree mst configuration
SW1(config-mst)#instance 1 vlan 10
SW1(config-mst)#instance 2 vlan 20
SW1(config-mst)#name test
SW1(config-mst)#revision 1
SW1(config-mst)#exit
SW1(config)#spanning-tree mst 0 priority 4096
SW1(config)#spanning-tree mst 1 priority 4096
SW1(config)#spanning-tree mst 2 priority 8192
```

第 2 步：完成第 1 台汇聚交换机（SW1）干道主要配置。

```
SW1(config)#interface FastEthernet 0/1 //连接接入层交换机的接口
SW1(config-if-FastEthernet 0/1)#switchport mode trunk
```

```
SW1(config-if-FastEthernet 0/1)#interface FastEthernet 0/2          //汇聚层交换机间的互联接口
SW1(config-if-FastEthernet 0/2)#switchport mode trunk
```

第 3 步：完成第 1 台汇聚层交换机（SW1）VRRP 主要配置。

```
SW1(config-if-FastEthernet 0/2)#interface Vlan 10
SW1(config-if-vlan 10)#ip address 192.168.10.2 255.255.255.0
SW1(config-if-vlan 10)#vrrp 10 ip 192.168.10.1
SW1(config-if-vlan 10)#vrrp 10 priority 150
SW1(config-if-vlan 10)#interface Vlan 20
SW1(config-if-vlan 20)#ip address 192.168.20.2 255.255.255.0
SW1(config-if-vlan 20)#vrrp 20 ip 192.168.20.1
```

第 4 步：完成第 2 台汇聚层交换机（SW1）MSTP 主要配置。

```
SW2(config)#vlan 10
SW2(config-vlan)#vlan 20
SW2(config-vlan)#exit
SW2(config)#spanning-tree mode mstp
SW2(config)#spanning-tree mst configuration
SW2(config-mst)#instance 1 vlan 10
SW2(config-mst)#instance 2 vlan 20
SW2(config-mst)#name test
SW2(config-mst)#revision 1
SW2(config-mst)#exit
SW2(config)#spanning-tree mst 0 priority 8192
SW2(config)#spanning-tree mst 1 priority 8192
SW2(config)#spanning-tree mst 2 priority 4096
```

第 5 步：完成第 2 台汇聚层交换机（SW1）干道主要配置。

```
SW2(config)#interface FastEthernet 0/1                    //连接接入层交换机的接口
SW2(config-if-FastEthernet 0/1)#switchport mode trunk
SW2(config-if-FastEthernet 0/1)#interface FastEthernet 0/2     //汇聚层交换机间的互联接口
SW2(config-if-FastEthernet 0/2)#switchport mode trunk
```

第 6 步：完成第 2 台汇聚层交换机（SW1）MSTP 主要配置。

```
SW2(config-if-FastEthernet 0/2)#interface Vlan 10
SW2(config-if-vlan 10)#ip address 192.168.10.3 255.255.255.0
SW2(config-if-vlan 10)#vrrp 10 ip 192.168.10.1
SW2(config-if-vlan 10)#interface Vlan 20
SW2(config-if-vlan 20)#ip address 192.168.20.3 255.255.255.0
SW2(config-if-vlan 20)#vrrp 20 ip 192.168.20.1
SW2(config-if-vlan 20)#vrrp 20 priority 150
```

第 7 步：完成第 3 台接入层交换机主要配置。

```
SW3(config)#vlan 10
SW3(config-vlan)#vlan 20
SW3(config-vlan)#exit
SW3(config)#spanning-tree mode mstp
SW3(config)#spanning-tree mst configuration
```

```
SW3(config-mst)#instance 1 vlan 10
SW3(config-mst)#instance 2 vlan 20
SW3(config-mst)#name test
SW3(config-mst)#revision 1
SW3(config-mst)#exit

SW3(config)#interface range Fastethernet 0/23-24          //连接汇聚层交换机的接口
SW3(config-if-range)#switchport mode trunk
SW3(config)#interface Fastethernet 0/1
SW3(config-if-FastEthernet 0/1)#switchport access vlan 10
SW3(config)#interface Fastethernet 0/2
SW3(config-if-FastEthernet 0/1)#switchport access vlan 20
```

正常情况下，VLAN 10 的数据经接入层交换机直达 SW1，VLAN 20 的数据经接入层交换机直达 SW2。当 SW1 发生故障或 SW1 和 SW3 间链路发生故障时，两个 VLAN 的用户数据都从 SW2 转发。当 SW2 发生故障或 SW2 和 SW3 间链路发生故障时，两个 VLAN 的用户数据都从 SW1 转发。

5.3　保障企业核心网稳定技术（2）

5.3.1　了解 VSU

1. VSU 概述

为了解决传统网络的这些问题，有人提出一种把两台物理交换机组合成一台虚拟交换机的新技术，称为 VSU（Virtual Switch Unit，虚拟交换单元）。简单来说，VSU 是一种可以将多台网络设备虚拟成一台设备来管理和使用的技术。VSU 逻辑架构如图 5-16 所示。

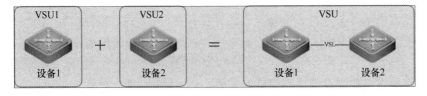

图 5-16　VSU 逻辑架构

图 5-16 把传统网络中两台核心层交换机用 VSU 替换，VSU 和汇聚层交换机通过聚合链路连接。在外围设备看来，VSU 相当于一台交换机。

与传统的 VRRP 和 MSTP 的方式相比，使用 VSU 方式组网有以下优点：① 网络的逻辑拓扑更加简单；② 加入 VSU 之后设备性能会增加；③ 当某台设备出现故障时，备份设备能更快地接替工作。

2. VSU 的特点

为了解决传统网络中，网络设备支持的功能少、产品差异化以及技术不成熟造成的网络运行不稳定问题，VSU 也在与时俱进。本部分着重介绍 VSU2.0 的技术实现和应用。

与传统网络相比，VSU 具有以下优点。

（1）简化管理。多台设备组成 VSU 以后，管理员可以对多台设备统一管理，而不需要连接到多台交换机分别进行配置和管理。

（2）简化网络拓扑。VSU 在网络拓扑中相当于一台交换机，通过聚合链路与外围设备连接，不存在二层环路，没必要配置 MSTP 协议，各种控制协议是以一台交换机运行的，如路由协议。VSU 作为一台交换机，减少了设备间大量协议报文的交互，缩短了路由收敛时间。

（3）故障恢复时间缩短到毫秒级。VSU 与外围设备通过聚合链路连接，如果其中一条成员链路出现故障，切换到另一条成员链路的时间是毫秒之内。

（4）VSU 和外围设备通过聚合链路连接，既提供了冗余链路，又可以实现负载均衡，充分利用所有带宽。

3. VSU 的原理

（1）主要成员角色

VSU 中的成员设备按照功能不同，可分为以下三种角色：① 主设备：负责管理整个 VSU 全体成员。② 从设备：作为主设备的备用设备运行。当主设备发生故障时，从设备会自动升级为主设备，接替原主设备工作。③ 候选设备：作为从设备的备用设备运行。当从设备发生故障时，系统会自动从候选设备中，选举一个新的从设备接替原来的从设备工作。另外，当主设备发生故障时，在从设备自动升级为主设备，接替原主设备工作的同时，系统也会自动从候选设备中，选举一个新的从设备，接替原从设备工作。

（2）VSU 主要参数

在 VSU 选举的过程中，需要用到以下参数：① 域编号：域编号是 VSU 的一个属性，是 VSU 的标识符，用来区分不同的 VSU。两台交换机的域编号相同，才能组成 VSU。取值范围是 1～255，默认为 100。② 设备编号：设备编号是成员设备的一个属性，是交换机在 VSU 中的成员编号，取值是 1～8，默认为 1。在 VSU 中必须保证所有成员的设备编号都是唯一的。③ 设备优先级：设备优先级是成员设备的一个属性，在角色选角过程中优先级越高，被选举为主设备的可能性越大。取值范围是 1～255，默认值是 100。成员设备的优先级分为配置优先级和运行优先级。运行优先级等于启动时配置文件中保存的配置优先级，在 VSU 运行过程中不会变化，管理员修改了配置优先级，运行优先级还是原来的值，保存配置并重启后，新配置的优先级才会生效。

（3）选举机制

主设备的选举规则如下：①当前主机优先；② 设备优先级大的优先；③ MAC 地址小的优先。

从设备的选举规则如下：① 最靠近主机的优先；② 设备优先级大的优先；③ MAC 地址小的优先。

（4）VSL

虚拟交换链路（Virtual Switching Link，VSL）是 VSU 系统的设备间传输控制信息和数据流的特殊聚合链路。VSL 端口以聚合端口组的形式存在，由 VSL 传输的数据流，根据流量平衡算法在聚合端口的各个成员之间进行负载均衡。

（5）工作模式

交换机有两种工作模式：单机模式和 VSU 模式，默认工作模式是单机模式，要想组建

VSU，必须把交换机的工作模式从单机模式切换到 VSU 模式。

（6）转发原理

VSU 采用分布式转发技术，实现报文的二/三层转发，最大限度地发挥了每个成员的处理能力。VSU 系统中的每个成员设备都有完整的二/三层转发能力，当它收到待转发的二/三层报文时，可以通过查询本机的二/三层转发表，得到报文的出接口（以及下一跳），然后将报文从正确的接口送出去。这个接口可以在本机上，也可以在其他成员设备上，并且将报文从本机送到另外一个成员设备是一个纯粹内部的实现，对外界是完全屏蔽的，即对于三层报文来说，不管它在 VSU 系统内部穿过了多少成员设备，在跳数上只增加 1，即表现为只经过了一个网络设备。

5.3.2　配置 VSU 保障企业核心网络的健壮性

传统的大型园区网络多为动态路由或静态路由，维护复杂，不便于管理；链路方面的编号存在不一致性，导致网络结构变化时，变更比较大。VSU 中的组网网关全部上移至核心层，不存在大量的路由规划，维护简单快捷；在链路层上，VSU 选择链路聚合，层次一一对应，管理简单，利于拓展及规划。

VSU 与传统的 MSTP 和 VRRP 相比，故障切换效率高；MSTP 和 VRRP 组网涉及 VLAN 归还，过程繁琐，不利于维护，故障切换缓慢。在链路层面上，VSU 能有效地利用冗余链路的同时，也提高了带宽，从而提高了网络的转发能力。

VSU 典型应用案例如图 5-17 所示，三台交换机部署了 VSU 后，逻辑上成了一台"大"交换机，其背板带宽等性能相当于三台交换机的性能之和。此时，逻辑上变成三台计算机连接在同一台交换机上。这样简化了网络拓扑结构，同时还提升了设备性能，如果其中一台交换机出现故障，其余交换机可以在毫秒级别的时间内完成冗余备份。

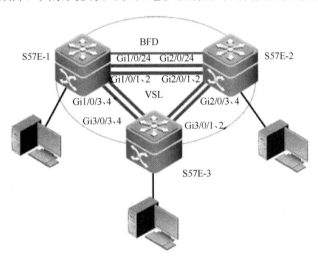

图 5-17　VSU 典型应用案例

以上述三台交换机配置 VSU 为例介绍其配置过程。

第 1 步，配置三台交换机的 VSU 信息。

（1）配置 S57E-1 交换机。

S57E-1#configure terminal

```
S57E-1(config)#switch virtual domain 1                      // 创建 VSU domain id
S57E-1(config-vs-domain)#switch 1                           // 创建 switch id
S57E-1(config-vs-domain)#switch 1 priority 200             // 配置 switch id 的优先级
S57E-1(config-vs-domain)#switch 1 description S57E-1       // 配置 switch id 描述信息
S57E-1(config-vs-domain)#exit
S57E-1(config)#vsl-aggregateport 1                          // 进入 VSL 配置模式
S57E-1(config-vsu-ap)#port-member interface gigabitEthernet 0/1  copper
                        // 将 gi 0/1 加入 VSL 组 1，如果是光口，则将 copper 更改为 fibber
S57E-1(config-vsu-ap)#port-member interface gigabitEthernet 0/2  copper
                        // 将 gi 0/2 加入 VSL 组 1，如果是光口，则将 copper 更改为 fibber
S57E-1(config)#vsl-aggregateport 2
// 一个 vsl-aggregateport 对应一台设备，不要把对应不同设备的接口都放到同一个 vsl-aggregateport 里
S57E-1(config-vsu-ap)#port-member interface gigabitEthernet 0/3  copper
                        // 将 gi0/4 加入 VSL 组 2，如果是光口，则将 copper 更改为 fibber
S57E-1(config-vsu-ap)#port-member interface gigabitEthernet 0/4  copper
                        // 将 gi0/3 加入 VSL 组 2，如果是光口，则将 copper 更改为 fibber
S57E-1(config-vsu-ap)#exit
S57E-1(config)#exit
```

（2）配置 S57E-2 交换机。

```
S57E-2#configure terminal
S57E-2(config)#switch virtual domain 1                      // 创建 VSU domain id
S57E-2(config-vs-domain)#switch 2                           // 创建 switch id
S57E-2(config-vs-domain)#switch 2 priority 150             // 配置 switch id 的优先级
S57E-2(config-vs-domain)#switch 2 description S57E-2       // 配置 switch id 的描述信息
S57E-2(config-vs-domain)#exit
S57E-2(config)#vsl-aggregateport 1
S57E-2(config-vsu-ap)#port-member interface gigabitEthernet 0/1  copper
S57E-2(config-vsu-ap)#port-member interface gigabitEthernet 0/2  copper
S57E-2(config)#vsl-aggregateport 2
S57E-2(config-vsu-ap)#port-member interface gigabitEthernet 0/3  copper
S57E-2(config-vsu-ap)#port-member interface gigabitEthernet 0/4  copper
S57E-2(config-vsu-ap)#exit
S57E-2(config)#exit
```

（3）配置 S57E-3 交换机。

```
S57E-3#configure terminal
S57E-3(config)#switch virtual domain 1                      // 创建 VSU domain id
S57E-3(config-vs-domain)#switch 3                           // 创建 switch id
S57E-3(config-vs-domain)#switch 3 priority 150             // 配置 switch id 的优先级
S57E-3(config-vs-domain)#switch 3 description S57E-3       // 配置 switch id 的描述信息
S57E-3(config-vs-domain)#exit
S57E-3(config)#vsl-aggregateport 1
S57E-3(config-vsu-ap)#port-member interface gigabitEthernet 0/1  copper
S57E-3(config-vsu-ap)#port-member interface gigabitEthernet 0/2  copper
S57E-3(config)#vsl-aggregateport 2
S57E-3(config-vsu-ap)#port-member interface gigabitEthernet 0/3  copper
```

```
S57E-3(config-vsu-ap)#port-member interface gigabitEthernet 0/4        copper
S57E-3(config-vsu-ap)#exit
```

第 2 步，把 S57E-1、S57E-2 和 S57E-3 转换到 VSU 模式。

```
S57E-1#switch convert mode virtual                      // 将交换机转换为 VSU 模式
Convert switch mode will automatically backup the "config.text" file and then delete it, and reload the switch.
Do you want to convert switch to virtual mode?
 [no/yes]y                                              // 输入 y
S57E-2#switch convert mode virtual                      // 将交换机转换为 VSU 模式
Convert switch mode will automatically backup the "config.text" file and then delete it, and reload the switch.
Do you want to convert switch to virtual mode? [no/yes]y // 输入 y
S57E-3#switch convert mode virtual                      // 将交换机转换为 VSU 模式
Convert switch mode will automatically backup the "config.text" file and then delete it, and reload the switch.
Do you want to convert switch to virtual mode?
 [no/yes]y                                              // 输入 y
```

接着交换机会重启，并且进行 VSU 的选举，这个时间可能会比较长，请耐心等待。

第 3 步，切换 VSU 模式，查看相关信息。

（1）查看 VSU 的基本信息。VSU 的三种状态如图 5-18 所示。

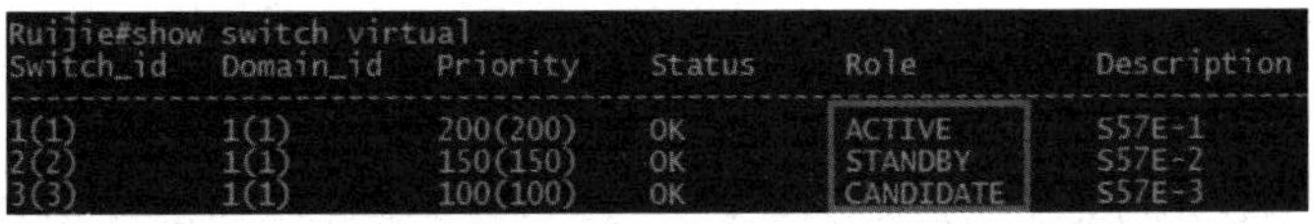

图 5-18　VSU 的三种状态

（2）查看 VSU 的配置信息。

S57E-1 的 VSU 配置信息如图 5-19 所示。

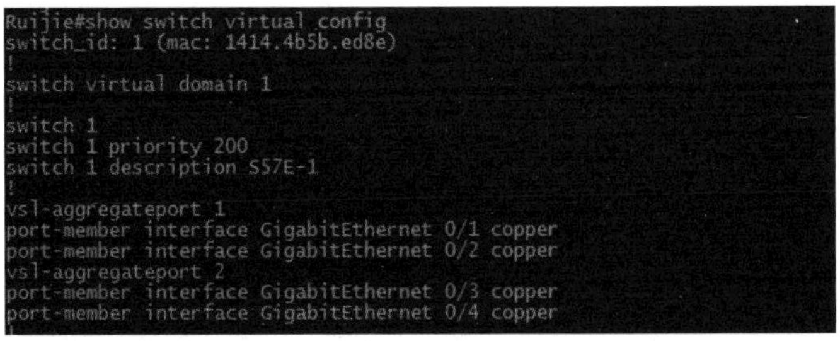

图 5-19　S57E-1 的 VSU 配置信息

S57E-2 的 VSU 配置信息如图 5-20 所示。

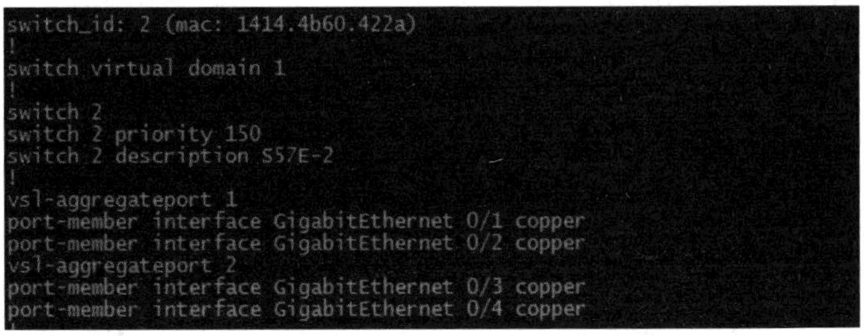

图 5-20　S57E-2 的 VSU 配置信息

S57E-3 的 VSU 配置信息如图 5-21 所示。

```
switch_id: 3 (mac: 1414.4b76.7a16)
!
switch virtual domain 1
!
switch 3
switch 3 priority 100
switch 3 description S57E-3
!
vsl-aggregateport 1
port-member interface GigabitEthernet 0/1 copper
port-member interface GigabitEthernet 0/2 copper
vsl-aggregateport 2
port-member interface GigabitEthernet 0/3 copper
port-member interface GigabitEthernet 0/4 copper
!
```

图 5-21　S57E-3 的 VSU 配置信息

（3）查看 VSL 信息，如图 5-22 所示。

```
Ruijie#show switch virtual link
VSL-AP   State   Peer-VSL   Rx          Tx          Uptime
-------------------------------------------------------------------
1/1      UP      2/1        56404       26749       0d,0h,5m
1/2      UP      3/1        66471       24657       0d,0h,58m
2/1      UP      1/1        26750       56404       0d,0h,5m
2/2      UP      3/2        65131       62526       0d,0h,58m
3/1      UP      1/2        24687       66553       0d,0h,58m
3/2      UP      2/2        62635       65217       0d,0h,58m
```

图 5-22　VSL 信息

（4）查看 VSU 拓扑信息，如图 5-23 所示。

```
Ruijie#show switch virtual topology
Introduction: '[num]' means switch num, '(num/num)' means vsl-aggregatepo

Ring Topology:
[1](1/1)---(2/1)[2](2/2)---(3/2)[3](3/1)---(1/2)[1]

Switch[1]: ACTIVE, MAC: 1414.4b60.422a, Description: S57E-1
Switch[2]: STANDBY, MAC: 1414.4b1b.546c, Description: S57E-2
Switch[3]: CANDIDATE, MAC: 1414.4b76.7a16, Description: S57E-3
```

图 5-23　VSU 拓扑信息

5.3.3　使用 BFD 保障检测核心链路

VSU 设计了 VSL 链路及 BFD 检测机制，防止主设备宕机，产生网络环路。

1. BFD 概述

BFD（Bidirectional Forwarding Detection，双向转发检测）协议提供一种轻负载、快速检测两台邻接路由器或交换机之间转发路径连通状态的方法，它是一个简单的"Hello 协议"，它与那些著名的路由协议的邻居检测部分相似。

一对系统在它们之间所建立会话的通道上，周期性地发送检测报文，如果某个系统在足够长的时间内没有收到对方的检测报文，则认为在这条到相邻系统的双向通道的某个部分发生了故障。协议邻居通过该方式可以快速检测到转发路径的连通故障，加快启用备份转发路径，提升现有的网络性能。

BFD 提供的检测机制与所应用的接口介质类型、封装格式以及关联的上层协议（如 OSPF、BGP、RIP 等）无关。BFD 在两台路由器之间建立会话，快速发送检测故障消息给正在运行的路由协议，以触发路由协议重新计算路由表，大大减少整个网络的收敛时间。

BFD 本身没有发现邻居的能力，需要上层协议通知与哪个邻居建立会话。BFD 本身不会起到特别的、有实际意义的功能作用，它需要与其他协议配合才能发挥较大的用途，如与静态路由、OSPF 动态路由、VRRP 等联动。BFD 的链路检测功能可以感知到网络中感兴趣的链路。当中间节点设备出现故障的时候，BFD 能触发邻居切换至 Down 状态，从而通知对应的联动设备等进行路由策略或设备关系切换。依赖于 BFD 的报文机制可以实现毫秒级故障处理。

2. 了解 BFD 工作原理

当 VSL 的所有物理链路都异常断开时，从机箱认为主机箱丢失，从机箱会切换成主机箱，网络中将出现两台主机箱，两台主机箱的配置完全相同。两台主机箱的任何一个虚接口（VLAN 接口和环回接口等）的配置都相同，网络中将会出现 IP 地址冲突，导致网络不可用。

配置双主机检测机制后，BFD 专用链路会根据双主机报文的收发情况，检测出存在双主机箱，系统将根据双主机检测机制，选择一台机箱（低优先级机箱）进入恢复模式，除 VSL 端口、MGMT 口和网络管理员指定的端口以外，其他端口都被强制关闭。双主机检测机制可以阻止出现以上异常故障时，保障网络依然可用（前提是其他设备连接到双核心网络结构时具备冗余链路条件）。

3. 配置 BFD

```
Core-SW#configure terminal                               // 进入全局模式
Core-SW(config)#interface gi1/0/21                       // 进入配置 BFD 的接口
Core-SW(config-if )#no switchport                        // 配置检测接口 21 为路由接口
Core-SW(config-if )#exit                                 // 退出
Core-SW(config)#interface gi2/0/21                       // 进入配置 BFD 的接口
Core-SW(config-if )#no switchport                        // 配置检测接口 21 为路由接口
Core-SW(config-if )#exit                                 // 退出
Core-SW(config)#switch virtual domain 1                  // 进入 VSU 参数配置
Core-SW(config-vs-domain)#dual-active detection bfd      // 打开 BFD 开关
Core-SW(config-vs-domain)#dual-active pair interface gi1/0/21 interface gi2/0/21
                         // 配置两个 BFD 接口为例外接口
```

【规划实践】

【任务描述】

某企业 A 和 B 两栋办公楼都需要搭建网络。根据企业需求，本次只需为两栋办公楼分别搭建内网即可，无须与核心层交换机进行互联。具体需求如下。

（1）用户网关部署在汇聚层交换机。

（2）两栋楼均使用双汇聚方式以实现网关设备及链路冗余：A 栋办公楼使用的是新、旧两种汇聚层交换机，故使用 MSTP 和 VRRP 方式。B 栋办公楼使用两台新汇聚层交换机，所以使用 VSU 技术。

（3）所有设备的特权密码及远程登录用户名密码均为 admin。

设备和用户地址规划如表 5-2 和表 5-3 所示。

表 5-2　设备地址规划表

楼　名	设备角色	设备名称	管理 VLAN	管理 IP 地址
A 栋 办公楼	汇聚层交换机	BGA-HJ-1	101	172.16.101.253/24
		BGA-HJ-2	101	172.16.101.254/24
	接入层交换机	BGB-JR	101	172.16.101.1/24
B 栋 办公楼	汇聚层交换机	BGB-HJ-VSU	102	172.16.102.253/24
			102	172.16.102.254/24
	接入层交换机	BGB-JR	102	172.16.102.1/24

表 5-3　用户地址规划表

名　　称	接口号	用户 VLAN	用　途	用户网关	备　　注
BGB-JR	Gi0/1-10	11	YeWu	172.16.11.254/24 （虚拟 IP）	BGA-HJ-1(Master)：172.16.11.252 BGA-HJ-2(Backup)：172.16.11.253
	Gi0/11-20	12	XingZheng	172.16.12.254/24 （虚拟 IP）	BGA-HJ-1(Backup)：172.16.12.252 BGA-HJ-2(Master)：172.16.12.253
BGB-JR	Gi0/1-10	21	YeWu	172.16.21.254/24	—
	Gi0/11-20	22	XingZheng	172.16.22.254/24	—

【网络拓扑结构规划】

两栋办公楼的网络拓扑结构，如图 5-24 所示。

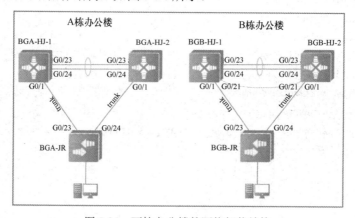

图 5-24　两栋办公楼的网络拓扑结构

【实施步骤】

1．配置 A 栋办公楼

1）配置 A 栋办公楼上的汇聚层交换机（BGA-HJ-1）

（1）启用汇聚层设备的 Telnet 功能，便于管理。

```
Ruijie>enable
Ruijie#configure terminal
Ruijie(config)#hostname BGA-HJ-1                    // 修改设备名称
BGA-HJ-1(config)#username admin password admin      // 配置远程登录
```

BGA-HJ-1(config)#enable password admin	// 配置特权密码
BGA-HJ-1(config)#line vty 0 4	// 5 个用户同时登录设备
BGA-HJ-1(config-line)#login local	// 配置本地用户登录
BGA-HJ-1(config-line)#exit	// 退出

（2）配置 VLAN 及 IP 地址信息（含 VRRP）。

BGA-HJ-1(config)#vlan 11	// 创建 VLAN 11
BGA-HJ-1(config-vlan)#name YeWu	// 描述为 YeWu
BGA-HJ-1(config-vlan)#exit	// 退出
BGA-HJ-1(config)#vlan 12	// 创建 VLAN 12
BGA-HJ-1(config-vlan)#name XingZheng	// 描述为 XingZheng
BGA-HJ-1(config-vlan)#exit	// 退出
BGA-HJ-1(config)#vlan 101	// 创建 VLAN 101
BGA-HJ-1(config-vlan)#interface vlan101	// 进入 VLAN 101 端口配置模式
BGA-HJ-1(config-vlan 101)#ip address 172.16.101.253 255.255.255.0	// 添加管理地址
BGA-HJ-1(config-VLAN 101)#exit	// 退出
BGA-HJ-1(config)#interface vlan 11	// 进入 VLAN 11 端口配置模式
BGA-HJ-1(config-VLAN 11)#ip address 172.16.11.252 255.255.255.0	// 添加网关地址
BGA-HJ-1(config-VLAN 11)#vrrp 1 ip 172.16.11.254	// 配置 VRRP
BGA-HJ-1(config-VLAN 11)#vrrp 1 priority 120	// 调整 VRRP 优先级为 120
BGA-HJ-1(config-VLAN 11)#vrrp 1 track GigabitEthernet 0/24 50	
	// 检测上联接口关闭后优先级降低 50
BGA-HJ-1(config-VLAN 11)#exit	// 退出
BGA-HJ-1(config)#interface vlan 12	// 进入 VLAN 12 端口配置模式
BGA-HJ-1(config-VLAN 12)#ip address 172.16.12.252 255.255.255.0	// 添加网关地址
BGA-HJ-1(config-VLAN 12)#vrrp 2 ip 172.16.12.254	// 配置 VRRP
BGA-HJ-1(config-VLAN 12)#vrrp 2 priority 100	// 调整 VRRP 优先级为 100
BGA-HJ-1(config-VLAN 12)#vrrp 2 track GigabitEthernet 0/24 50	
	// 检测上联接口关闭后优先级降低 50
BGA-HJ-1(config-VLAN 12)#exit	// 退出

（3）将端口 Fa0/23-24 端口配置为聚合端口，配置 MSTP，将 MSTI 进行划分。

BGA-HJ-1(config)#interface GigabitEthernet 0/1	// 进入端口 Fa0/1 端口配置模式
BGA-HJ-1(config-if-range)#switch mode trunk	// 将端口配置为 trunk 端口
BGA-HJ-1(config-if-range)#exit	// 退出
BGA-HJ-1(config)#interface range GigabitEthernet 0/23-24	// 进入端口 Fa0/23-24 端口配置模式
BGA-HJ-1(config-if-range)#port-group 1	// 将端口配置为 AG1
BGA-HJ-1(config-if-range)#exit	// 退出
BGA-HJ-1(config)#interface aggregateport 1	// 进入 AG1 配置模式
BGA-HJ-1(config-AggregatePort 1)#switch mode trunk	// 将 AG1 配置为 trunk 端口
BGA-HJ-1(config-AggregatePort 1)#exit	// 退出
BGA-HJ-1(config)#spanning-tree	// 开启生成树协议
BGA-HJ-1(config)#spanning-tree mode mst	// 将生成树模式调整为多生成树
BGA-HJ-1(config)#spanning-tree mst configure	// 进入实例配置
BGA-HJ-1(config-mst)#instance 10 vlan 11-12	// 实例划分，所有交换机配置一致

```
BGA-HJ-1(config-mst)#end                                               // 退出
```

2）配置汇聚层交换机（BGA-HJ-2）

（1）启用汇聚层设备的 Telnet 功能，便于管理。

```
Ruijie>enable
Ruijie#configure terminal
Ruijie(config)#hostname BGA-HJ-2
BGA-HJ-2(config)#username admin password admin
BGA-HJ-2(config)#enable password admin
BGA-HJ-2(config)#line vty 0 4
BGA-HJ-2(config-line)#login local
BGA-HJ-2(config-line)#exit
```

（2）配置 VLAN 及 IP 地址信息（含 VRRP）。

```
BGA-HJ-2(config)#vlan 11
BGA-HJ-2(config-vlan)#name YeWu
BGA-HJ-2(config-vlan)#exit
BGA-HJ-2(config)#vlan 12
BGA-HJ-2(config-vlan)#name XingZheng
BGA-HJ-2(config-vlan)#exit
BGA-HJ-2(config)#vlan 101
BGA-HJ-2(config-vlan)#interface vlan101
BGA-HJ-2(config-vlan 101)#ip address 172.16.101.254 255.255.255.0
BGA-HJ-2(config-VLAN 101)#exit
BGA-HJ-2(config)#interface vlan 11
BGA-HJ-2(config-VLAN 11)#ip address 172.16.11.253     255.255.255.0
BGA-HJ-2(config-VLAN 11)#vrrp 1 ip 172.16.11.254
BGA-HJ-2(config-VLAN 11)#vrrp 1 priority 100                        // 调整 VRRP 优先级为 100
BGA-HJ-2(config-VLAN 11)#vrrp 1 track GigabitEthernet 0/24 50   // 检测上联接口关闭后优先级降低 50
BGA-HJ-2(config-VLAN 11)#exit
BGA-HJ-2(config)#interface vlan 12
BGA-HJ-2(config-VLAN 12)#ip address 172.16.12.253 255.255.255.0
BGA-HJ-2(config-VLAN 12)#vrrp 2 ip 172.16.12.254
BGA-HJ-2(config-VLAN 12)#vrrp 2 priority 120                        // 调整 VRRP 优先级为 120
BGA-HJ-2(config-VLAN 12)#vrrp 2 track GigabitEthernet 0/24 50   // 检测上联接口关闭后优先级降低 50
BGA-HJ-2(config-VLAN 12)#exit                                       // 退出
```

（3）将端口 G0/23-24 端口配置为聚合端口，配置 MSTP，将 MSTI 进行划分。

```
BGA-HJ-2(config)#interface GigabitEthernet 0/1
BGA-HJ-2(config-if-range)#switch mode trunk
BGA-HJ-2(config-if-range)#exit
BGA-HJ-2(config)#interface range GigabitEthernet 0/23-24
BGA-HJ-2(config-if-range)#port-group 1
BGA-HJ-2(config-if-range)#exit
BGA-HJ-2(config)#interface aggregateport 1
BGA-HJ-2(config-AggregatePort 1)#switch mode trunk
```

```
BGA-HJ-2(config-AggregatePort 1)#exit
BGA-HJ-2(config)#spanning-tree
BGA-HJ-2(config)#spanning-tree mode mst
BGA-HJ-2(config)#spanning-tree mst configure
BGA-HJ-2(config-mst)#instance 10 vlan 11-12
BGA-HJ-2(config-mst)#end
```

3）配置接入层交换机

```
Ruijie>enable
Ruijie#configure terminal
Ruijie(config)#hostname BGB-JR
BGB-JR(config)#username admin password admin
BGB-JR(config)#enable password admin
BGB-JR(config)#line vty 0 4
BGB-JR(config-line)#login local
BGB-JR(config-line)#exit
BGB-JR(config)#vlan ran 11,12,101
BGB-JR(config-vlan)#int vlan 101
BGB-JR(config-vlan 101)#ip address 172.16.101.1 255.255.255.0
BGB-JR(config-vlan 101)#exit
BGB-JR(config)#interface rangeGigabitEthernet 0/1-10
BGB-JR(config-if-range)#switch mode access
BGB-JR(config-if-range)#switchport access vlan 11
BGB-JR(config-if-range)#exit
BGB-JR(config)#interface rangeGigabitEthernet 0/11-20
BGB-JR(config-if-range)#switch mode access
BGB-JR(config-if-range)#switchport access vlan 12
BGB-JR(config-if-range)#exit
BGB-JR(config)#interface range GigabitEthernet 0/23-24
BGB-JR(config-if-range)#switch mode trunk
BGB-JR(config-if-range)#exit
BGB-JR(config)#spanning-tree
BGB-JR(config)#spanning-tree mode mst
BGB-JR(config)#spanning-tree mst configure
BGB-JR(config-mst)#instance 10 vlan 11-12
BGB-JR(config-mst)#end
```

2. 配置 B 栋办公楼

1）配置 B 栋办公楼 VSU

（1）配置 BGB-HJ-1 的 VSU 参数。

```
Ruijie>enable
Ruijie#configure terminal
Enter configuration commands, one per line. End with CNTL/Z.
Ruijie#(config)#switch virtual domain 1
Ruijie#(config-vs-domain)#switch 1
```

```
Ruijie (config-vs-domain)#switch 1 priority 200
        // 默认优先级为 100，配置为较高的优先级，VSU 建立成功后将会成为管理主机
Ruijie (config-vs-domain)#exit

Ruijie (config)#vsl-aggregateport 1
        // VSL 链路至少需要 2 条，一条链路可靠性较低，当出现链路震荡时，VSU 会非常不稳定。
Ruijie (config-vsl-ap-1)#port-member interface GigabitEthernet 0/23
        // 配置 VSL 链路，以及 VSU 主设备和从设备之间的心跳链路和流量通道
Ruijie (config-vsl-ap-1)#port-member interface GigabitEthernet 0/24
Ruijie (config-vsl-ap-1)#exit
```

（2）配置 BGB-HJ-2 的 VSU 参数。

```
Ruijie>enable
Ruijie#configure terminal
Enter configuration commands, one per line. End with CNTL/Z.
Ruijie#(config)#switch virtual domain 1
Ruijie#(config-vs-domain)#switch 2
Ruijie (config-vs-domain)#switch 1 priority 150
Ruijie (config-vs-domain)#exit
Ruijie (config)#vsl-aggregateport 1
Ruijie (config-vsl-ap-1)#port-member interface GigabitEthernet 0/23
Ruijie (config-vsl-ap-1)#port-member interface GigabitEthernet 0/24
Ruijie (config-vsl-ap-1)#exit
```

（3）连接好 VSL 链路，并确定接口已经处于 Up 状态。

（4）保存 BGA-HJ-1 的配置，并一起切换为 VSU 模式。

```
Ruijie#wr
Ruijie #switch convert mode virtual                          // 转换为 VSU 模式
Are you sure to convert switch to virtual mode[yes/no]：yes
Do you want to recovery"config.text"from"virtual_switch.text"[yes/no]：no
```

（5）保存 BGA-HJ-2 的配置，并一起切换为 VSU 模式。

```
Ruijie #switch convert mode virtual                          // 转换为 VSU 模式
Are you sure to convert switch to virtual mode[yes/no]：yes
Do you want to recovery"config.text"from"virtual_switch.text"[yes/no]：no
```

（6）配置 BFD。

```
Ruijie(config)#interface gi1/0/21
Ruijie(config-if)#no switchport                              // 配置检测接口 2 为路由接口
Ruijie(config-if)#exit
Ruijie(config)#interface gi2/0/21
Ruijie(config-if)#no switchport                              // 配置检测接口 1 为路由接口
Ruijie (config-if)#exit
Ruijie (config)#switch virtual domain 1                      // 进入 VSU 参数配置
Ruijie(config-vs-domain)#dual-active detection bfd           // 打开 BFD 开关，默认为关闭
Ruijie(config-vs-domain)#dual-active pair interface gi1/4/2 interface gi2/4/2  // 配置一对 BFD 检测接口
Ruijie(config-vs-domain)#dual-active exclude interface  gi 1/0/21
        // 指定例外接口，上联路由接口保留，出现双主机时可以启用 Telnet 功能
Ruijie(config-vs-domain)#dual-active exclude interface  gi 2/0/21             // 指定例外接口
```

2）配置 B 栋办公楼汇聚交换机（BGB-HJ-VSU）

（1）启用汇聚层设备的 Telnet 功能，便于管理。

Ruijie>enable	// 进入特权模式
Ruijie#configure terminal	// 进入全局模式
Ruijie(config)#hostname BGB-HJ-VSU	// 修改设备名称
BGB-HJ-VSU(config)#username admin password admin	// 配置远程登录
BGB-HJ-VSU(config)#enable password admin	// 配置特权密码
BGB-HJ-VSU(config)#line vty 0 4	// 5 个用户同时登录设备
BGB-HJ-VSU(config-line)#login local	// 配置本地用户登录
BGB-HJ-VSU(config-line)#exit	// 退出

（2）配置汇聚层交换机的 VLAN 及 IP 地址信息。

BGB-HJ-VSU(config)#vlan 21	// 创建 VLAN 21
BGB-HJ-VSU(config-vlan)#name YeWu	// 描述为 YeWu
BGB-HJ-VSU(config-vlan)#exit	// 退出
BGB-HJ-VSU(config)#vlan 22	// 创建 VLAN 22
BGB-HJ-VSU(config-vlan)#name XingZheng	// 描述为 XingZheng
BGB-HJ-VSU(config-vlan)#exit	// 退出
BGB-HJ-VSU(config)#vlan 102	// 创建 VLAN 102
BGB-HJ-VSU(config-vlan)#interface vlan102	// 进入 VLAN 102 端口配置模式
BGB-HJ-VSU(config-vlan 102)#ip address 172.16.102.254 255.255.255.0	// 添加管理地址
BGB-HJ-VSU(config-VLAN 102)#exit	// 退出
BGB-HJ-VSU(config)#interface vlan 21	// 进入 VLAN 11 端口配置模式
BGB-HJ-VSU(config-VLAN 21)#ip address 172.16.21.254　255.255.255.0	// 添加网关地址
BGB-HJ-VSU(config-VLAN 21)#exit	// 退出
BGB-HJ-VSU(config)#interface vlan 22	// 进入 VLAN 12 端口配置模式
BGB-HJ-VSU(config-VLAN 22)#ip address 172.16.22.254 255.255.255.0	// 添加网关地址
BGB-HJ-VSU(config-VLAN 22)#exit	// 退出
BGB-HJ-VSU(config)#interface range gigabitethernet 1/0/21,2/0/21	
BGB-HJ-VSU(config-if-range)#port-group 1	
BGB-HJ-VSU(config-if-range)#exit	
BGB-HJ-VSU(config)#interface aggregateport 1	
BGB-HJ-VSU(config-if-AP 1)#switchport mode trunk	

3. 配置接入层交换机

Ruijie>enable
Ruijie#configure terminal
Ruijie(config)#hostname BGB-JR
BGB-JR(config)#username admin password admin
BGB-JR(config)#enable password admin
BGB-JR(config)#line vty 0 4
BGB-JR(config-line)#login local
BGB-JR(config-line)#exit
BGB-JR(config)#vlan ran 21,22,102
BGB-JR(config-vlan)#int vlan 102
BGB-JR(config-vlan 102)#ip address 172.16.102.1 255.255.255.0

```
BGB-JR(config-vlan 102)#exit
BGB-JR(config)#interface rangeGigabitEthernet 0/1-10
BGB-JR(config-if-range)#switch mode access
BGB-JR(config-if-range)#switchport access vlan 21
BGB-JR(config-if-range)#exit
BGB-JR(config)#interface rangeGigabitEthernet 0/11-20
BGB-JR(config-if-range)#switch mode access
BGB-JR(config-if-range)#switchport access vlan 22
BGB-JR(config-if-range)#exit
BGB-JR(config)#interface range GigabitEthernet 0/23-24
BGB-JR(config-if-range)#port-group 1
BGB-JR(config-if-range)#interface aggregateport 1
BGB-JR(config-if-AP 1)#switchport mode trunk
BGB-JR(config-if-AP 1)#end
```

4．A栋办公楼认证测试

1）聚合端口的验证

在汇聚层交换机 BGA-HJ-5750-01 上长 ping 另一个汇聚层交换机的管理 IP 地址，将两个设备互联线路中的一条线路拔掉，看通信是否中断，如图 5-25 所示。

```
SZA-HJ-5750-1#ping 172.16.101.254 ntimes 1000
Sending 1000, 100-byte ICMP Echos to 172.16.101.254, timeout is 2 seconds:
 < press Ctrl+c to break >
!!!!!!!!!!!!!!!!!!!!!!!!!!!!!!!!!!!!!!!!!!!!!!!!!!!!!!!!!!!!!!!!!!!!!!!!!!!
!!!!!!!!!!!!!!!!!!!!!!!!!!!!!!!!!!!!!!!!!!!!!!!!!!!!!!!!!!!!!!!!!!!!!!!!!!!
!!!!!!!!!!!!!!!!!!!!!!!!!!!!!!!!!!!!!!!!!!!!!!!!!!!!!!!!!!!!!!!!!!!!!!!!!!!
!!!!!!!!!!!!!!!!!!!!!!!!!!!!!!!!!!!!!!!!!!!!!!!!!!!!!!!!!!!!!!!!!!!!!!!!!!!
!!!!!!!!!!!!!!!!!!!!!!!!!!!!!!!!!!!!!!!!!!!!!!!!!!!!!.!!!!!!!!!!!!!!!!!!!!!
!!!!!!!!!!!!!!!!!!!!!!!!!!!!!!!!!!!!!!!!!!!!!!!!!!!!!!!!!!!!!!!!!!!!!!!!!!!
!!!!!!!!!!!!!!!!!!!!!!!!!!!!!!!!!!.!!!!!!!!!!!!!!!!!!!!!!!!!!!!!!!!!!!!!!!!
!!!!!!!!!!!!!!!!!!!!!!!!!!!!!!!!!!!!!!!!!!!!!!!!!!!!!!!!!!!!!!!!!!!!!!!!!!!
!!!!!!!!!!!!!!!!!!!!!!!!!!!!!!!!!!!!!!!!!!!!!!!!!!!!!!!!!!!!!!!!!!!!!!!!!!!
!!!!!!!!!!!!!!!!!!!!!!!!!!!!!!!!!!!!!!!!!!!!!!!!!!!!!!!!!!!!!!!!!!!!!!!!!!!
!!!!!!!!!!!!!!!!!!!!!!!!!!!!!!!!.!!!!!!!!!!!!!!!!!!!!!!!!!!!!!!!!!!!!!!!!!!
!!!!!!!!!!!!!!!!!!!!!!
Success rate is 99 percent (1000/996), round-trip min/avg/max = 1/4/5 ms
SZA-HJ-5750-1#
```

图 5-25　聚合端口的验证

2）查看主交换机的 VRRP 信息

以用户 VLAN 11 的主交换机为例，在主交换机里通过命令 show vrrp brief 查看设备状态，可以发现 VLAN 11 的主交换机是 BGA-HJ-1(Master)，备份交换机是 BGA-HJ-2(Backup)，如图 5-26 所示。

```
SZA-HJ-5750-1#show vrrp brief
Interface  Grp  Pri  timer  Own  Pre  State   Master addr      Group addr
VLAN       11   150  3      -    P    Master  172.16.11.252    172.16.11.2524
VLAN       12   120  3      -    P    Backup  172.16.12.252    172.16.12.2524
```

图 5-26　主交换机 BGA-HJ-5750E-1 的 VRRP 信息

使用用户计算机 ping 网关，并将主交换机 BGA-HJ-1 的电源关掉，观察通信是否长时间中断，如图 5-27 所示。

图 5-27　ping 网关

主交换机未断电前在备份交换机上查看 VRRP 状态，主交换机断电后再查看备份交换机 VRRP 状态，如图 5-28 和图 5-29 所示。

```
SZA-HJ-5750-2#show vrrp brief
Interface    Grp   Pri  timer  Own  Pre  State    Master addr       Group addr
VLAN         11    120  3      -    P    Backup   172.16.11.252     172.16.11.2524
VLAN         12    150  3      -    P    Master   172.16.12.252     172.16.12.2524
```

图 5-28　断电前 BGA-HJ-5750-2 的 VRRP 信息

```
SZA-HJ-5750-2#show vrrp brief
Interface    Grp   Pri  timer  Own  Pre  State    Master addr       Group addr
VLAN         11    120  3      -    P    Master   172.16.11.253     172.16.11.2524
VLAN         12    150  3      -    P    Master   172.16.12.252     172.16.12.2524
```

图 5-29　断电后 BGA-HJ-5750-2 的 VRRP 信息

3）验证 MSTP 可靠性

通过命令 show spanning tree summary 在接入层交换机 BGB-JR 上查看 MSTP 实例状态，如图 5-30 所示。

```
SXA-JR-2628-1#show spanning-tree summary

Spanning tree enabled  protocol  mstp
MST 0 vlans map : 1-11, 13-4096
    Root ID    Priority    4096
               Address    001a.a90e.1a8e
               this bridge is root
               Hello 10 Time  2 sec  Forward Delay 15 sec Max Age 20 sec

    Bridge ID Priority 32768
               Address 001a.a942.ba6c
               Hello 10 Time  2 sec  Forward Delay 15 sec Max Age 20 sec


Interface        Role    Sts   Cost      Prio     Type    OperEdge
-----------      -----   ---   ------    ----     ----    --------
Fa0/24           Altn    BLK   200000    128      P2p     False
Fa0/23           Root    FWD   200000    128      P2p     False
Fa0/1            Desg    FWD   200000    128      P2p     True

MST 10 vlans map : 12
    Root ID    Priority    4096
               Address    001a.a954.ba78
               this bridge is root

    Bridge ID Priority 32768
               Address 001a.a955.aa67

Interface        Role    Sts   Cost      Prio     Type    OperEdge
-----------      -----   ---   ------    ----     ----    --------
Fa0/24           Root    FWD   200000    128      P2p     False
Fa0/23           Altn    BLK   200000    128      P2p     False
Fa0/2            Desg    FWD   200000    128      P2p     True
```

图 5-30　MSTP 信息

将 VLAN 11 的用户接入网络，并 ping 网关，把 VLAN 11 的上连主线路拔掉，结果如图 5-31 所示。

图 5-31　ping 网关

把主线路拔掉后，再次查看接入层交换机 BGB-JR 的 MSTP 状态，如图 5-32 所示。

```
SXA-JR-2628-1#show spanning-tree summary

Spanning tree enabled  protocol  mstp
MST 0 vlans map : 1-11, 13-4096
    Root ID    Priority    4096
               Address  001a.a90e.1a8e
               this bridge is root
               Hello 10 Time  2 sec  Forward Delay 15 sec  Max Age 20 sec

    Bridge ID Priority 32768
               Address 001a.a942.ba6c
               Hello 10 Time  2 sec  Forward Delay 15 sec  Max Age 20 sec

Interface        Role   Sts  Cost     Prio    Type     OperEdge
--------------- ------ ---- -------- ------- -------- --------------
Fa0/24           Root   FWD  200000   128     P2p      False
Fa0/1            Desg   FWD  200000   128     P2p      True
MST 10 vlans map : 12
    Root ID    Priority    4096
               Address  001a.a954.ba78
               this bridge is root

    Bridge ID Priority 32768
               Address 001a.a955.aa67

Interface        Role   Sts  Cost     Prio    Type     OperEdge
--------------- ------ ---- -------- ------- -------- --------------
Fa0/24           Root   FWD  200000   128     P2p      False
Fa0/2            Desg   FWD  200000   128     P2p      True
```

图 5-32　主线路故障后的 MSTP 状态

5. B 栋办公楼认证测试

（1）在主设备 BGB-JR-2628-1 中使用 show switch virtual 命令查看 VSU 组建是否成功，如图 5-33 所示。

```
SXB-JR-2628-1#show switch virtual
Switch_ id    Domain_ id    Priority    Status    Role       Description

1(1)          1(1)          200(200)    OK        ACTIVE
2(2)          1(1)          150(150)    OK        STANDBY
```

图 5-33　VSU 状态信息

（2）在主设备 BGB-JR-2628-1 中使用 show switch virtual dual-active summary 命令查看 VSU 的 BFD 链路，如图 5-34 所示。

```
SXB-JR-2628-1#show switch virtual dual-active summary
BFD dual-active detection enabled: Yes
Aggregateport dual-active detection enabled: NO
Interfaces excluded from shutdown in recovery mode :
In dual-active recovery mode: NO
```

图 5-34　VSU 的 BFD 链路

（3）模拟主设备发生故障，并将 VLAN 21 的用户接入网络，并 ping 网关，VSU 切换过程不会丢包。并使用 show switch virtual 查看主设备 VSU 状态信息，如图 5-35 和图 5-36 所示。

```
SXB-JR-2628-1#show switch virtual
Switch_ id    Domain_ id    Priority    Status    Role       Description
-----------------------------------------------------------------------
2(2)          1(1)          150(150)    OK        ACTIVE
```

图 5-35　故障后新主设备的状态信息

图 5-36　ping 网关

【认证测试】

1. 端口聚合使用的标准是（　　）。

　　A. IEEE 802.3AD　　B. IEEE 802.1D　　C. IEEE 802.3AF　　　D. IEEE 802.11

2. VRRP 完成选举后，哪台设备会定期向其他设备发送 VRRP 报文，证明其还在正常工作（　　）。

　　A. MASTER　　　　B. BACKUP　　　　C. 所有设备都会发　　D. 所有设备都不发

3. MSTP 除了默认的实例 0，最多还可以再创建（　　）个实例。

　　A. 1　　　　　　　B. 2　　　　　　　C. 64　　　　　　　　D. 128

4. 在配置 VSU 时，设备默认的优先级为（　　）。

　　A. 1　　　　　　　B.100　　　　　　　C. 200　　　　　　　D.250

5. BFD 可以和（　　）协议联动。

　　A. TCP　　　　　　B. ARP　　　　　　C. HTTP　　　　　　D. BFD

项目 6　规划、部署企业网中的智能无线

【项目背景】

　　福建锐龙地产有限公司为新开发的楼盘新建了一个专用的售楼中心，该售楼中心仅有 1 层，区域占地面积为 300 平方米。该公司希望在售楼中心搭建高质量的无线网络环境，为前来咨询或购房的客户提供便捷的网络服务，提升客户的体验感。

　　如图 6-1 所示，本次通过实施层次化的设计，采用 Fit AP 模式组网方式，通过 AC 统一管理 AP，并设置统一的无线名称，增强无线网络的传输稳定性及用户连接的便利性。

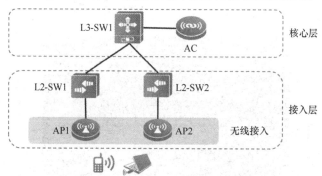

图 6-1　规划中小企业的无线网络部署

【学习目标】

　　1. 在企业网部署 Fat AP，组建无线办公网。
　　2. 在企业网部署 Fit AP，组建智能无线局域网。

【规划技术】

6.1　在企业网部署 Fat AP，组建无线办公网

6.1.1　了解 WLAN 的基础知识

1. WLAN 的基本概念

　　现在社会的活动越来越依赖于计算机以及计算机网络，随着各种移动设备如笔记本电脑、平板笔记本和手机等日益成熟普及，人们希望能够保持计算机网络的连通，但不希望受到线缆的限制，希望能够自由变换这些移动设备的位置。

　　在这种移动办公要求的推动下，无线局域网（Wireless Local Area Network，WLAN）技术应运而生。WLAN 以自由空间的无线电波取代线缆中的电磁波和光缆中的光波进行数据传输，当前广泛使用的是符合 IEEE 802.11 标准的 WLAN。其中，"局域网"定义了网络

的应用范围，它是将小区域内的各种通信设备互联在一起组建的通信网络，是相对于"广域网"而言的，其通信区域可以是一个房间、一个建筑物内，也可以是一个校园或者大至几千平方千米的区域。

2．WLAN 的发展历史

WLAN 的产生与发展与计算机的应用形态密切相关，计算机技术的发展可大致分为三个阶段，即大型机联网阶段、微型机联网阶段和移动计算网络阶段。

最早出现的 WLAN 可以认为是夏威夷大学于 1971 年开发的、基于封包技术的 AlohaNet，采用无线电台替代电缆线是为了克服由于地理环境因素而造成的布线困难。

1979 年，瑞士 IBMRuesehlikon 实验室的 Gfeller 首先提出了 WLAN 的概念，他采用红外线作为传输媒体，用于解决生产车间里的布线困难问题，避免大型机器间的电磁干扰。但是由于传输速率小于 1Mb/s 而没有投入使用。1980 年，加利福尼亚惠普实验室的 Ferrert 开展了一个真正意义上的 WLAN 项目的研究。

随着计算机网络的普及，同时也由于无线技术可以避免复杂的布线，越来越多的厂商意识到将无线技术应用于计算机网络大有可为。所以，无线通信厂商在 1991 年联合成立了 WECA（Wireless Ethernet Compatibility Alliance，无线以太网兼容性联盟），建议制定通用标准，WECA 后来更名为 Wi-Fi 联盟。

此外，IEEE 也是 WLAN 技术的主要标准制定者。

1997 年，IEEE 发布了 WLAN 的 IEEE 802.11 系列标准。

1999 年，IEEE 批准了 IEEE 802.11a（频段为 5GHz，速率为 54Mbps）标准和 IEEE 802.11b（频段为 2.4GHz，速率为 11Mbps）标准。

2003 年 6 月，IEEE 批准了 IEEE 802.11g（频段为 2.4GHz，速率为 54Mbps）标准，由于与 IEEE 802.11b 使用相同的频段，所以，IEEE 802.11g 能够向下兼容 IEEE 802.11b。IEEE 802.11g 由于具有良好的兼容性，同时能提供更高的传输速率，因此，采用 IEEE 802.11g 标准的 WLAN 设备在当前网络中得到了广泛的应用。

2009 年 9 月，IEEE 批准了 IEEE 802.11n 标准，它的目标在于改善先前的两项无线网上标准（包括 IEEE 802.11a 与 IEEE 802.11g）在网络流量上的不足。IEEE 802.11n 标准能将速率提升到 300Mbps～600Mbps，覆盖范围可以达到数千平方米。

2012 年 2 月，IEEE 802.11ac 标准由 IEEE 标准协会制定，通过 5GHz 频带提供高通量的 WLAN，也称为 5G Wi-Fi。理论上，它能够提供最少 1Gbps 带宽进行多站式 WLAN 通信或最少 500Mbps 的单一连线传输带宽。

目前 IEEE 802.11 系列的标准仍在补充当中，其中下一代 Wi-Fi 标准 IEEE 802.11ax 也称为 Wi-Fi 6，是无线技术持续创新所取得的最新成果。这项标准以强大的 IEEE 802.11ac 为基础，进一步提升了效率、灵活性和可扩展性，使新网络和现有网络能够满足下一代应用对速度和容量的更高要求。

3．WLAN 传输技术分类

第一种是高功耗、高速率的传输技术，如 2G、3G、4G、5G 等，这类传输技术适合于 GPS 导航与定位、视频监控等对实时性要求较高的大流量传输应用。

第二种是低功耗、低速率的传输技术，如 Lora、Sigfox、NB-IoT 等，这类传输技术适合于远程设备运行状态的数据传输、工业智能设备及终端的数据传输等。

第三种是高功耗、高速率的近距离传输技术，如 Wi-Fi、蓝牙等，这类传输技术适合于智能家居、可穿戴设备的连接及数据传输。

第四种是低功耗、低速率的近距离传输技术，如 ZigBee，这类传输技术适合局域网设备的灵活组网应用，如热点共享等。

4．WLAN 的相关组织和标准

1）IEEE

电气与电子工程师协会（Institute of Electrical and Electronics Engineers，IEEE）的总部位于美国纽约，是一个国际性的电子技术与信息科学工程师协会，也是目前全球最大的非营利性专业技术学会，其标志如图 6-2 所示。

IEEE 致力于电气、电子、计算机工程和与科学有关的领域的开发和研究，在太空、计算机、电信、生物医学、电力及消费性电子产品等领域已制定了 1300 多个行业标准。其中，自 1997 年以来先后公告了多个与无线相关的协议相关标准，如 IEEE 802.11b、IEEE 802.11a、IEEE 802.11g 等。

2）Wi-Fi 联盟

Wi-Fi 联盟是一个商业联盟，拥有 Wi-Fi 的商标，它负责 Wi-Fi 认证与商标授权的工作，总部位于美国德州奥斯汀。

Wi-Fi 联盟成立于 1999 年，主要目的是在全球范围内推行 Wi-Fi 产品的兼容认证，发展 IEEE 802.11 技术。目前，该联盟成员单位超过 200 家，其中，42%的成员单位来自亚太地区，中国区会员也有 5 个。Wi-Fi 联盟的标志如图 6-3 所示。

图 6-2　IEEE 的标志

图 6-3　Wi-Fi 联盟的标志

3）IETF

国际互联网工程任务组（The Internet Engineering Task Force，IETF）是一个具有公开性质的大型民间国际团体，汇集了与互联网架构和互联网顺利运作相关网络设计者、运营者、投资人和研究人员。该组织于 2009 年 3 月定义了 CAPWAP 协议标准。其标志如图 6-4 所示。

4）WAPI 联盟

成立于 2006 年 3 月 7 日的 WAPI 联盟是国内首家专注于网络安全且最具规模的产业联盟，也是国家首批 A 类产业技术创新战略联盟、国家首批团体标准试点单位，更是国家网络安全防御产业技术基础设施——无线网络安全技术国家工程实验室发起单位。

WAPI 联盟的成员包括三大电信运营商和 ICT 领域骨干企业，WAPI 联盟制定并推广中国无线网络产品国标中的安全机制标准 WAPI，包括无线局域网鉴别（WAI）和保密基础结构（WPI）两部分，其标志如图 6-5 所示。

图 6-4　IETF 的标志

图 6-5　WAPI 联盟的标志

6.1.2　认识 WLAN 组网设备

1．无线终端

支持 IEEE 802.11 的终端设备，如安装无线网卡的计算机、支持 WLAN 的手机、支持 WLAN 的平板电脑等都属于无线终端设备。使用 Wi-Fi 标准的设备有一个明显优势是目前很多计算机和平板电脑都预装了无线网卡，可以直接与其他无线产品或者其他符合 Wi-Fi 标准的设备进行交互。常见的无线终端设备如图 6-6 所示。

图 6-6　常见的无线终端设备

2．无线网卡

无线网卡作为无线网络的接口，可以实现与无线网络的连接，作用类似于有线网络中的以太网网卡。无线网卡根据接口类型的不同，主要分为 3 种类型，即 PCMCIA 无线网卡、PCI 无线网卡和 USB 无线网卡。常见的无线网卡设备如图 6-7 所示。

PCMCIA 无线网卡仅适用于笔记本电脑，支持热插拔，可以非常方便地实现移动式无线接入。PCI 无线网卡适用于台式计算机，安装起来相对复杂些。USB 无线网卡适用于笔记本电脑和台式计算机，支持热插拔，而且安装简单，即插即用。目前 USB 无线网卡得到了大量用户的青睐。

无线网卡的主要功能就是通过无线设

图 6-7　常见的无线网卡设备

备透明地传输数据包，工作在 OSI 参考模型的第 1 层和第 2 层。除了用无线连接取代线缆，这些适配器就像标准的网络适配器那样工作，不需要其他特别的无线网络功能。

3．无线接入点

无线接入点（AP）的作用是提供无线终端的接入功能，类似于以太网中的集线器。当网络中增加一个无线 AP 之后，即可成倍地扩展网络覆盖直径，也可使网络中容纳更多的网络设备。无线 AP 基本上都拥有以太网接口，用于实现与有线网络的连接，从而使无线终端能够访问有线网络或互联网资源。常见的无线 AP 设备如图 6-8 所示。

无线 AP 主要用于宽带家庭、大楼内部以及园区内部，典型距离覆盖为几十米至上百米。大多数无线 AP 还带有接入点客户端模式，可以与其他 AP 进行无线连接，扩大网络的覆盖范围。

图 6-8　常见的无线 AP 设备

单纯性无线 AP 就是一个无线的交换机，仅提供一个无线信号发射的功能。单纯性无线 AP 的工作原理是将网络信号通过双绞线传送过来，经过 AP 产品的编译，将电信号转换为无线电信号发送出去。根据不同的功率，无线 AP 可以实现不同程度、不同范围的网络覆盖，一般无线 AP 的最大覆盖距离可达 300 多米。此外，一些 AP 还具有更高级的功能以实现网络接入控制，如 MAC 地址过滤、DHCP 服务器等。

4．无线接入控制器

无线接入控制器（AC）作为 WLAN 的核心设备，可以完成全网的集中控制和管理，原来由 Fat AP 设备承载的无线认证、漫游切换、动态密钥以及无线安全管理等无线网络管理业务都转移到无线 AC 上来进行。

由无线 AC 负责整个 WLAN 的接入控制、转发、统计、AP 的配置监控、漫游管理、AP 的网管代理、安全控制等全部的无线网络的组网、安全和管理等任务，常见的无线 AC 设备如图 6-9 所示。

图 6-9　常见的无线 AC 设备

6.1.3　掌握 WLAN 的组网模式

WLAN 有两种组网模式，分别是 Ad－hoc 模式（点对点无线网络）和 Infrastructure 模式（集中控制式网络）。

1．Ad－hoc 模式

Ad－hoc 模式也称为点对点无线网络，是一种点对点的对等式移动网络，如图 6-10 所示。点对点网络没有有线基础设施的支持，网络中的节点均由移动主机构成。网络中不存在无线 AP，通过多张无线网卡自由地组网实现通信。

2．Infrastructure 模式

Infrastructure 模式也称为集中控制式网络，是一种整合有线与 WLAN 架构的应用模式，如图 6-11 所示。

在这种模式中，无线网卡与无线 AP 进行无线连接，再通过无线 AP 与有线网络建立连接。实际上 Infrastructure 模式还可以分为两种模式：一种是无线路由器和无线网卡建立连接的模式；另一种是无线 AP 和无线网卡建立连接的模式。

图 6-10　Ad－hoc 模式　　　　　　　图 6-11　Infrastructure 模式

3．了解 Fat AP 组网模式

Fat AP 组网模式是传统的 WLAN 组网方案，如图 6-12 所示。其中，Fat AP 本身承担了认证终结、漫游切换、动态密钥产生等复杂功能。每台 Fat AP 独立配置其信道和功率，安装简便。

但是，如果随着网络规模扩大，安装在网络中的 Fat AP 设备的数量增加，将会给网络管理、维护及升级带来较大的困难。因此，使用 Fat AP 组网模式较难扩展到大型、连续、协调的 WLAN 和增加高级应用。

4．了解 Fit AP 组网模式

在大型 WLAN 组网方案中，大规模地应用 Fit AP 组网模式对设备进行多区域、多网点无线覆盖，如图 6-13 所示。

与 Fat AP 组网模式不同的是，Fit AP 组网模式中的设备只具有无线射频信号接入功能，必须通过无线 AC 集中开展无线管理和控制。

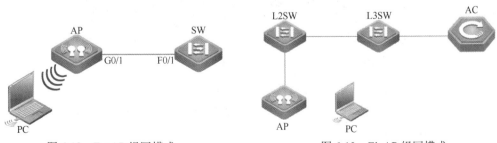

图 6-12　Fat AP 组网模式　　　　　　　图 6-13　Fit AP 组网模式

5. 了解 Fat AP 组网模式与 Fit AP 组网模式的主要区别

Fat AP 组网模式与 Fit AP 组网模式的设备工作在不同的无线网络场景中，其主要区别如表 6-1 所示。

表 6-1　Fat AP 组网模式和 Fit AP 组网模式的区别

属　　性	Fat AP 组网模式	Fit AP 组网模式
技术模式	传统	新型，管理加强
安全性	单点安全，无整网统一安全能力	统一的安全防护体系，无线入侵检测
网络管理能力	单台管理	统一管理
配置能力	每个 AP 需要单独配置，管理复杂	配置统一下发，AP 零配置
自动 RF 调节	没有 RF 自动调节能力	自动优化无线网络配置
漫游功能	支持 2 层漫游，适合小规模组网	支持 2 层、3 层快速漫游，适合大规模组网
可扩展性	无扩展能力	方便扩展，对于新增 AP 无须任何配置管理
高级功能	对于基于 Wi-Fi 的高级功能，如安全、语音等支持能力很差	针对用户提供安全、语音、位置业务、基于用户的业务、安全、服务质量控制等

6. 掌握 WLAN 的射频与信道

WLAN 与日常生活中的无线广播、无线电视、手机通信一样，都是用射频作为载体。

射频是频率介于 3Hz～300GHz 之间的电磁波，也称为射频电波或射电。人们为这段电磁波又定义了无线频谱，按照频率范围划分为极低频、超低频、中频、高频、超高频等。

WLAN 使用的 2.4GHz 频段和 5GHz 频段属于 ISM 频段，如图 6-14 所示。ISM 频段主要开放给工业、科学、医疗三个机构使用，只要设备的功率符合限制，不需要申请许可证即可使用这些频段，大大方便了 WLAN 的应用和推广。

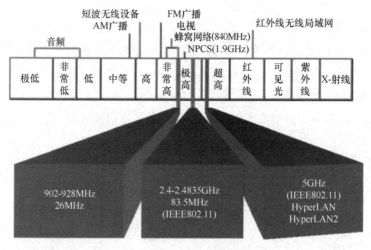

图 6-14　ISM 频段

WLAN 的信道具有一定频宽的射频，就像公路要有一定的宽度一样，以便可以承载要传输的信息。在 WLAN 标准协议里将 2.4GHz 频段划分出 14 条信道，如图 6-15 所示，但第 14 信道一般不用。在实际使用中，并不是所有信道都能被用来通信。因为，相互交叠的信道相邻的多条信道存在频率重叠，将会影响无线通信。

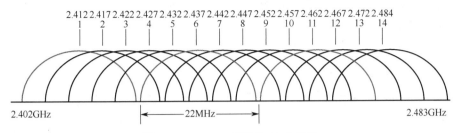

图 6-15　2.4GHz 频段的 14 个信道

6.1.4　在企业网中部署 Fat AP 组建无线办公网

WLAN 中的 Fat AP 设备功能强大、独立性强、具备自治能力，因此，Fat AP 架构又被称为自治式网络架构。该架构不需要介入专门的管控设备，由 AP 独自就可以完成无线用户的接入、业务数据的加密和业务数据报文的转发等功能，适用于小范围无线办公网络方案部署，如图 6-16 所示。

Fat AP 不仅可以发射射频提供无线信号供无线终端接入，还将 WLAN 的物理层、用户数据加密、用户认证、QoS、网络管理、漫游技术以及其他应用层的功能集于一身。因此，在企业网中部署 Fat AP 设备，组建无线办公网时，相关无线功能的部署均在无线 AP 上实现。

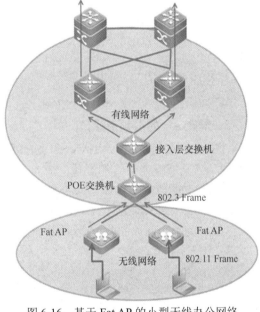

图 6-16　基于 Fat AP 的小型无线办公网络

1. 配置 Fat AP 模式

Fat AP 模式需要在全局配置模式下，输入命令 ap-mode fat 进行配置。并且，由于切换 AP 模式后，设备会重启。因此，需要将配置进行保存。

使用如下命令完成配置。

```
AP>enable                    //  进入特权模式
AP#configure terminal        //  进入全局配置模式
AP(config)#ap-mode fat       //  修改成 Fat AP 模式
AP(config)#end               //  退出到特权模式
```

2. 配置 AP 的 IP 地址

AP 的 IP 地址需要在指定 BVI 桥接的接口上进行配置，配置 Fat AP 设备的 IP 地址的命令如下。

```
AP(config)#interface bvi num AP(config-bvi)#ip address {ip-address network-mask | dynamic}
```

其中，各参数的含义如下。

（1）num：AP 端 BVI 口的端口号。

（2）ip-address：32 位的 IP 地址，8 位一组，以十进制方式表示，组之间用点隔开。

（3）network-mask：32 个比特位网络掩码，"1"表示掩码位，"0"表示主机位。每 8 位一组，以十进制方式表示，组之间用点隔开。

（4）dynamic：采用动态获取 IP 地址的方式，配置 AP 端 BVI 口的 IP 地址和 mask 掩码。

3. 配置用户网络的 DHCP 地址池

当 AP 的模式为 Fat 模式时，用户网络的 DHCP 地址池需要在 Fat AP 设备上进行配置。在 Fat AP 设备上配置用户网络的 DHCP 地址池的命令如下。

```
AP(config)#service dhcp                                // 开启 DHCP 服务，默认为不启用
AP(config)#ip dhcp pool pool-name                      // 配置地址池名称
AP(dhcp-config)#network network-number net-mask
    // 配置地址池的 IP 地址网络号以及其掩码
AP(dhcp-config)#dns-server ipv4-address               // 配置分配给客户端的 DNS 地址
AP(dhcp-config)#default-router ip-address             // 配置分配给客户端的网关地址
```

4. 配置无线网络的 SSID

配置 Fat AP 设备的 WLAN 的 SSID，需要先创建 WLAN。在 AP 上配置无线网络的 SSID 的命令如下。

```
AP(config)#dot11 wlan wlan-id                          // 创建 WLAN
AP(dot11-wlan-config)# ssid ssid-string               // 配置 SSID 名称
```

5. 配置 AP 的射频卡接口

完成 Fat AP 设备的 WLAN 的 SSID 配置后，需要将 SSID 与无线 AP 的射频卡接口进行关联，才能够使得最终的配置生效。

配置 AP 的射频卡接口的命令如下。

```
AP(config)#interface dot11radio 1/0                    // 进入射频卡 1/0，2.4GHz 频段
AP(config-subif)#encapsulation dot1Q vlan-id
    // 必须封装 VLAN，并且此 VLAN 要和以太网物理接口一致
AP(config-if-Dot11radio 1/0)#wlan-id wlan-id          // SSID 和射频卡进行关联
AP(config)#interface dot11radio 2/0                    // 进入射频卡 2/0，5.8GHz 频段
AP(config-subif)#encapsulation dot1Q vlan-id          // 接口封装对应 VLAN
AP(config-if-Dot11radio 2/0)#wlan-id wlan-id          // SSID 和射频卡进行关联
```

6. 配置 AP 安全

在网络建设中为了保障 WLAN 的安全，通常还需要对 WLAN 启用 AES 加密、隐藏 SSID 以及设置无线黑白名单，以防止非法无线终端访问内部网络，从而造成信息泄露。

配置 AP 的安全的命令如下。

```
AP(config)#wlansec wlan-id                                      // 进入指定 WLAN 的安全配置模式
AP(config-wlansec)#security rsn enable                          // 开启无线加密功能
AP(config-wlansec)#security rsn ciphers aes enable              // 无线启用 AES 加密
AP(config-wlansec)#security rsn akm psk enable                  // 无线启用共享密钥认证方式
AP(config-wlansec)#security rsn akm psk set-key ascii password  // 配置无线密码
AP(config-wlansec)#exit
AP(config)#dot11 wlan wlan-id                                   // 进入指定 WLAN
AP(dot11-wlan-config)#no broadcast-ssid                         // 隐藏 SSID
```

```
AP(dot11-wlan-config)#exit
AP(config)#wids                              // 进入 WIDS 模式
AP(config-wids)#whitelist mac-address H.H.H
                     // 允许接入无线网络设备的 MAC 地址，H.H.H 为 MAC 地址
AP(config-wids)# static-blacklist mac-address H.H.H
                     // 禁止接入无线网络的 MAC 地址，H.H.H 为 MAC 地址
```

6.2　在企业网部署 Fit AP，组建智能无线局域网

6.2.1　了解 WLAN 隧道技术

1. CAPWAP 协议

CAPWAP 协议是无线接入点的控制和配置协议，是 WLAN 中最重要的技术之一。在 Fit AP 组网模式下，由于 AP 不能单独工作，需要与 AC 配合使用，因此，AP 和 AC 之间需要一个通信协议，可以让它们进行互联通信。CAPWAP 协议用于 AC 对其所关联的 AP 进行集中管理和控制，为 AP 和 AC 之间的互通提供了一个通用封装和传输机制。因此，CAPWAP 技术又被称为 WLAN 隧道技术。

CAPWAP 协议基于三层网络传输，其报文封装成 UDP 报文在 IP 网络中进行传输。CAPWAP 隧道由无线 AC 接口的 IP 地址和无线终端的 IP 地址（即对应 AC 的 loopback0 地址以及 AP 的 IP 地址）来维护，并且其建立运行的前提是，AC 的 Loopback0 地址与 AP 的 IP 地址之间路由可达。

CAPWAP 协议主要具备以下几个功能：① AP 对 AC 的自动发现；② AP 和 AC 的状态机运行和维护；③ AC 对 AP 进行管理、业务配置下发；④STA 数据封装 CAPWAP 隧道进行转发。

2. 了解 CAPWAP 协议与 IEEE 802.11 协议区别

CAPWAP 协议和 IEEE 802.11 协议经常被混淆，从全局角度来看，IEEE 802.11 协议用来解决 STA 和 AP 之间的通信，而 CAPWAP 协议用来解决 AP 与 AC 之间的通信，如图 6-17 所示。

图 6-17　CAPWAP 协议和 IEEE 802.11 协议区别

3. CAPWAP 协议报文介绍

CAPWAP 协议有两种类型的报文：CAPWAP 控制报文和 CAPWAP 数据报文。其中，CAPWAP 控制报文主要携带的是信息要素，用于 AC 对于 AP 工作参数的配置和 CAPWAP 隧道的维护；CAPWAP 数据报文主要携带终端发送的数据报文，用于传输终端的上层数据。CAPWAP 控制报文和 CAPWAP 数据报文分别传输在不同的 UDP 端口，CAPWAP 控制报文使用端口 5246，CAPWAP 数据报文使用端口 5247。

1）CAPWAP 控制报文

CAPWAP 控制报文根据是否受到数据包传输层安全性协议技术（DTLS）保护进行分类。不受 DTLS 保护的 CAPWAP 控制报文由 CAPWAP 前导、CAPWAP 首部、控制首部、信息要素组成，如图 6-18 所示。

| IP首部 | UDP首部 | CAPWAP前导 | CAPWAP首部 | 控制首部 | 信息要素 |

图 6-18　不受 DTLS 保护的 CAPWAP 控制报文格式

受 DTLS 保护的 CAPWAP 控制报文由 CAPWAP 前导、DTLS 首部、CAPWAP 首部、控制首部、信息要素、DTLS 尾部组成，如图 6-19 所示。是否受 DTLS 保护是 CAPWAP 控制报文的可选项，DTLS 用于对 CAPWAP 控制报文进行加密和验证，提高 CAPWAP 控制报文的安全性。

| IP首部 | UDP首部 | CAPWAP前导 | DTLS首部 | CAPWAP首部 | 控制首部 | 信息要素 | DTLS尾部 |

图 6-19　受 DTLS 保护的 CAPWAP 控制报文格式

2）CAPWAP 数据报文

不受 DTLS 保护的 CAPWAP 数据报文由 CAPWAP 前导、CAPWAP 首部、数据报文组成，如图 6-20 所示。

| IP首部 | UDP首部 | CAPWAP前导 | CAPWAP首部 | 数据报文 |

图 6-20　不受 DTLS 保护的 CAPWAP 数据报文格式

受 DTLS 保护的 CAPWAP 数据报文由 CAPWAP 前导、DTLS 首部、CAPWAP 首部、数据报文、DTLS 尾部组成，如图 6-21 所示。

| IP首部 | UDP首部 | CAPWAP前导 | DTLS首部 | CAPWAP首部 | 数据报文 | DTLS尾部 |

图 6-21　受 DTLS 保护的 CAPWAP 数据报文格式

4. 了解 CAPWAP 隧道建立过程

如图 6-22 所示，在 WLAN 中建立 CAPWAP 隧道包含 6 个过程。

（1）AP 通过 DNS、DHCP、静态配置 IP 地址、广播等方式获取 AC 的 IP 地址。

（2）AP 发现 AC。

（3）AP 请求加入 AC。

（4）AP 配置下发。

（5）AP 配置确认。

（6）通过 CAPWAP 隧道转发数据。

CAPWAP 隧道建立过程中报文交互和状态机变化如图 6-22 所示，具体建立过程如下所述。

（1）AP 通过 DNS、DHCP、静态配置 IP 地址、广播等方式获取 AC 的 IP 地址。

首先，无线 AP 启动后状态机处于 Idle 状态，AP 通过多种途径（IPv4 单播、IPv4 广播、IPv4 组播、IPv6 组播），采用明文发送 Discovery Request 报文，用于发现网络中可用的 AC，并提供自己的基本信息给 AC。

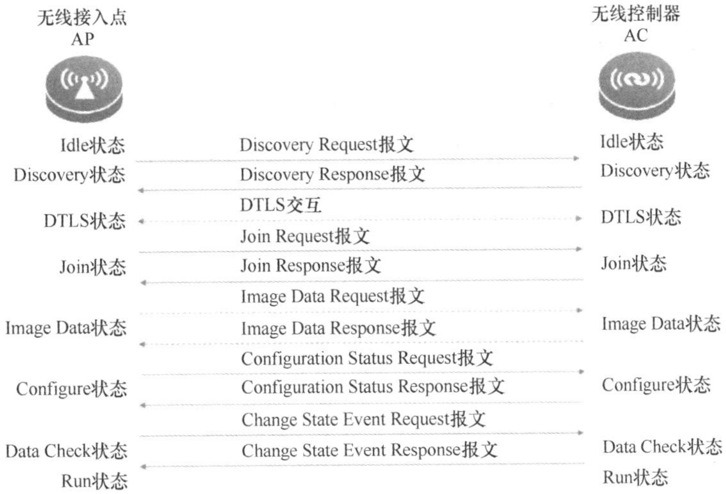

图 6-22　CAPWAP 隧道建立过程中报文交互和状态机变化

（2）AP 发现 AC。

AC 收到 Discovery Request 报文后，使用 Discovery Response 报文回应，将自己支持服务告诉给请求 AP。由于此时 DTLS 隧道还未建立，所以 Discovery Request 报文和 Discovery Response 报文需要使用明文交互。接下来，AP 和 AC 进行 DTLS 验证，建立 DTLS 加密隧道，隧道建立成功后，之后交互的 CAPWAP 控制报文，全部通过 DTLS 隧道加密保护，是否受 DTLS 保护是可选的。一旦 DTLS 隧道建立后，AP 就发出 Join Request 报文，申请加入 AC。

（3）AP 请求加入 AC。

AC 收到 Join Request 报文，并回应 Join Response 报文，答复 AP 是否同意 AP 加入。其中，Join Response 报文中包括 Image Identifier 消息要素，指出 AC 要求 AP 运行的软件版本。

（4）AP 配置下发。

AP 收到 Join Response 报文后，对比当前使用版本和 AC 要求的版本是否一致。若版本一致，状态机进入 Configure 状态。若版本不一致，状态机进入 Image Data 状态。其中，AP 与 AC 交互 Image Data Request 报文和 Image Data Response 报文，进行版本传输并升级。

AP 完成升级后，AP 进行重启，重新与 AC 进行 CAPWAP 隧道建立。AP 状态机变为 Configure 状态后，AP 发出 Configuration Status Request 报文，用于向 AC 请求配置文件下发，AC 收到 Configuration Status Request 报文后，回应 Configuration Status Response 报文，通知 AP 按要求进行配置。

（5）AP 配置确认。

AC 发送的 Configuration Status Response 报文下发配置后，还需要确认配置是否在 AP 上执行成功。AP 收到 Configuration Status Response 报文后，状态机进入 Data Check 状态，并发送 Change State Event Request 报文，报告配置执行情况。

（6）通过 CAPWAP 隧道转发数据。

AC 收到 Change State Event Request 报文后，回应 Change State Event Response 报文，状态机变为 Run 状态。

至此，AP 与 AC 的 CAPWAP 隧道建立成功。后续，AP 通过 CAPWAP 隧道转发数据。

6.2.2　在企业网中部署 Fit AP 组建无线企业网

在企业网中，为了满足所有办公场所内用户的无线需求，工程师都会部署较多的 AP 点位。但是随之带来问题是 AP 数量太多，从而无法对其进行高效管理。因此，在该场景中，使用"Fit AP+AC"组网模式的 WLAN 无线解决方案进行智能 WLAN 的规划，将很好地解决该问题，如图 6-23 所示。

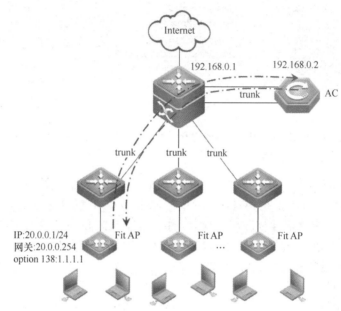

图 6-23　Fit AP+AC 模式

在该方案中，所有的 AP 都将配置为 Fit AP 模式，每台 Fit AP 设备只负责射频的通信工作，其作用就是一个基于硬件的射频底层传感设备，而 Fit AP 设备的管理统一由无线 AC 进行集中配置。

1．确认 AC 和 AP 的软件版本

分别在 AC 和 Fit AP 设备上，使用 show verison 命令确认各自的软件版本。只有 AC 和 Fit AP 是同一个软件版本才能够部署"Fit AP+AC"组网模式。

2．配置 AP 的 Fit 模式

AP>enable	// 进入特权模式
AP#configure terminal	// 进入全局配置模式
AP(config)#ap-mode fit	// 修改成 Fit 模式
AP(config)#end	// 退出到特权模式

AP 的 Fit 模式需要在全局配置模式下，输入命令 ap-mode fit 进行设置，并保存该设置。

3．配置 WLAN 的 SSID

WLAN 的 SSID 信息需要在 WLAN 配置模式下，通过 SSID 来配置。并且，一个 SSID 可以对应多个 WLAN，但一个 WLAN 不能同时关联多个 SSID。

配置 WLAN 的 SSID 的命令如下。

AC(config)# wlan-config wlan-id [profile-string] [ssid-string]

其中，各参数的含义如下。

（1）wlan-id：需要创建的 WLAN 的 ID，取值范围为 1～4094。创建完一个 WLAN 后，cli 会自动进入该 WLAN 的配置模式。

（2）profile-string：当前 WLAN 的描述符，可以省略，最大长度为 32 个字符。

（3）ssid-string：当前 WLAN 对应的 SSID 字符串，最大长度为 32 个字符。

4．创建 AP 组

所有加入 AC 的 Fit AP 设备都会属于且仅属于某个特定的 AP 组，新加入的 Fit AP 都属于默认 AP 组。ap-group 命令可以用来创建新的 AP 组或者进入一个 AP 组的配置模式。如果需要创建 AP 组，则在创建后会进入该 AP 组的配置模式。AP 组的创建命令如下。

AC(config)#ap-group　ap-group　name

5．配置 wlan-config 与用户 VLAN 关联

在 Fit AP 配置模式下，命令 interface-mapping 将 wlan-vlan 或者 wlan-vlan-groupmapping 映射到 Fit AP 组内的所有 AP 的 radio 上。通过该映射可以将 VLAN 的相关配置信息，应用到指定的 radio 上。

配置 wlan-config 和用户 VLAN 关联的命令如下。

interface-mapping wlan-id [vlan-id | group vlan-group-id] [radio {radio-id | [802.11b|802.11a] }] [ap-wlan-id ap-wlan-id]

其中，各参数的含义如下。

（1）wlan-id：要被映射的 WLAN 的 ID，该 WLAN 必须已经创建，取值范围为 1～4094。

（2）vlan-id：要被映射的 VLAN 的 ID，取值范围为 1～4094。

（3）vlan-group-id：要被映射的 vlan-group 的 ID，取值范围为 1～128。

（4）radio-id：要应用指定映射的 AP 的 radio，取值范围为预留标准定义的 1～96。若不指定 radio-id 参数，则该映射会被应用到该 AP 组内的所有 AP 的所有 radio 上。

（5）802.11b：该映射会被应用到该 AP 组内的所有 AP 的 2.4GHz 的 radio 上。

（6）802.11a：该映射会被应用到该 AP 组内的所有 AP 的 5.8Hz 的 radio 上。

（7）ap-wlan-id：指定 interface-mapping 中 wlan-id 在 AP 上使用的 wlan-id，取值范围为 1～64。若不指定 ap-wlan-id 参数，则该映射会自动选择空闲的一个 ap-wlan-id 来使用。

6．把 AC 上的配置分配到 Fit AP 上

把 AC 上的配置分配到 Fit AP 上的命令如下。

AC(config)#ap-config ap-name

该命令可以创建 Fit AP 配置，或者进入 Fit AP 配置模式把 Fit AP 组的配置关联到 Fit AP 上，其中，ap-name 为某个 Fit AP 的名称时，表示只在该 Fit AP 下应用 ap-group。第一次部署时，默认 ap-name 实际是 Fit AP 的 MAC 地址。

7．配置 AP 加入指定的组

使用如下命令配置 AP 加入指定的组。

```
AC(config)#ap-config ap-name
AC(config-ap-config)# ap-group
```

8. 配置指定 AP 的 radio 信道

在 Fit AP 配置模式下可以调整 AP 的 radio 信道。默认情况下，由 RRM 自动调整信道。配置指定 AP 的 radio 信道的命令如下。

```
AC(config)#ap-config ap-name
AC(config-ap-config)# channel { global | channel-id } radio { radio-id | 802.11b | 802.11a }
```

其中，各参数的含义如下。

（1）global：配置指定 AP 的 radio 由 RRM 自动调整信道。

（2）channel-id：AP 的 radio 的工作信道。

（3）radio-id：要配置的 radio 的 id，范围为 1～96 。

（4）802.11b：对所有 2.4GHz 的 radio 进行配置。

（5）802.11a：对所有 5.8GHz 的 radio 进行配置。

6.2.3　区分智能无线的转发模式

1. 了解智能无线的集中转发模式

如图 6-24 所示，在集中转发模式下 Fit AP 和 AC 之间单独建立一条隧道传输数据业务，无线终端的业务数据到达 Fit AP 后，会由 Fit AP 封装数据，封装后的数据通过 Fit AP 和 AC 间的数据隧道被转发到 AC。通过 AC 解封装后，再发到网关，所以 AC 的负荷比较大。

集中转发模式中所有的数据包都要走隧道，所以对链路的带宽要求较高，并且对 AC 接口的带宽要求也较高。集中转发模式中的数据包要封装到隧道里再转发走，对 AC 的 CPU 消耗比本地转发更大。由于对带宽要求较高，所以集中转发模式中 AC 可管理的 AP 数量也会受到一定限制。这样对于规模较大的网络或者有备份要求的项目会增加成本。

此外，当隧道转发出现不通或者丢包现象时，查找网络故障难度比本地转发高。集中转发模式的优点是对于网络的改动较小。

2. 了解智能无线中的本地转发模式

如图 6-25 所示，本地转发模式利用 Fit AP 设备的本地转发方式进行大规模组网，可以完全代替目前主要采用的集中转发模式。其中，无线网络终端的业务数据到达 Fit AP 设备后，不会被 Fit AP 设备进行封装，会直接到达自己的网关，再由网关对数据进行转发。

在本地转发模式下，网管、安全、认证、漫游、QoS、负载均衡、流控、二层隔离等功能还是由 AC 统一控制，再由 Fit AP 设备具体实施。

本地转发模式的优势主要体现在，将业务数据转发任务分散到 Fit AP 设备，降低 AC 压力，轻松应对带宽挑战，彻底解决 AC 瓶颈问题，可以提高网络整体吞吐率。

3. 对比集中转发模式与本地转发模式性能

集中转发模式与本地转发模式的性能对比如表 6-2 所示。

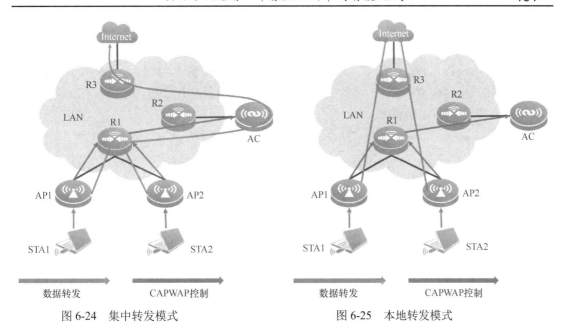

図 6-24　集中转发模式　　　　　　　　图 6-25　本地转发模式

表 6-2　集中转发模式与本地转发模式的性能对比

性能比较	集中转发模式	本地转发模式
数据延时	数据到达 ISP 要先到达 AC，再由 AC 上行，延时更大	数据到达 ISP 的跳数更少，延时更小
转发性能	转发性能取决于 AC，易在 AC 处形成瓶颈，性能偏低	转发性能取决于用户网络，不易形成瓶颈，转发性能更高
设备处理	对 AC 转发能力是挑战	大多数情况下 AC 不做数据转发，减少转发的瓶颈与压力
设备要求	对 AC 和 AP 的性能要求较高	对 AC 和 AP 的性能要求较低
转发性能综合对比	相对较低	相对较高

【规划实践】

【规划任务】

福建锐龙地产有限公司需要在售楼中心部署智能无线网络，为客户提供高质量无线服务。其中，用户无线网络使用的子网地址为 192.168.10.0/24，默认网关为三层交换机的 SVI10 接口地址，DNS 地址为 8.8.8.8。Fit AP 设备与 AC 间管理网络使用的子网地址为 192.168.20.0/24，默认网关为三层交换机的 SVI20 接口地址。交换机间管理网络使用的子网地址为 192.168.30.0/24，默认网关为三层交换机的 SVI30 接口地址。三层交换机与 AC 间的互联使用的子网地址为 192.168.1.0/24，AC 上的 CAPWAP 隧道使用 Loopback0 接口，地址设置为 1.1.1.1/32。整个售楼中心无线网络使用统一的 SSID 为 RLDC，所有 Fit AP 设备所属 AP-GROUP 名称为 RLDC，项目中使用的 Fit AP 设备的 MAC 地址分别为 5386.7c2e.d741（AP1）和 5386.7c2e.d742（AP2）。

【规划网络拓扑结构】

智能无线网络拓扑结构如图 6-26 所示，在企业网中部署"Fit AP+AC"组网模式的无线解决方案，由 AC 对 Fit AP 设备进行统一的管理与配置，并且通过无线与有线网络的配合，最终完成整体项目的部署。

【设备清单】

三层交换机（1 台）；二层交换机（2 台）；无线 AC（1 台）；无线 AP（2 台）；测试计算机（若干）。

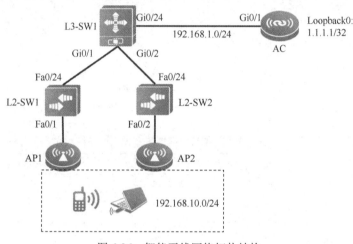

图 6-26　智能无线网络拓扑结构

【实施步骤】

1. 在核心层交换机上配置主机名以及远程管理功能

```
Switch#configure terminal
Switch(config)#hostnameL3-SW1
L3-SW1(config)#username admin password rldc@123
L3-SW1(config)#line vty 04
L3-SW1(config-line)#login local
L3-SW1(config-line)#exit
```

2. 创建管理 VLAN

在核心层交换机 L3-SW1 上创建所需的 VLAN，包括无线用户 VLAN（VLAN 10）、AP 管理 VLAN（VLAN 20）、交换机管理 VLAN（VLAN 30）、核心层交换机与 AC 互联 VLAN（VLAN 4000）。

```
L3-SW1(config)#VLAN 10
L3-SW1(config-vlan)#name User-Wi-Fi
L3-SW1(config-vlan)#exit
L3-SW1(config)#VLAN 20
L3-SW1(config-vlan)#name AP-Manage
```

```
L3-SW1(config-vlan)#exit
L3-SW1(config)#VLAN 30
L3-SW1(config-vlan)#name SW-Manage
L3-SW1(config-vlan)#exit
L3-SW1(config)#VLAN 4000
L3-SW1(config-vlan)#name SW-TO-AC
L3-SW1(config-vlan)#exit
L3-SW1(config)#show vlan
```

3．在核心层交换机上配置核心层交换机的相关接口及接口地址

```
L3-SW1(config)#interface GigabitEthernet0/1
L3-SW1(config-int-GigabitEthernet0/1)#switchport mode trunk
L3-SW1(config-int-GigabitEthernet0/1)#exit
L3-SW1(config)#interface GigabitEthernet0/2
L3-SW1(config-int-GigabitEthernet0/2)#switchport mode trunk
L3-SW1(config-int-GigabitEthernet0/2)#exit
L3-SW1(config)#interface GigabitEthernet0/24
L3-SW1(config-int-GigabitEthernet0/24)#switchport mode trunk
L3-SW1(config-int-GigabitEthernet0/24)#exit
L3-SW1(config)#interface vlan 10
L3-SW1(config-int-vlan)#ip address 192.168.10.254255.255.255.0
L3-SW1(config)#interface vlan 20
L3-SW1(config-int-vlan)#ip address 192.168.20.1255.255.255.0
L3-SW1(config)#interface vlan 30
L3-SW1(config-int-vlan)#ip address 192.168.30.1255.255.255.0
L3-SW1(config)#interfac evlan 4000
L3-SW1(config-int-vlan)#ip address 192.168.1.1255.255.255.0
```

4．在核心层交换机上配置 AP 的 DHCP 参数

```
L3-SW1(config)#service dhcp
L3-SW1(config)#ip dhcp pool ap_pool
L3-SW1(config-dhcp)#option 138 ip 1.1.1.1
L3-SW1(config-dhcp)#network 192.168.20.0 255.255.255.0
L3-SW1(config-dhcp)#default-route 192.168.20.1
L3-SW1(config-dhcp)#exit
```

5．在核心层交换机上配置无线用户的 DHCP 参数

```
L3-SW1(config)#ip dhcp pool user_Wi-Fi
L3-SW1(config-dhcp)#network 192.168.10.0 255.255.255.0
L3-SW1(config-dhcp)#default-route 192.168.10.254
L3-SW1(config-dhcp)#dns-server 8.8.8.8
L3-SW1(config-dhcp)#exit
```

6．在核心层交换机上配置静态路由，指明到达 AC 的 Loopback 0 路径

```
L3-SW1(config)#ip route 1.1.1.1 255.255.255.255 192.168.1.2
```

```
L3-SW1(config)#exit
L3-SW1#write
```

7. 在接入层交换机 L2-SW1 和 L2-SW2 上分别完成基础配置，包括主机名、远程登录以及端口模式

```
Ruijie>enable
Ruijie#configure terminal
Ruijie(config)#hostname L2-SW1
L2-SW1(config)#username admin password rldc@123
L2-SW1(config)#enable password rldc@123
L2-SW1(config)#line vty 0 4
L2-SW1(config-line)#login local
L2-SW1(config-line)#exit
L2-SW1(config)#vlan 20
L2-SW1(config-vlan)#exit
L2-SW1(config)#interface fastEthernet 0/1
L2-SW1(config-int-fastEthernet 0/1)#switchport access vlan 20
L2-SW1(config-int-fastEthernet 0/1)#exit
L2-SW1(config)#interface fastEthernet 0/24
L2-SW1(config-int-fastEthernet 0/24)#switchport mode trunk
L2-SW1(config-int-fastEthernet 0/24)#end
```

8. 完成无线 AC 的基础配置

```
Ruijie#configure terminal
Ruijie(config)#hostname AC
AC(config)#username admin password ZhongRui
AC(config)#enable password ZhongRui
AC(config)#line vty 0 4
AC(config-line)#login local
AC(config-line)#exit
AC(config)#interface loopback 0
AC(config-if)#ip add 1.1.1.1 255.255.255.255
AC(config-if)#exit
```

9. 在无线 AC 上配置端口模式及相关 VLAN

```
AC(config)# VLAN 4000
AC(config-vlan)#name AC_to_SW
AC(config-vlan)#exit
AC(config)# interface VLAN 4000
AC(config-if-VLAN4000)#description AC_to_SW
AC(config-if-VLAN4000)#ip address 192.168.1.2 255.255.255.0
AC(config-if-VLAN4000)#exit
```

10. 在无线 AC 上配置 SSID

```
AC(config)# wlan-config 1 Rldc
```

AC(config-wlan)#exit

11．在无线 AC 上配置用户 VLAN ID 和 WLAN ID 的映射

AC(config)#ap-group RLDC

AC(config-ap-group)#interface-mapping 1 10

AC(config-ap-group)#exit

12．在无线 AC 上配置 AP1 相关参数

AC(config)#ap-config 5386.7c2e.d741

AC(config-ap-config)#ap-name AP1

AC(config-ap-config)#ap-group RLDC

AC(config-ap-config)#channel 1 radio 1

AC(config-ap-config)#channel 149 radio 2

AC(config-ap-config)#exit

13．在无线 AC 上配置 AP2 相关参数

AC(config)#ap-config 5386.7c2e.d742

AC(config-ap-config)#ap-name AP2

AC(config-ap-config)#ap-group RLDC

AC(config-ap-config)#channel 1 radio 1

AC(config-ap-config)#channel 149 radio 2

AC(config-ap-config)#exit

14．在无线 AC 上配置路由与 AC 接口地址

AC(config)#ip route 0.0.0.0 0.0.0.0 192.168.1.1

AC(config)#interface GigabitEthernet 0/1

AC(config-int-GigabitEthernet 0/1)#switchport mode trunk

AC(config-int-GigabitEthernet 0/1)#end

AC#write

【认证测试】

1．无线 AC 与 AP 采用 CAPWAP 隧道建立连接，其中 CAPWAP 隧道封装于（　　）协议中。

　　A．TCP　　　　　　B．UDP　　　　　　C．GRE　　　　　　D．IPSEC

2．下列无线网络技术标准中没有工作在 2.4GHz 频段的是（　　）。

　　A．IEEE 802.11a　　B．IEEE 802.11b　　C．IEEE 802.11g　　D．IEEE 802.11n

3．下列关于 Fit AP+AC 组网集中转发的特点，正确的是（　　）。

　　A．上行报文：AP 接收用户的数据报文之后，直接在本地转发到用户的网关，而不通过 CAPWAP 隧道送到 AC

　　B．用户报文不经过 AC，直接在 AP 侧进行转发

　　C．上行报文：AP 接收到用户的数据报文之后，通过 CAPWAP 隧道传输到 AC，再由 AC 进行转发

　　D．下行报文：CMNET 下行给用户的数据报文先发到用户的网关（交换机等），然

后网关转发给接入交换机，最后通过 AP 把用户数据报文转换为以太网报文传
给用户

4. 下列关于本地转发原理，说法错误的是（   ）。

     A．AP 与 AC 之间建立 CAPWAP 数据隧道传输无线用户数据帧，所有的用户数据
均由 AC 转发

     B．AP 将用户数据帧通过 CAPWAP 隧道转发给 AC 集中处理，以实现漫游、认证
等功能

     C．用户数据帧在 AP 本地进行解析、封装等处理后，直接由 AP 进行转发

     D．同一台 AC 允许本地转发模式与集中转发模式共存

5. 在集中转发模式下，（   ）负责将 802.11 帧转换成 802.3 帧。

     A．AP   B．AC   C．接入层交换机   D．核心层交换机

6. 下列关于无线局域网组网说法，不正确的是（   ）。

     A．使用 Fat AP 组网模式和网络维护时，需要对每台 Fat AP 进行逐一的配置

     B．Fat AP 所有的配置都只保存在 AP 本地

     C．使用 Fit AP 组网模式时，通常还需要无线 AC

     D．大规模部署 WLAN 时，使用 Fat AP 的成本较划算

7. 以下关于 Fat AP 和 Fit AP 的说法，不正确的是（   ）。

     A．与 Fat AP 相比，Fit AP 无须进行初始化配置，可以实现零配置

     B．Fit AP 必须和无线 AC 配合才能使用

     C．Fit AP 和无线 AC 之间只能通过二层连接

     D．Fat AP 只支持二层漫游，但是 Fit AP 和无线 AC 配合，可以支持二/三层漫游

8. 以下协议中，专门规范 AC 和 AP 间通信隧道的是（   ）。

     A．IEEE 802.1x 协议   B．CAPWAP 协议

     C．DHCP 协议   D．静态路由协议

9. 下列关于转发模式的说法，正确的是（   ）。

     A．本地转发模式比集中转发模式通过 AC 的业务数据多

     B．本地转发模式比集中转发模式通过 AC 的业务数据少

     C．两种转发模式通过 AC 的业务数据一样多

     D．本地转发模式中的业务数据不通过 AC

10. 下列关于 Fit AP 描述，错误的是（   ）。

     A．Fit AP 初始时是零配置

     B．Fit AP 适合应用在规模大的场景中

     C．Fit AP 适合应用在对延时敏感的场景

     D．Fit AP 可以做到配置统一下发

项目 7　在中小企业网中部署 IPv6

【项目背景】

福州龙锐电子商务公司是一家以婴幼儿用品为主要销售内容的电子商务公司，为适应国家下一代互联网部署计划，需要将现有有线网络和无线网络方案向 IPv6 网络部署方案过渡。

公司的网络中心在实现公司的网络过渡期间，在中国电信福州分公司申请了 IPv6 地址。其中，分配给该公司 IPv6 地址段为 2001:250:2003::/48，网络中心需要将整个地址段划分成多个/64 小段，首先规划出一小部分给智能移动终端设备使用；后续随着公司网络的扩展，逐步分配给公司内部的有线、无线终端用户以及其他的 IPv6 业务终端。

福州龙锐电子商务公司的 IPv6 部署场景如图 7-1 所示，针对公司内部使用的一些智能移动终端，暂不需要对 IPv6 地址实现可视化和精确管控，通过即插即用方式，选择无状态地址自动配置的方式，使终端自动生成 IPv6 地址。后续针对公司网络中关键网络设备，使用 DHCPv6 方式分配 IP 地址。

图 7-1　福州龙锐电子商务公司的 IPv6 部署场景

【学习目标】

1. 熟悉 IPv6 地址的组成结构。
2. 熟悉无状态地址的自动配置方式。
3. 掌握 DHCPv6 协议。
4. 配置 DHCPv6 实现网络设备自动获取地址方案。

【规划技术】

7.1　了解 IPv6 地址

以互联网协议第四版为核心的 IPv4 技术获得巨大成功，随着互联网的飞速发展，IPv4 地址资源的枯竭、IPv4 服务质量都难以满足下一代互联网需求，特别是 IPv4 网络地址消耗殆尽的问题迫在眉睫。因此，迫切需求新的地址技术，从 IPv4 向 IPv6 的技术升级过渡成为互联网发展的趋势。

7.1.1　了解下一代互联网的 IPv6 地址

1. IPv6 地址

IPv6 也被称为下一代互联网协议，它是由 IETF 小组设计的用来替代现行 IPv4 协议的一种新的 IP 协议。作为下一代 IP 网络技术，IPv6 可以提供数量远多于 IPv4 的 IP 地址（IPv6 地址数量为 2^{128}），即便是给地球上的每一粒沙子分配一个 IP 地址，IPv6 地址也是绰绰有余。

不仅如此，IPv6 无论是在安全性还是稳定性方面都超过了 IPv4，IPv4 与 IPv6 的特征对比如表 7-1 所示。

表 7-1　IPv4 与 IPv6 的特征对比

特　征	IPv4	IPv6
长度	32 位	128 位
地址数量	有限	接近于无限
进制	十进制	十六进制
分隔符	点(.)	冒号(:)
CIRD	支持	支持
子网掩码	支持	一般默认掩码/64，预留专用子网划分位
按类别分类	A，B，C，D，E	不支持
专有网络	10.0.0.0/8	Unique-local 地址(FC00::/7)
	172.16.0.0/12	
	192.168.0.0/16	
Link Local 地址	169.254.0.0/16	FE80::/64
	无法获得有效地址时分配	每个网络接口必须有一个 Link-local 地址
Loopback 地址	127.0.0.1	::1 或者 0:0:0:0:0:0:0:1
未分配地址	0.0.0.0	::或者 0:0:0:0:0:0:0:0
广播	支持	不支持
多播（Multicast）	224.0.0.0/4	FF00::/8

2. IPv6 地址获取方式

IPv6 通过实现一系列的自动发现和自动配置功能，简化网络节点的管理和维护，例如邻接节点发现、最大传输单元发现、路由器通告、路由器请求、节点自动配置等技术，就为 IPv6 地址即插即用提供了相关的服务。

IPv6 还采用了一种被称为无状态自动配置的自动配置服务。在无状态自动配置过程中，主机自动获得链路本地地址、本地设备的地址前缀以及其他一些相关的配置信息，真正做到即插即用。并且，IPv6 支持静态路由、动态路由等协议。

3. IPv6 地址的书写方式

IPv6 地址共有 128 位，使用十六进制表示，分为 8 段，中间用"："隔开。其中，IPv6 地址由前缀与接口 ID 组成，IPv6 的地址结构如图 7-2 所示。

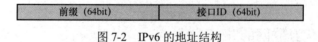

| 前缀（64bit） | 接口ID（64bit） |

图 7-2　IPv6 的地址结构

前缀相当于 IPv4 地址中的网络位，接口 ID 相当于 IPv4 地址中的主机位，默认为 64bit，前缀长度用"/xx"来表示，例如：2001:0410:0000:0001/64。

IPv6 地址过长不易记忆和书写，因此，可以对 IPv6 地址进行缩写，共有两种方法，如图 7-3 所示。

（1）方法一：将每 4 个十六进制数字中的前导零位去除做简化表示，但每个分组必须至少保留一位数字。

（2）方法二：将冒号十六进制格式中相邻的连续零位进行零压缩，用双冒号"::"表示。

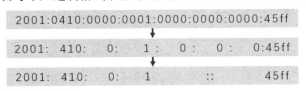

图 7-3　IPv6 地址缩写

7.1.2　了解 IPv6 地址类型

IPv6 为了节省网络资源，删除了广播地址，并引入了任意播地址，因此，IPv6 地址分为单播、组播和任意播地址，IPv6 地址分类结构如图 7-4 所示。

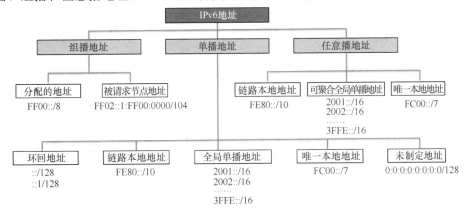

图 7-4　IPv6 地址分类结构

1. 认识单播地址

1）单播地址

单播地址配置在单个接口上，多个接口可以同时使用某个单播地址。单播地址分为全局单播地址、链路本地地址、未指定地址、环回地址与唯一本地地址。

全局单播地址可在全球范围内路由可达，相当于 IPv4 中的公网地址，前三个 bit 是 001，如 2000::1:2345:6789:abcd。

2）链路本地地址

链路本地地址用于同一个链路上的相邻节点之间的通信，相当于 IPv4 中的 169.254.0.0/16 地址，IPv6 的路由器不会转发链路本地地址的数据包。前 10 个 bit 是 1111 111010，由于最后是 64bit 的接口 ID，所以它的前缀总是 FE80::/64。链路本地地址一般是自动生成的。

3）未指定地址

未指定地址表示地址未指定或者在写默认路由时代表所有路由。未指定地址作为某些报文的源 IP 地址，如作为重复地址检测时发送的邻居请求报文的源地址，或者 DHCPv6 初始化过程中客户端所发送报文的源 IP 地址。

4）环回地址

环回地址与 IPv4 中的 127.0.0.1 地址作用相同，主要用于设备给自己发送报文。环回地址通常用来作为一个虚接口的地址（如 Loopback 接口）。实际发送的数据包中不能使用环回地址作为源 IP 地址或目的 IP 地址。

5）唯一本地地址

唯一本地地址在概念上相当于私有 IP 地址，仅能够在本地网络使用，在 IPv6 上不能路由可达。在 RFC4193 中，标准化了一种用来在本地通信中，取代单播地址的本地地址。唯一本地地址拥有固定前缀 FD00::/8，后面跟一个被称为全局 ID 的 40bit 的随机标识符。

2. 认识 IPv6 组播地址

1）IPv6 组播地址

IPv6 组播地址和 IPv4 组播地址类似，以 FF 开头，用来标识一组接口，一般这些接口属于不同的节点。一个节点可能属于 0 到多个组播组。发往组播地址的报文被组播地址标识的所有接口接收。

2）IPv6 组播地址组成

一个 IPv6 组播地址由前缀、标志字段（Flag）、范围字段（Scope）以及组播组 ID（Global ID）4 个部分组成。

（1）前缀：IPv6 组播地址的前缀是 FF00::/8。

（2）标志字段（Flag）：长度为 4bit，目前只使用了最后一个比特（前三比特必须置 0）。当该值为 0 时，表示当前的组播地址是由 IANA 所分配的一个永久分配地址；当该值为 1 时，表示当前的组播地址是一个临时组播地址（非永久分配地址）。

（3）范围字段（Scope）：长度为 4bit，用来限制组播数据流在网络中发送的范围。

（4）组播组 ID（Group ID）：长度为 112bit，用于标识组播组。目前，RFC2373 并没有将所有的 112 位都定义成组标识，而是建议仅使用该 112 位的最低 32 位作为组播组 ID，将剩余的 80 位都置 0。这样每个组播组 ID 都映射到一个唯一的以太网组播 MAC 地址。

3）IPv6 组播地址格式

IPv6 组播地址格式如图 7-5 所示。

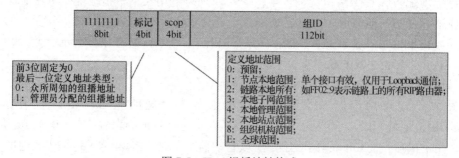

图 7-5　IPv6 组播地址格式

IPv6 和 IPv4 众所周知的组播地址对比如图 7-6 所示。

IPv6众所周知的组播地址	IPv4众所周知的组播地址	组播组
节点-本地范围		
FF01::1	224.0.0.1	所有-节点地址
FF01::2	224.0.0.2	所有-路由器地址
链点-本地范围		
FF02::1	224.0.0.1	所有-节点地址
FF02::2	224.0.0.2	所有-路由器地址
FF02::5	224.0.0.5	OSPF IGP
FF02::6	224.0.0.6	OSPF IGP DR
FF02::9	224.0.0.8	RIP路由器
FF02::D	224.0.0.13	PIM路由器
站点-本地范围		
FF05::2	224.0.0.2	所有-路由器地址
任何有效范围		
FF0X::101	224.0.1.1	网络事件协议NTP

图 7-6　IPv6 和 IPv4 众所周知的组播地址对比

4）被请求节点组播地址

IPv4 通过 ARP 广播询问目标主机的 MAC 地址，但是在 IPv6 中，被请求节点组播地址与 IPv6 邻居发现协议相结合，能够有效减少广播范围。被请求节点组播地址主要用于重复地址检测和获取本地链路上邻居节点的链路层的地址解析。配置了单播地址后，被请求节点组播地址会自动生成。例如，可以将前缀 FF02:0:0:0:0:1:FF00::/104 与 Unicast 地址或 Anycast 地址的最后 24 位相结合生成被请求节点组播地址，如图 7-7 所示。

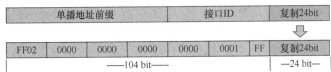

图 7-7　被请求节点组播地址生成

3. 认识任意播地址

1）IPv6 任意播地址

任意播地址也属于单播地址，一个单播地址被配置于多个接口，即为任意播地址。当路由器收到数据包的目标地址为任意播地址时，将把该数据包转发到离本路由器最近的接口地址。

IPv6 中没有为任意播规定单独的地址空间，任意播地址和单播地址使用相同的地址空间。目前 IPv6 中任意播地址主要应用于移动 IPv6。

2）IPv6 任意播地址组成

IPv6 地址的单播地址、任意播地址由固定的前缀长度（64bit）和接口 ID（64bit）组成。因此，接口标识可以根据 IEEE EUI-64 规范，将 MAC 地址（48bit）转化为接口 ID。其中，MAC 地址的唯一性保证了接口 ID 的唯一性，并且是设备自动生成，不需要人为干预。例如，某设备接口以太网 MAC 地址为 00-E0-4C-68-10-18，通过 IEEE EUI-64 规范自动生成 IPv6 的接口 ID，如图 7-8 所示。

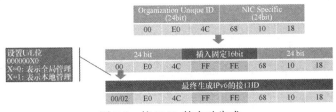

图 7-8　接口 ID 的自动生成

7.1.3 了解 IPv6 报文

IPv6 报文与 IPv4 报文相比，结构更为简单，它由 IPv6 基本报头、IPv6 扩展报头及上层协议数据单元三部分组成。IPv6 报头格式如图 7-9 所示。上层协议数据单元一般由上层协议报头和它的有效载荷构成，有效载荷可以是一个 ICMPv6 报文、一个 TCP 报文或一个 UDP 报文。

IPv6报头格式		
4bit版本号	8bit流量等级	20bit流标签
数据长度（16bit）	下一报头（8bit）	跳限制（8bit）
源地址（128bit）		
目的地址（128bit）		

图 7-9　IPv6 报头格式

其中，IPv6 报头的解析如下。

（1）版本号：同 IPv4，指示 IP 版本。

（2）流量等级：类似 IPv4 中的 TOS 字段，指示 IPv6 数据流通信类别或优先级。

（3）流标签：标记需要特殊处理的数据流，用于某些对连接的服务质量有特殊要求的通信，如音频或视频等实时数据传输。

（4）数据长度：包含有效载荷数据的 IPv6 报文总长度。

（5）下一个报头：该字段定义了紧跟在 IPv6 报头后面的第一个扩展报头（如果存在）的类型或者上层协议数据单元中的协议类型。

（6）跳限制：类似于 IPv4 中的 TTL 字段，它定义了 IP 数据包所能经过路由器的最大跳数。

（7）源地址：128bit 的 IPv6 地址。

（8）目的地址：128bit 的 IPv6 地址。

7.2　在企业网中部署 IPv6，实现设备自动获得地址

7.2.1　IPv6 地址的配置方式

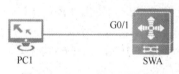

图 7-10　IPv6 手工配置场景

IPv6 地址的基本配置方式有手工配置、无状态自动配置、有状态自动配置。IPv6 手工配置场景如图 7-10 所示。IPv6 的手工配置方式有两种。

方法一：使用 2001:0001::/64 作为前缀，并且追加 64bit 的 EUI-64 格式接口 ID，构成接口的全局唯一 IPv6 地址。

```
SWA(config)#interface G0/1
SWA(config-if)#ipv6 enable
SWA(config-if)#ipv6 address 2001:0001::/64 eui-64
```

方法二：不使用 EUI-64，手工直接配置完整的 IPv6 地址。

```
SWA(config)#interface G0/1
```

SWA(config-if)#ipv6 enable
SWA(config-if)#ipv6 address 2002::1/64

在 PC1 上配置 IPv6 地址的步骤，如图 7-11 与图 7-12 所示。

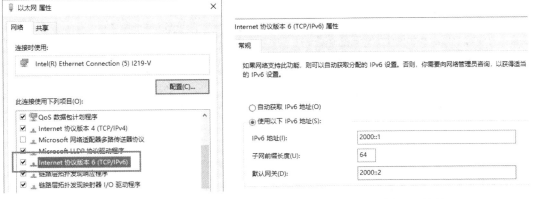

图 7-11　配置以太网属性　　　　　　　　图 7-12　配置 IPv6 地址

7.2.2　实现企业网中设备自动获得 IPv6 地址

1. 无状态的地址自动获取

IPv6 邻居发现协议是 IPv6 协议的一个基本组成部分。使用 ICMPv6 报文，IPv6 邻居发现协议可以实现以下功能：① 地址解析，相当于 ARP；② 邻居状态检测；③无状态自动配置，如路由器发现、前缀发现、参数发现；④ 重复地址检测；⑤ 路由器重定向。

为了支持 IPv6 邻居发现协议的实现，定义了 5 种 ICMPv6 消息类型，如表 7-2 所示。

表 7-2　ICMPv6 消息类型及报文功能

ICMPv6 消息类型	消息名称	报文功能
133	路由器请求（RS）	主机发送 RS 要求路由器产生 RA，RA 信息中包含 MTU 以及前缀信息
134	路由器通告（RA）	
135	邻居请求（NS）	用来判断邻居的链路层地址以及重复地址检测
136	邻居通告（NA）	
137	重定向消息	与 IPv4 重定向同理

无状态的地址自动获取是一种用于给 IPv6 节点分配地址的方法，不需要人工干预，IPv6 邻居发现协议可以实现 IPv6 地址的自动分配功能。如果对一个 IPv6 节点使用该方法，该节点必须通过网络与至少一台支持 IPv6 网络设备连接。

支持 IPv6 的网络设备由管理员进行配置，并在链路上发送路由通告信息，这些路由通告信息将被连接到网络设备的 IPv6 节点收到，并由节点自行完成 IPv6 地址和参数的配置。无状态的地址自动获取过程如图 7-13 所示。

无状态的 IPv6 地址分配功能主要运用在三层交换机作为局域网用户的网关，需要启用 IPv4/IPv6 双栈服务，下联的主机用户有访问 IPv6 资源的需要，但是由于 IPv6 地址有 128 位，配置起来复杂且容易出错，所以希望各主机能够不用配置即可获取到 IPv6 的前缀和网关信息，实现 IPv6 地址的即插即用。

此时，就可以考虑在用户的网关上启用无状态 IPv6 地址分配功能，给下联的各主机分配 IPv6 地址前缀及网关信息，如图 7-14 所示。

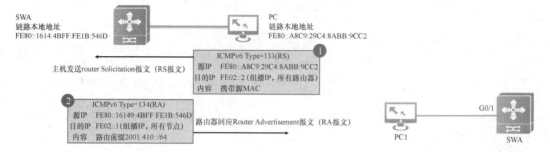

图 7-13　无状态的地址自动获取过程　　　　　　图 7-14　无状态 IPv6 地址自动分配

SWA(config)#ipv6 unicast-routing	// 开启 IPv6 路由功能
SWA(config)#interface gigabitEthernet 0/1	// 进入接口
SWA(config-if-GigabitEthernet 0/1)#no switchport	// 关闭接口交换功能
SWA(config-if-GigabitEthernet 0/1)#ipv6 enable	// 接口下使能 IPv6 功能
SWA(config-if-GigabitEthernet 0/1)#ipv6 address 2001::1/64	// 配置接口 IPv6 地址
SWA (config-if-GigabitEthernet 0/1)#no ipv6 nd suppress-ra	// 开启路由通告功能
SWA (config-if-GigabitEthernet 0/1)#end	

7.2.3　在企业网中使用 IPv6 静态路由连通

1. IPv6 静态路由

IPv6 路由器报文的转发与 IPv4 类似，数据转发以 IPv6 路由表为基础，路由表由 IPv6 路由协议维护。与 IPv4 类似，IPv6 路由可能来自于链路层直接发现、静态路由与动态路由协议等。

2. 配置 IPv6 静态路由

IPv6 静态路由的配置如图 7-15 所示。IPv6 静态路由的配置格式如下。

Route (config)#ipv6 route ip-address /prefix-length　　interface-name|nexthop-address

IPv6 的默认路由使用::/0 表示。

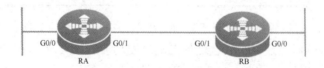

G0/0　　　　　G0/1　　　　　　　G0/1　　　　　G0/0
　　　　RA　　　　　　　　　　　　　　RB

图 7-15　IPv6 静态路由的配置

3. 配置 IPv6 静态路由应用案例

第 1 步：配置 RA 路由器。

RA(config)#ipv6 unicast-routing	// 开启 IPv6 路由功能
RA(config)#int G0/0	// 进入接口
RA(config-if)#ipv6 enable	// 接口下使能 IPv6 功能
RA(config-if)#ipv6 address 1::1/64	// 配置接口 IPv6 地址
RA(config-if)#exit	

RA(config)#int G0/1	// 进入接口
RA(config-if)#ipv6 enable	// 接口下使能 IPv6 功能
RA(config-if)#ipv6 address 5::1/64	// 配置接口 IPv6 地址
RA(config-if)#exit	
RA(config)#ipv6 route 2::/64 G0/1 5::2	// 配置 IPv6 静态路由

第 2 步：配置 RB 路由器。

RB(config)#ipv6 unicast-routing	// 开启 IPv6 路由功能
RB(config)#int G0/0	// 进入接口
RB(config-if)#ipv6 enable	// 接口下使能 IPv6 功能
RB(config-if)#ipv6 address 2::1/64	// 配置接口 IPv6 地址
RB(config-if)#exit	
RB(config)#int G0/1	// 进入接口
RB(config-if)#ipv6 enable	// 接口下使能 IPv6 功能
RB(config-if)#ipv6 address 5::2/64	// 配置接口 IPv6 地址
RB(config-if)#exit	
RB(config)#ipv6 route 1::/64 G0/1 5::1	// 配置 IPv6 静态路由

第 3 步：在 RA 路由器上查看 IPv6 静态路由表。

以 RA 路由器为例，使用 show ipv6 route 命令查看 IPv6 静态路由表，如图 7-16 所示。

RA(config)#show ipv6 route

```
RA#show ipv6 route
Codes: C - Connected, L - Local, S - Static, R - RIP
O - OSPF intra area, IA - OSPF inter area
N1 - OSPF NSSA external type 1, N2 - OSPF NSSA external type 2
E1 - OSPF external type 1, E2 - OSPF external type 2
[*] - the route not add to hardware for hardware table full
L ::1/128
Via ::1, Loopback
C 1::/64
Via ::, FastEthernet 0/48
L 1::1/128
via ::, Loopback
S 2::/64
via 5::2, FastEthernet 0/1
C 5::/64
via ::, FastEthernet 0/1
L 5::1/128
via ::, Loopback
L fe80::/10
via ::1, Null0
C fe80::/64
via ::, FastEthernet 0/1
L fe80::2d0:f8ff:fec1:b3e3/128
via ::, Loopback
C fe80::/64
via ::, FastEthernet 0/48
L fe80::2d0:f8ff:fec1:b3e4/128
via ::, Loopback
```

图 7-16　IPv6 静态路由表

7.3　在企业网中部署 IPv6，通过 DHCP 获取地址

7.3.1　了解 IPv6 网络中 DHCPv6 地址获取机制

IPv6 网络中部署了 DHCPv6 服务器，通过有状态的方式给下联的用户分配 IPv6 的相关地址及各项参数信息。但是 DHCPv6 无法分配网关地址信息和生存期等个别参数，所以

也需要同时启用交换机的无状态 IPv6 地址分配功能以进行补充。

1. DHCP 唯一标识符

每台服务器或客户端有且只有一个 DHCP 唯一标识符（DUID），服务器使用 DUID 来识别不同的客户端，客户端则使用 DUID 来识别服务器。其中，客户端和服务器 DUID 的内容分别通过 DHCPv6 报文中的 Client Identifier 和 Server Identifier 选项来携带。两种选项的格式一样，通过 option-code 字段的取值来区分是 Client Identifier 还是 Server Identifier 选项。

DHCPv6 服务器以终端的 DUID 作为唯一标识，为终端分配 IPv6 地址，如图 7-17 所示。

图 7-17　DUID 标识

2. 身份联盟

身份联盟（Identity Association，IA）是使服务器和客户端能够识别、分组和管理一系列相关 IPv6 地址的结构。每个 IA 包括一个 IAID 和相关联的配置信息。 其中，IA_NA（非临时地址的身份关联）则是 DHCPv6 服务器分配给终端的联盟。

客户端必须为它的每个要通过服务器获取 IPv6 地址的接口关联至少一个 IA。客户端用给接口关联的 IA 来从服务器获取配置信息。每个 IA 必须明确关联到一个接口。IA 中的配置信息由一个或多个 IPv6 地址以及 T1 和 T2 生存期组成。IA 中的每个地址都有首选生存期和有效生存期。IA 信息如图 7-18 所示。

图 7-18　IA 信息

3.DHCPv6 地址租约更新

如图 7-19 所示，T1 时刻（默认为优先生命期的 50%）终端发送 Renew 单播报文，进行地址租约更新请求，若该地址可用 DHCPv6 服务器，则回应 Reply 报文；若该地址不可以再分配给该 DHCPv6 客户端，则 DHCPv6 服务器回应续约失败的 Reply 报文。

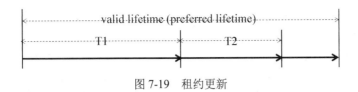

图 7-19 租约更新

如果在 T1 时刻，终端没有收到服务器的 Reply，则在 T2 时刻（默认为优先生命期的 80%）向所有 DHCPv6 服务器组播发送 Rebind 报文，请求更新租约。DHCPv6 服务器收到 Rebind 报文后，若地址可用，则回应 Reply 报文；若不可用，回应续约失败的 Reply 报文。

如果 DHCPv6 客户端没有收到 DHCPv6 服务器的应答报文，则到达有效生命期后，DHCPv6 客户端停止使用该地址。

4. 掌握 DHCPv6 交互流程

DHCPv6 交互流程如图 7-20 所示，DHCPv6 客户端在本地链路内，发送一个目的地址为 FF02::1:2、目的 UDP 端口为 547 的多播 Solicit 请求报文，本地链路内所有的 DHCPv6 服务器和 DHCPv6 Relay 都会收到。其中，DHCPv6 服务器收到多播 Solicit 请求报文后，单播回应 Advertise 响应报文，携带可以分配的相关信息。然后，DHCPv6 客户端选择 DHCPv6 服务器后，在本地链路内发送一个目的地址为 FF02::1:2、目的 UDP 端口为 547 的多播 Request 请求报文。最后，DHCPv6 服务器收到 Request 报文后，单播发送 Reply 响应报文，完成配置过程。

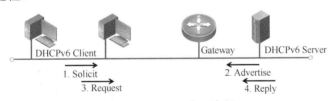

图 7-20 DHCPv6 交互流程

RFC3315 所定义的 DHCPv6 协议，支持 DHCP 服务器发送 IPv6 地址这样的配置参数给 IPv6 节点，该协议提供了灵活地添加和重复使用网络地址的功能。

7.3.2 配置 DHCPv6 获取 IPv6 地址

1. 创建 DHCPv6 服务器

启用 DHCPv6 服务器时，必须指定一个配置池。使用如下命令，在全局模式下，创建 DHCPv6 服务器的配置池。DHCPv6 服务器需要从配置池中选择合适的 IPv6 地址分配给 DHCPv6 客户端。

```
Router(config)#ipv6 dhcp pool pool-name
```

使用以上命令进入 DHCPv6 配置池模式，配置 IPv6 地址池以及相关属性，包括地址范围、前缀信息、DNS 服务器、刷新时间、不参与自动分配的 IPv6 地址以及静态绑定的 IPv6 地址。其中，DHCPv6 服务器支持 DHCPv6 有状态方式和 DHCPv6 无状态方式为客户端分配网络参数。

2. 配置 DHCPv6 服务器地址池

使用如下命令，配置 DHCPv6 服务器上可分配地址前缀（可选）。

```
Router(config-dhcp)#iana-address prefix ipv6-prefix/prefix-length [ lifetime { valid-lifetime | preferred-lifetime } ]
```

上述的 iana-address prefix 命令为 DHCPv6 服务器配置 IA_NA 地址范围，从中分配 IA_NA 地址给客户端。当 DHCPv6 服务器收到客户端的 IA_NA 地址请求时，将尝试从 IA_NA 地址范围中选取一个可用地址分配给客户端。当客户端不再使用该地址时，DHCPv6 服务器将该地址标记可用，以提供给其他客户端使用。其中，各项参数说明如下。

（1）ipv6-prefix/prefix-length：IPv6 地址前缀和前缀长度。

（2）lifetime：设置客户端可以使用分配地址的有效时间。如果配置该关键字，则 valid-lifetime 和 preferred-lifetime 都要配置。

（3）valid-lifetime：客户端可以有效使用该地址的时间。

（4）preferred-lifetime：地址被优先分配给客户端的时间。

3. 配置 DHCPv6 服务器静态绑定地址

使用如下命令，配置 DHCPv6 服务器静态绑定地址前缀信息（可选）。

```
Router(config-dhcp)#prefix-delegation ipv6-prefix/prefix-length client-DUID [ lifetime ]
```

使用 prefix-delegation 命令为客户端的 IA_PD 配置一个地址前缀信息列表，并为这些前缀配置有效时间。其中，各项参数说明如下。

（1）ipv6-prefix/prefix-length：IPv6 地址前缀和前缀长度。

（2）client-DUID：客户端的 DUID 标识符。

（3）lifetime：设定客户端可以使用这个前缀的时间间隔。

参数 client-DUID 标识符指定哪个客户端将分配到该地址前缀，该地址前缀将分配给客户端中的第一个 IA_PD。

DHCPv6 服务器收到客户端对地址前缀的 Request 消息后，先查找是否有对应的静态绑定地址，如果找到，则直接返回该静态绑定地址；否则，DHCPv6 服务器将尝试从另外的前缀信息源来分配地址前缀。

4. 配置 DHCPv6 服务器使用本地前缀池分配

使用如下命令，配置 DHCPv6 服务器通过本地前缀池分配前缀（可选）。

```
Router(config-dhcp)#prefix-delegation pool poolname [lifetime { valid-lifetime | preferred-lifetime } ]
```

prefix-delegation pool 命令为 DHCPv6 服务器配置了前缀池，从中分配前缀信息给客户端。使用 ipv6 local pool 命令配置前缀池。

当 DHCPv6 服务器收到客户端前缀请求时，将尝试从前缀池中选取一个可用前缀分配给客户端。当客户端不再使用该前缀时，DHCPv6 服务器将该前缀返回前缀池，以提供给其他客户端使用。其中，各项参数说明如下。

（1）poolname：用户定义本地前缀池名字。

（2）lifetime：设置客户端使用分配到前缀的有效时间。如果配置该关键字，则 valid-lifetime 和 preferred-lifetime 都要配置。

（3）valid-lifetime：客户端可以有效使用该前缀的时间。

（4）preferred-lifetime：前缀仍然被优先分配给客户端的时间。

5. 配置 IPv6 本地前缀池

使用如下命令，配置 IPv6 本地前缀池（可选）。

Router(config-dhcp)#ipv6 local pool poolname prefix/prefix-length assigned-length

使用 ipv6 local pool 创建本地前缀池，如果需要进行前缀代理，DHCPv6 服务器将使用 prefix-delegation pool 指定本地前缀池，后续的前缀将从指定本地前缀池中分配。其中，各项参数说明如下。

（1）poolname：本地前缀池名字。

（2）prefix/prefix-length：前缀和前缀长度。

（3）assigned-length：分配给用户的前缀长度。

6. 配置 DNS 服务器列表

使用如下命令，配置 DHCPv6 服务器的 DNS 服务器列表信息（可选）。

Router(config-dhcp)#dns-server ipv6-address

可以多次使用 dns-server 命令配置多个 DNS 服务器地址。新配置的 DNS 服务器地址不会覆盖旧的 DNS 服务器地址。

7. 定义域名

使用如下命令，定义要分配给用户的域名（可选）。

Router(config-dhcp)#domain-name domain

使用 domain-name 命令创建多个域名信息。新配置的域名不会覆盖旧的域名。

8. 配置 CAPWAP AC 的 IPv6 地址

使用如下命令，配置 DHCPv6 服务器的 CAPWAP AC 的 IPv6 地址信息（可选）。

Router(config-dhcp)#option 52 ipv6-address

使用 option 52 命令创建多个 CAPWAP AC 的 IPv6 地址。新配置 CAPWAP AC 的 IPv6 地址不会覆盖旧的 IPv6 地址。

9. 在三层接口上启用 DHCPv6 服务器服务

使用如下命令，在三层接口上启用 DHCPv6 服务器服务（必选）。

Router(config-if)#ipv6 dhcp server pool-name

在 DHCPv6 服务器配置地址池后，使用 ipv6 dhcp server 命令将地址池与某个接口上的 DHCPv6 服务器关联起来。在接口下开启 DHCPv6 服务器服务，并指定 IPv6 地址池，设备从该接口接收到客户端发送的 IPv6 地址请求报文后，将从接口绑定的 IPv6 地址池中为客户端分配 IPv6 地址或者 DNS 服务器地址等配置参数。

当 DHCPv6 服务器与客户端在不同链路范围，即存在 DHCPv6 中继场景时，可以实现为 DHCPv6 中继的下一个网段中的客户端，分配 IPv6 地址或者 DNS 服务器地址等配置参数。

10. 配置 DHCPv6 中继

使用如下命令，配置 DHCPv6 中继。处于不同链路的客户端和 DHCPv6 服务器通过中继代理建立通信，进行地址分配、前缀代理、参数分配。

Router(config-if)#ipv6 dhcp relay destination ipv6-address [interface-type interface-number]

开启 DHCPv6 中继服务功能接口，接收到的所有客户端报文都将被封装，并朝指定接口（可选），发往配置好的目的地址（如果配置多个目的地址，则同时发多份。）

启用 DHCPv6 中继服务需要指定目的地址。如果目的地址为多播地址（如 FF05::1:3），还需要指定出接口。其中，各项参数说明如下。

（1）ipv6-address：指定中继代理的目的端地址。

（2）interface-type：指定到达目的端接口的类型（可选）。

（3）interface-number：指定到达目的端接口的编号（可选）。

11. 启用 DHCPv6 客户端请求地址功能

如果 DHCPv6 客户端模式还没有打开，使用以下命令在接口上启用 DHCPv6 客户端模式。然后，DHCPv6 客户端设备会向 DHCPv6 服务器发出 IA_NA 地址请求。

```
Router(config-if)#ipv6 dhcp client ia [ rapid-commit ]
```

其中，rapid-commit 关键字允许客户端和服务器端使用 two-message 交互过程，如果配置了该关键字，客户端发出的 solicit 消息中将包含 rapid-commit 选项。

12. 启用 DHCPv6 客户端请求前缀功能

如果 DHCPv6 客户端模式没有打开，使用以下命令在接口上启用 DHCPv6 客户端模式，向 DHCPv6 服务器发出前缀请求。

```
Router(config-if)#ipv6 dhcp client pd prefix-name [ rapid-commit ]
```

得到前缀信息时，客户端将这个前缀信息保存在 IPv6 通用前缀池中，其他的命令以及应用程序就可以使用这个前缀。其中，rapid-commit 关键字允许客户端和服务器端使用 two-message 简化交互过程。如果配置了该关键字，客户端发出的 solicit 消息中将包含 rapid-commit 选项。

13. 配置无状态服务

使用以下命令，在发送 RA 通告的主机上设置 other-config-flag，则触发收到该 RA 通告的主机通过 DHCPv6 客户端获取无状态配置信息。

```
Router(config-if)#ipv6 nd other-config-flag
```

14. 查看 DHCPv6 服务器运行情况

```
Router#show ipv6 dhcp                              // 查看设备的 DUID 信息
Router#show ipv6 dhcp binding [ ipv6-address ]     // 查看 DHCPv6 服务器地址绑定
Router#show ipv6 dhcp interface [ interface-name ] // 查看 DHCPv6 接口信息
Router#show ipv6 dhcp pool [ poolname ]            // 查看 DHCPv6 池信息
Router#show ipv6 dhcp conflict                     // 查看 DHCPv6 的冲突地址信息
Router#show ipv6 dhcp server statistics            // 查看 DHCPv6 Server 的统计信息
Router#show ipv6 dhcp relay destination { all | interface-type interface-number }
                                                   // 查看 DHCPv6 中继代理目的端地址信息
Router#show ipv6 dhcp relay statistics
        // 查看当前设备开启 DHCPv6 中继功能后各类报文收发情况
Router#show ipv6 local pool [ poolname ]           //查看 IPv6 本地前缀池信息
```

【规划实践】

【任务描述】

福州龙锐电子商务公司的网络拓扑结构规划如图 7-21 所示，将有线用户和无线用户的 IPv4 和 IPv6 网关都部署于核心设备 RG-S6000C 上，由 RG-S6000C 统一进行 IPv4 和 IPv6 地址的分配，将 RG-S6000C 配置为 DHCPv6 服务器。其中，分配给该公司的 IPv6 地址段为 2001:250:2003::/48，公司需要将该整个地址段划分成各个/64 的小段分配给有线用户、无线用户，以及一些其他的 IPv6 业务终端。所有终端都支持 DHCPv6，并且希望在 RG-S6000C 上看到 IPv6 地址分配的情况，因此选用有状态 DHCPv6 分配 IPv6 地址的方式。

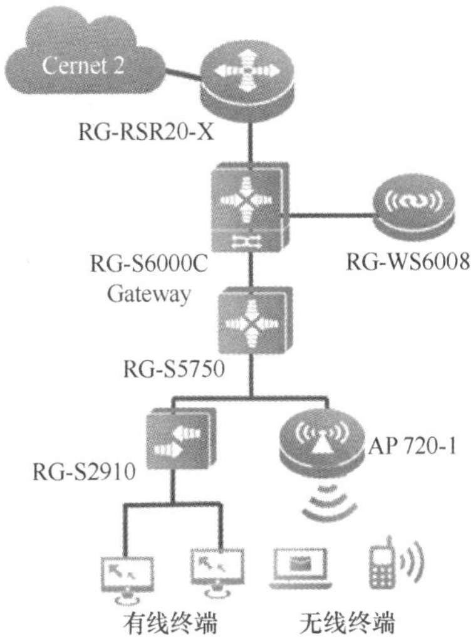

图 7-21　福州龙锐电子商务公司的网络拓扑结构规划

【实施步骤】

（1）完成 RG-S6000C 相关配置。在 RG-S6000C 上，配置某区域终端网段为 2001:250:2003:2000::/64。

（2）将 DHCPv6 服务器配置在 RG-S6000C 上，网关上需配置前缀 no-autoconfig，避免生成多个 IPv6 地址占用表项。

```
ipv6 unicast-routing                           //开启 IPv6 路由功能
interface vlan 2001                            //创建 VLAN 2001
ipv6 address 2001:250:2003:2001::1/64          //配置 IPv6 地址
ipv6 enable                                    //接口下使能 IPv6 功能
no ipv6 nd suppress-ra                         //开启路由通告功能，下方终端才能学习到网关
ipv6 nd managed-config-flag                    //设置 RA 通告的 M 位
ipv6 nd other-config-flag                      //设置 RA 通告的 O 位
ipv6 nd prefix 2001:250:2003:2001::/64 no-autoconfig   //指明前缀不能用于无状态自动配置
ipv6 dhcp server ruijie                        //接口上关联 DHCPIv6 地址池
ipv6 dhcp pool ruijie                          //创建 IPv6 地址池
domain-name scu6.edu.cn                        //配置分配给客户端的域名
dns-server 2001:250:2003::8                     //DNS 地址
iana-address prefix 2001:250:2003:2001::/64    //应用 IPv6 地址池前缀
```

（3）查看验证信息。DHCPv6 的验证信息如图 7-22 与图 7-23 所示。

图 7-22　测试终端 PC 的网卡信息

图 7-23　通过 DHCPv6 获取 IPv6 地址信息

查看 RG-S6000C 上相关接口的 IPv6 情况，如图 7-24、图 7-25 与图 7-26 所示。

```
RG-S6000C#show ipv6 neighbors
IPv6 Address                         Linklayer Addr Interface
2001:250:2003:2001::1                5869.6ca2.9eca VLAN 2001
2001:250:2003:2001::2                54ee.7513.5458 VLAN 2001
FE80::1E4:B270:160:DAAA              54ee.7513.5458 VLAN 2001
FE80::5485:2AAD:9322:C285            2001.2001.2001 VLAN 2001
FE80::5A69:6CFF:FEA2:9ECA            5869.6ca2.9eca VLAN 2001
```

图 7-24　查看 IPv6 邻居

```
RG-S6000C #show ipv6 dhcp pool
DHCPv6 pool: ruijie
  IANA address range: 2001:250:2003:2001::1/64 ->
2001:250:2003:2001:ffff:ffff:ffff:ffff/64
            preferred lifetime 86400, valid lifetime 86400
  DNS server: 2001:250:2003::8
  DNS server: 2001:250:2003::9
  Domain name: scu6.edu.cn
```

图 7-25　查看 IPv6 地址池

```
RG-S6000C #show ipv6 dhcp binding
Client  DUID: 00:01:00:01:20:1a:50:11:54:ee:75:13:54:58
  IANA: iaid 39120501, T1 43200, T2 69120
    Address: 2001:250:2003:2001::2
            preferred lifetime 86400, valid lifetime 86400
    expires at Sep 13 2018 7:10 (86312 seconds)
```

图 7-26　查看 IPv6 地址池绑定情况

【认证测试】

1. IPv6 中 IP 地址的长度为（　　　）。
   A.32　　　　　　　B.64　　　　　　　C.96　　　　　　　D.128
2. 目前来看，IPv4 的主要不足是（　　　）。
   A.地址即将用完　　　　　　　　　B.路由表急剧膨胀
   C.无法提供多样的 Qos　　　　　　D.网络安全性不足
3. 为了将认证报头应用于安全网关，认证报头应工作于（　　　　）。
   A.传输模式　　　　B.隧道模式　　　　C.轨道模式　　　　D.网络模式
4. 下列不是三网融合的网络是（　　　）。
   A.有线电视网络　　B.计算机网络　　　C.电信网络　　　D.广播网络
5. （　　　）不是 IPv6 的地址类型之一。
   A.单播地址　　　　B.多播地址　　　　C.任播地址　　　D.广播地址

项目 8　在企业网中部署 SDN

【项目背景】

福州 CBZ 精密测量仪器制造工厂（以下简称 CBZ）是一家国有控股企业，负责精密仪器的研发、测试与制造工作。随着业务及战略转型，CBZ 保留旧工厂仪器初装流程，将办公、研发及产品后续工艺制造装配等业务迁移至高新科技园。

随着企业网中流量的日益激增，用户希望能够通过软件定义网络（SDN）技术来灵活地管理网络中的流量。但是用户之前没有接触过 SDN 技术，希望工程师能在模拟环境中，针对既定流量的控制策略进行测试，验证主机之间是否能够达到既定访问控制的目的。其中，企业网中 SDN 智能化技术部署场景如图 8-1 所示。

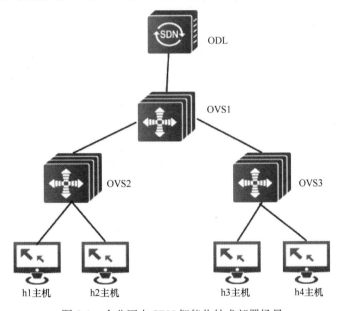

图 8-1　企业网中 SDN 智能化技术部署场景

【学习目标】

1. 了解 SDN 技术基本概念和系统架构。
2. 掌握 Mininet 部署安装，构建虚拟网络拓扑。
3. 掌握 OpenDayLight 控制器安装。
4. 通过 OpenDayLight 控制器集中管理虚拟交换机，实现业务访问控制。

【规划技术】

8.1　了解 SDN 网络部署知识

8.1.1　了解 SDN 技术

软件定义网络（Software Defined Network，SDN）是面对新型应用的网络业务快速发展的结果，极大地解决了传统网络的传输瓶颈。SDN 提出一种新的网络设计理念，即控制与转发分离、集中控制技术，并通过开放应用程序接口（API），让传统的网络实现了可编程性和开放性，实现网络的智能化管理。

1. SDN

SDN 是一种数据控制分离、软件可编程的新型网络体系架构，SDN 基本架构如图 8-2 所示。SDN 采用了集中式的控制层和分布式的转发层，控制层和转发层相互分离。其中，控制层利用控制转发通信接口，对转发层上的网络设备进行集中式控制，并提供灵活的可编程能力。通常把具备以上特点的网络架构都可以认为是广义的 SDN。

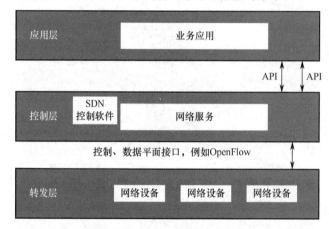

图 8-2　SDN 基本架构

2. SDN 基本特征

SDN 在应用过程中具有以下三大基本特征。

1）集中控制

逻辑上集中控制能够支持获得网络资源的全局信息，并根据业务需求进行资源的全局调配和优化，如流量工程、负载均衡等。同时，集中控制还使得整个网络可以在逻辑上被视为一台设备，并进行运行和维护，无须对物理设备进行现场配置，从而提升了网络控制的便捷性。

2）开放接口

SDN 通过开放的南向和北向接口能够实现应用和网络的无缝集成，使得应用能告知网络如何运行才能更好地满足应用的需求，如业务的带宽、时延需求、计费对路由的影响等。另外，SDN 支持用户基于开放接口自行开发网络业务并调用资源，加快新业务的上线周期。

3）网络虚拟化

SDN 通过南向接口的统一和开放屏蔽了底层物理转发设备的差异，实现了底层网络对上层应用的透明化。逻辑网络和物理网络分离后，逻辑网络可以根据业务需要进行配置、迁移，不再受具体设备物理位置的限制。同时，逻辑网络还支持多租户共享，支持租户网络的定制需求。

8.1.2　掌握 SDN 接口协议

在 SDN 架构的每一个层次上都具有很多核心技术，其目标是有效地分离控制层与转发层，支持逻辑上集中化的统一控制，提供灵活的开放接口等。其中，控制层是整个 SDN 的核心，系统中的南向接口与北向接口也以它为中心进行命名，SDN 接口图如图 8-3 所示。

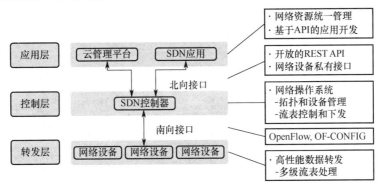

图 8-3　SDN 接口图

1. SDN 北向接口

SDN 的编程接口主要体现在北向接口上，北向接口提供了一系列丰富的 API。开发者可以在此基础上设计自己的应用，而不必关心底层的硬件细节。就像目前在 x86 体系的计算机上编程一样，开发者不用关心底层寄存器、驱动等具体的细节。

SDN 北向接口协议可以实现控制器与应用层间的交互。其中，常见的北向接口为 ONF 北向接口、思科的 OnePK API。而得到广泛应用的是 REST API 实现方式，实现 REST API 的控制器有 RYU、Floodlight、OpenDayLight 等。

2. SDN 南向接口

SDN 南向接口用于在 SDN 控制器和网络设备之间建立双向会话。通过不同的南向接口协议，SDN 控制器就可以兼容不同的网络硬件设备，同时可以在设备中实现上层应用的逻辑。其中，OpenFlow 是目前 SDN 的主流南向接口协议之一，即 SDN 控制器可以根据某次通信流的第一个数据分组的特征，使用 OpenFlow 提供的接南向接口对数据平面设备部署策略。其中，OpenFlow 通过以下术语描述 SDN 实现过程。

1）流表

流表是针对特定流的策略表项的集合，负责数据分组的查询和转发，主要包含数据分组匹配特征和数据分组处理方法。

2）安全通道

安全通道是承载着 OpenFlow 协议的消息，无论是流表的下发，还是其他控制消息，都要经过这条通道。

3）OpenFlow 配置与管理协议

OpenFlow 配置与管理协议提供一个开放接口，用于远程管理和配置 OpenFlow 交换机，规定如何在 OpenFlow 上配置 SDN 控制器的 IP 地址，如何配置交换机端口上的队列等。

OF-CONFIG（OpenFlow 配置和管理协议）的数据类型由 XML（可扩展标记语言）定义，且协议的数据类型主要由类和类属性构成，其核心是由 OpenFlow 配置点对 OpenFlow 交换机的资源进行配置。OF-CONFIG 由 ONF 控制和管理工作组制定和维护，是 OpenFlow 协议的同伴协议，是在包含 OpenFlow 交换机的运营环境下，除 OpenFlow 协议之外的接口配置和管理协议规范。目前采用 NETCONF 协议进行传输。

3. SDN 东西向接口

SDN 东西向接口主要用于 SDN 控制器集群内部控制器之间的通信，用于增强整个控制层的可靠性、可用性、稳定性和可拓展性。

8.1.3 了解 SDN 数控分离技术

SDN 管理的网络架构可分为 SDN 的数据平面、SDN 的控制平面、SDN 的应用平面、SDN 的管理平面，下面分别予以说明。

1. SDN 的数据平面

SDN 的数据平面由若干网元构成，每个网元可以包含一个或多个 SDN 数据通路。其中，每个 SDN 数据通路是一个逻辑上的网络设备，它没有控制能力，只是单纯用来转发和处理数据，它在逻辑上代表全部或部分的物理资源。

此外，一个 SDN 数据通路包含多个模块，主要包括控制数据平面接口代理、转发引擎和处理函数三个模块。SDN 的数据平面构成如图 8-4 所示。

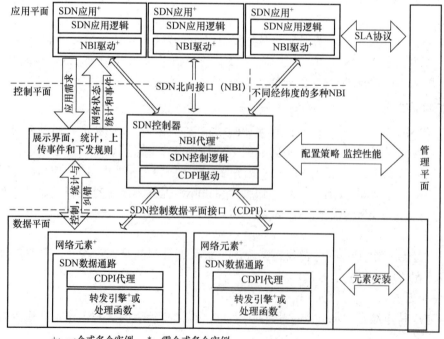

+: 一个或多个实例   *: 零个或多个实例

图 8-4   SDN 的数据平面构成

2. SDN 的控制平面

SDN 的控制平面主要表现为 SDN 控制器。SDN 控制器是一个逻辑上集中的实体，它主要负责两个任务，一是将 SDN 的应用平面请求转换到 SDN 数据通路，二是为 SDN 应用提供底层网络的抽象模型（可以是状态、事件）。

此外，一个 SDN 控制器包含 SDN 北向接口代理、SDN 控制逻辑以及控制数据平面接口驱动几个模块。SDN 的控制平面构成如图 8-5 所示。

SDN 控制器只要求逻辑上完整，因此，它可以由多个控制器实例协同组成，也可以是层级式的控制器集群。从地理位置上来讲，SDN 控制器既可以是所有控制器实例在同一位置，也可以是多个控制器实例分散在不同的位置。

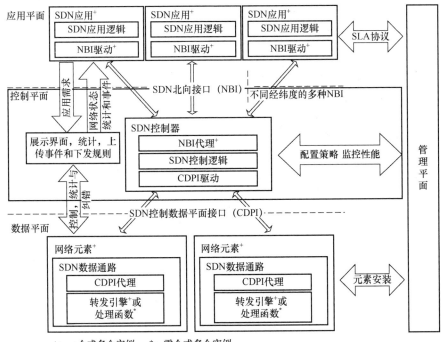

图 8-5　SDN 的控制平面构成

3. SDN 的应用平面

SDN 的应用平面由若干 SDN 应用构成。其中，SDN 应用是用户关注的应用程序，它可以通过北向接口与 SDN 控制器进行交互，即这些应用能够通过可编程方式把需要请求的网络行为提交给 SDN 控制器。

一个 SDN 应用可以包含多个北向接口驱动（使用多种不同的北向 API）。同时，SDN 应用也可以对本身的功能进行抽象、封装，来对外提供北向代理接口。封装后的接口就形成了更为高级的北向接口。SDN 的应用平面构成如图 8-6 所示。

4. SDN 的管理平面

SDN 的管理平面着重负责一系列静态的工作，这些工作比较适合在应用平面、控制平面、数据平面外实现，例如对网元进行配置、指定 SDN 数据通路的控制器等。同时，SDN 的管理平面负责定义 SDN 控制器以及 SDN 应用能控制的范围。SDN 的管理平面构成如图 8-7 所示。

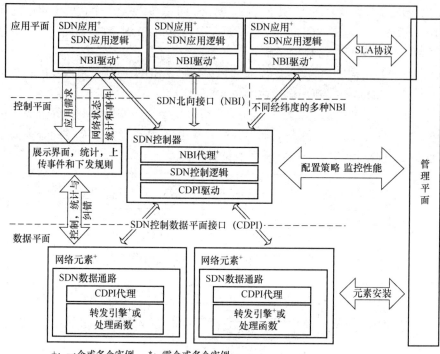

图 8-6　SDN 的应用平面构成

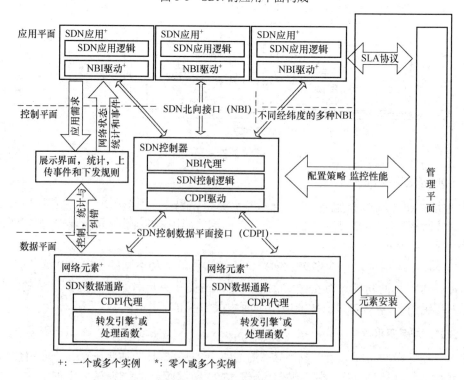

图 8-7　SDN 的管理平面构成

5. 了解 SDN 数据和控制分离的优点和缺点

SDN 数据和控制分离是 SDN 的核心思想之一。在传统的网络设备中，控制平面和数据平面在物理位置上是紧密耦合的。SDN 数据和控制分离的优点和缺点如下。

1）优点

SDN 数据和控制分离有利于两个平面之间数据的快速交互，实现网络设备性能的提升，例如，实现全局集中控制和分布高速转发、实现控制平面的全局优化、实现高性能的网络转发能力、实现灵活可编程与性能的平衡、实现开放性和 IT 化等。

2）缺点

SDN 数据和控制分离管理非常困难，只能逐个配置。任何错误都可能导致管理行为失效，难以进行故障定位与排查，灵活性也不够。当网络设备需求的功能越来越复杂时，在分布式平面上进行新功能部署的难度非常大，如数据中心这种变化较快、管控灵活的应用场景。

为此，SDN 以网络设备的 FIB（转发信息库）为界分割数据平面和控制平面。其中，交换设备只是一个轻量的、"哑"的数据平面，保留 FFFI 和高速交换转发能力；而上层的控制决策全部由远端的统一控制器节点完成。在这个节点上，网络管理员可以看到网络的全局信息，并根据该信息做出优化的决策。其中，数据控制平面之间采用 SDN 南向接口协议相连接，这个协议将提供数据平面的可编程性。

6. 了解 SDN 数据和控制分离的特征

SDN 数据和控制分离的特征主要体现在两个方面：① 采用逻辑集中控制，对数据平面采用开放式接口；② 需要解决分布式的状态管理问题。

一个逻辑上集中的控制器必须考虑冗余副本以防止控制器故障。为更加综合客观地评述 SDN 数据和控制分离的优劣，需要从时间维度去看待数据平面和控制平面的分离。SDN 的数据和控制分离经历了两个阶段：在早期刚提出 SDN 概念时，SDN 的代表协议仅是 OpenFlow，此时定义的数据和控制分离就是将控制平面从网络设备中完全剥离，放置于一个远端集中节点，这个定义并未在可实现性和性能上探讨过多，仅描绘了一个理想的模式；远端集中节点上的全局调度控制结合本地的快速转发，可以使网络智能充分提升，使网络功能的灵活性最大化。

接下来，随着 SDN 的影响力增加，越来越多的网络设备提供商也加入 SDN 的研究阵营中。出于自身利益考虑，网络设备提供商对 SDN 的数据和控制分离有了新的解读：远端集中节点是必要的，但是控制平面的完全剥离在实现上有难度。因此，控制平面功能哪些在远端、哪些在本地应该是 SDN 发展道路上需要研究的主要内容之一。

SDN 数据和控制分离产生的需要解决的问题有可扩展性问题、一致性问题、可用性问题。

8.1.4　了解 SDN 开源平台——OpenDayLight

OpenDayLight（简称 ODL）是 SDN 重要的开源平台，是由微软、爱立信、红帽等 11 家科技公司在 Linux 基金会下成立的合作项目。ODL 架构与 ONF 的 SDN 架构类似，主要包括以下内容。

（1）与 SDN 转发层对应的数据平面网元（如虚拟交换机、物理设备等），以及相应的南向接口（例如 OpenFlow 等标准协议及一些厂商专有的接口）。

（2）与 SDN 控制层对应的控制平台层及相应的基于 REST 的 ODL 北向接口。

（3）与 SDN 应用层对应的网络应用、编排和服务。

ODL 的主要内容包括 SDN 控制器开发、南北向接口 API 的扩展、用于多个控制器关联的东西向协议实现等组件。

1. ODL 控制器特点

ODL 控制器基于 Java 开发，相比其他控制器，它具有两大技术特点。一是采用了 OSGI（Open Service Gateway Initiative）体系结构，实现了众多网络功能的隔离，极大地增强了控制平面的可扩展性。二是引入了 SAL（Service Abstraction Layer），使得控制器可以自动适配包括 OF 交换机等不同底层协议的设备，使得开发者可以专注于业务应用的开发。

访问 ODL 官网可以获取软件包以及相应文档，ODL 官网图标如图 8-8 所示。

图 8-8　ODL 官网图标

ODL 控制器在目前主流厂商的 SDN 解决方案中应用非常广泛，其整体设计思想是支持多种协议，如 OpenFlow 协议（1.0-1.4）、OF-CONFIG 协议等。ODL 控制器可以灵活地实现二次开发，基于 SDN 系统结构建立 SDN 生态链。ODL 系统结构如图 8-9 所示。

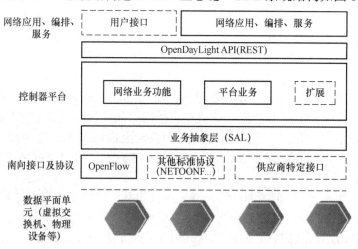

图 8-9　ODL 系统结构

2. 了解 ODL 系统结构的优点

ODL 系统结构具有以下优点。

（1）ODL 支持丰富的北向接口。ODL 可以支持 REST、OSGI 等北向接口，便于与 SDN 应用相对接。

（2）ODL 支持开源，降低了使用门槛，可以基于 ODL 培养用户的 SDN 思维和入门技术。ODL 的 EPL 版权模式还可以保护商业利益。

（3）SAL 对上层提供设备能力抽象，对下层支持多种南向接口，可以支持丰富的主流厂商 SDN 设备。

8.2　掌握 Mininet 仿真工具

8.2.1　认识 Mininet 仿真工具

虽然利用 Open vSwitch 可以很方便地搭建一个真正的 SDN 环境，然而当网络规模较大时，这样做代价太大且费时费力，这时就需要一个强大的网络仿真工具。

传统的网络仿真平台或多或少存在着某些缺陷，难以准确地模拟网络的实际状态，且不具备交互特性，使得基于这些平台开发的代码不能直接部署到真实网络中。斯坦福大学 Nick McKeown 研究小组基于 Linux Container 架构，开发了 Mininet 这一轻量级的进程虚拟化网络仿真工具。

Mininet 最重要的一个特点是，它的所有代码几乎可以无缝迁移到真实的硬件环境中，方便为网络添加新的功能并进行相关测试。

Mininet 是一个可以在有限资源的普通电脑上，快速建立大规模 SDN 原型系统的网络仿真工具。该系统由虚拟的终端节点、OpenFlow 交换机、控制器（也支持远程控制器）组成，这使得它可以模拟真实网络，可以对各种想法或网络协议等进行开发验证。

Mininet 工作逻辑图如图 8-10 所示，运行"sudo mn"命令可以创建最简单的虚拟网络环境。该网络环境由控制器（controllers）、交换机（switches）和主机（hosts）组成。在实际应用中，可以根据情况进行拓扑的自定义。

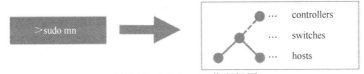

图 8-10　Mininet 工作逻辑图

8.2.2　了解 Mininet 系统架构

Mininet 可以实现进程虚拟化，其实现进程虚拟化主要用到 Linux 内核的命名空间（namespace）机制。Linux 从内核版本 2.6.27 开始支持命名空间机制。正是因为 Linux 内核支持这种命名空间机制，可以在 Linux 内核中创建虚拟主机和定制拓扑，这也是 Mininet 可以在一台普通电脑上创建支持 OpenFlow 协议的 SDN 的关键所在。

默认所有进程都在根命名空间（root 命名空间）中，某个进程可以通过 unshare 系统调用拥有一个新的命名空间，命名空间机制可以虚拟化以下三类系统资源。

1）网络协议栈

通俗来讲，每个命名空间都可以独自拥有一块网卡（可以是虚拟出来的），根命名空间看到的就是物理网卡，不同命名空间里的进程看到的网卡是不一样的。

2）进程表

简单来说，就是每个命名空间中的第一个进程看到自己的 PID 是 1，以为自己是系统中的第一个进程（实际是 init）。同时，不同命名空间中的进程之间是不可见的。

3）挂载表

不同命名空间中看到文件系统挂载情况是不一样的。

　　基于上述命名空间机制，Mininet 系统架构按数据路径的运行权限不同，分为 kernel 数据路径（如图 8-11 所示）和 userspace 数据路径（如图 8-12 所示）。其中，kernel 数据路径把分组转发的逻辑编译进 Linux 内核中，效率非常高。

　　控制器和交换机的网络接口都在 root 命名空间中，每台主机都在自己独立的命名空间里，这也就表明每台主机在自己的命名空间中都会有自己独立的虚拟网卡 eth0。

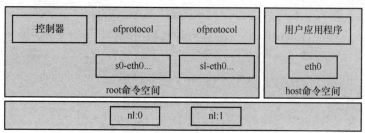

图 8-11　kernel 数据路径架构

　　userspace 数据路径把分组转发逻辑实现为一个应用程序，称为 ofdatapath，效率虽不及 kernel 数据路径，但更为灵活，更容易重新编译。userspace 数据路径与 kernel 数据路径的架构不同，网络的每个节点都拥有自己独立的命名空间。因为分组转发逻辑在用户空间实现，所以多出了一个进程。

　　Mininet 除了支持 kernel 数据路径和 userspace 数据路径这两种架构，还支持 OVS 交换机。OVS 交换机充分利用内核的高效处理能力，它的性能和 kernel 数据路径相差无几。

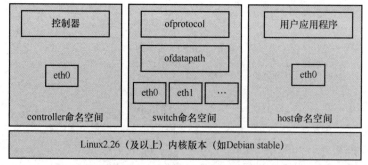

图 8-12　userspace 数据路径架构

8.2.3　掌握 Mininet 特性

　　Mininet 作为一个轻量级的 SDN 的研发与测试平台，得到了学术界的广泛关注，其主要特性包括以下 4 个方面。

　　（1）灵活性：Mininet 可通过软件的方式简单、迅速地创建一个用户自定义的网络拓扑，缩短开发测试周期，支持系统级的还原测试，且提供 Python API，简单易用。

　　（2）可移植性：Mininet 支持 OpenFlow、OVS 等 SDN 部件，在 Mininet 上运行的代码可以轻松移植到支持 OpenFlow 的硬件设备上。

　　（3）可扩展性：在一台电脑上模拟的网络规模可以轻松扩展到成百上千个节点。

　　（4）真实性：模拟真实网络环境，运行实际的网络协议栈，实时管理和配置网络，可以运行真实的程序，在 Linux 上运行的程序基本上都可以在 Mininet 上运行，如 Wireshark 等。

8.3　部署 SDN 网络

8.3.1　使用 Mininet 构建虚拟网络环境

部署 Mininet 的目的在于创建虚拟网络环境，该网络环境能够模拟真实场景中的项目。具备基本的网络环境之后，才能够使用 SDN 控制器对网络中的元素（主要是交换机）进行集中管理，实现对交换机的控制层面的管控，让交换机专注于数据层面的数据转发。

1. 安装 Mininet 的方法

使用 Mininet 之前，需要安装 Mininet。安装 Mininet 的方法有以下三种。

第一种方法是在 VMware Workstation 中直接导入从 Mininet 官网下载的 VM 虚拟机使用。该种方法比较适合刚入门 SDN 的用户。

第二种方法是从 GitHub 下载 Mininet 源码进行部署安装，该种方法要求用户能够熟悉 Ubuntu 系统的使用以及相关操作命令，并且要求在安装过程中，Ubuntu 系统要全程联网，便于进行相关依赖包的下载。

第三种方法是使用 apt-get 源进行安装，同样要求用户能够熟练操作 Ubuntu 系统，并且掌握 apt-get 源的配置方法。

2. 使用源码安装部署 Mininet

在本项目规划部署中使用第二种方法（即使用源码安装方法）安装部署 Mininet。使用源码安装方法安装部署 Mininet 的要求如表 8-1 所示。

表 8-1　使用源码安装方法安装部署 Mininet 的要求

操作系统	CentOS 7
虚拟网卡类型	仅主机模式（Vmnet1）
IP 地址	192.168.0.10/24

3. 使用 Mininet 构建虚拟网络环境

Mininet 安装完成之后就可以正常构建虚拟网络环境了。虚拟网络环境一般在 CentOS 7 操作系统的提示符下，执行 sudo mn 命令进行创建。单纯的 sudo mn 命令只能创建包含一台本地控制器、一台交换机和两台主机的简易环境。实际项目中的网络环境却更加复杂，所以需要在 sudo mn 命令中，使用更加丰富的参数来创建所需要的虚拟网络环境。

本项目中需要创建如图 8-13 所示的虚拟网络拓扑。

4. 构建 OpenFlow 网络拓扑

在 sudo mn 命令中使用参数"--topo"来指定 OpenFlow 网络拓扑。Mininet 为大多数应用实现了 5 种类型 OpenFlow 网络拓扑，分别为：tree（树型）拓扑、single（单交换机型）拓扑、reversed（反向型）拓扑、linear（线型）拓扑 和 minimal（最小型）拓扑。默认情况下创建的是 minimal 拓扑，该拓扑为一个交换机与两个主机相连。

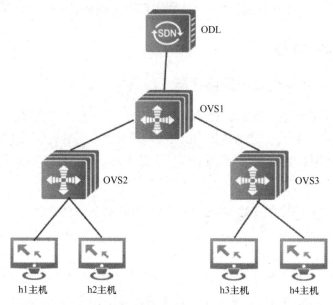

图 8-13　虚拟网络拓扑

通过命令 "--topo single，n" 可以创建 1 台 OpenFlow 交换机下挂连接 n 台主机的网络拓扑。其中，reversed 拓扑与 single 拓扑相似。区别在于 single 拓扑的主机编号和相连的交换机端口编号同序；而 reversed 的拓扑主机编号和相连的交换机端口编号反序。

通过命令 "--topo linear，n" 可以创建 n 台 OpenFlow 交换机，且每台交换机只连接一台主机的网络拓扑，并且所有交换机连接成直线。

通过命令 "--topo tree，depth=n，fanout=m" 可以创建一个 tree 拓扑，深度是 n，扇出是 m。例如，当 depth=2，fanout=8 时，将创建 3 个交换机（共 2 层）连接 16 个主机（每个交换机连接 8 个设备，设备中包括交换机及主机）。

另外，参数 "--custom" 允许用户进行自定义网络拓扑。在上述已有网络拓扑的基础上，Mininet 支持自定义网络拓扑，使用一个简单的 Python API 即可。用户可以自行编辑 Python 脚本，并调用 Mininet 的相关模块和类创建更加复杂的网络拓扑，如双核心双链路的网络拓扑等。进行自定义网络拓扑时，用户需要熟悉 Python 基础编程知识，并且了解 Mininet 模块和类的调用机制。

本项目规划采用命令 "--topo tree，depth=n，fanout=m" 来创建虚拟网络拓扑。

8.3.2　部署 SDN 控制器

开源的 SDN 控制器有很多种，目前应用比较广泛且在业界比较热门的控制器是 ODL。由于其具有丰富的 REST API 可供二次开发，可以满足不同场景下的各种 SDN 需求，深受广大 SDN 爱好者和 SDN 解决方案厂商的青睐。

本项目直接采用 "ODL 集成工具" 部署安装 ODL，将 "集成工具" 直接导入 VMware workstation 中，相关环境部署参数如表 8-2 所示。

表 8-2　环境部署参数

VMware Workstation 版本	VMware Workstation15.5
虚拟网卡类型	仅主机模式（Vmnet1）
IP 地址	192.168.0.20/24

8.3.3　使用 SDN 控制器实现二层/三层网络访问

本项目规划 SDN 控制器和 Mininet 处于同一个网段中，所以使用 Mininet 构建网络拓扑时，同时指定控制器的类型、IP 地址及端口。只要 Mininet 所在的 CentOS7 虚拟机和 ODL 所在的 Ubuntu 虚拟机能够正常通信，那么一般情况下，ODL 都可以正常管理 Mininet 中交换机。可以登录 ODL 的 WEBUI 查看 Mininet 中交换机的状态信息，这点也是在 SDN 控制器中下发策略实现访问控制的基础。

在本项目中，关于流表的下发不在 Mininet 中直接执行，而是在 ODL 中的 YangMan 中的 REST API 下进行，目的是让读者能够掌握 ODL 中 REST API 的相关操作。

ODL 中的流量下发可以采用二层和三层的方式实现。其中，下发二层流表可以控制指定 MAC 地址主机之间的通信；下发三层流表可以控制指定 IP 地址之间或者指定 IP 地址和 MAC 地址之间的主机通信。

8.3.4　应用 SDN 测试工具

开源的 SDN 平台提供丰富的测试工具，如 Iperf、Cbench、sFlow，可以用来测试 Mininet 虚拟网络性能、控制器性能、网络流量等。这些测试工具可以满足 SDN 网络部署完成之后的测试任务，测试结果直观反映出当前的网络环境是否满足既定的需求。

测试 Mininet 虚拟网络性能可以使用 Iperf，该工具无须人为手动安装，安装完成 Mininet 之后，该工具即可进行使用。

Cbench 是一款 OpenFlow 控制器性能测试工具，通过模拟一定数量的交换机连接到控制器发送 packet-in 消息，并等待控制器下发 flow-mods 消息来衡量控制器的性能。良好的控制器性能是确保 SDN 网络环境稳定性和可靠性的重要保障。

sFlow 是一种以设备端口为基本单元的数据流随机采样的流量监控技术，sFlow 不仅可以提供完整的第二层到第四层甚至全网范围内的实时流量信息，而且可以适应超大网络流量（如大于 10Gbit/s）环境下的流量分析，让用户详细、实时地分析网络传输流的性能、趋势和存在的问题。sFlow 工作逻辑图如图 8-14 所示。

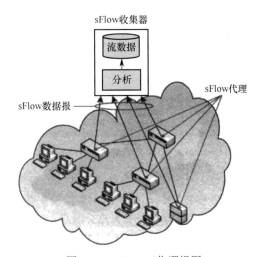

图 8-14　sFlow 工作逻辑图

sFlow 由 sFlow 代理和 sFlow 收集器两部分组成。其中，sFlow 代理作为客户端，一般内嵌于网络转发设备（如交换机、路由器），通过获取本设备上的接口统计信息和数据信息，将信息封装成 sFlow 数据报。当 sFlow 数据报缓冲区满，或在 sFlow 数据报缓存时间（缓存时间为 1 秒）超时后，sFlow 代理将 sFlow 数据报送到指定的 sFlow 收集器。sFlow 收集器作为远端服务器，负责对 sFlow 数据报分析、汇总，生成流量报告。

【规划实践】

【任务描述】

本任务为对 CBZ 的 SDN 网络进行改造，为确保改造顺利，需要进行改造后环境预演，期望通过虚拟化环境搭建如图 8-15 所示的 SDN 网络拓扑，在虚拟化环境中进行网络策略部署、流量部署及性能测试工作。

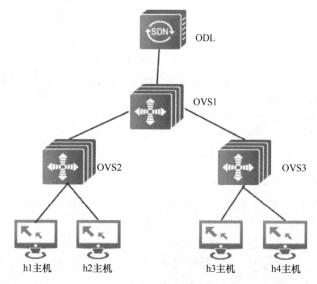

图 8-15　SDN 网络拓扑

【实施步骤】

1．Ubuntu16 系统安装

首先，在 Vmware workstations15 中使用镜像文件"ubuntu-16.04.3-server-amd64.iso"安装 Ubuntu16 系统。然后设置虚拟机网卡类型为"Custom（Vmnet0）"，进行桥接物理网卡。

2．配置网卡类型与 IP 地址信息

启动 Ubuntu16 系统，设置虚拟机 IP 地址配置类型为动态获取模式，相关命令如下。

```
linux@Mininet:~$ sudo vi /etc/network/interfaces        #编辑网卡配置文件
sudo: unable to resolve host Mininet: Connection refused
[sudo] password for yx:
# This file describes the network interfaces available on your system
# and how to activate them. For more information， see interfaces（5）.
source /etc/network/interfaces.d/*
```

```
# This file describes the network interfaces available on your system
# and how to activate them. For more information，  see interfaces（5）.
source /etc/network/interfaces.d/*
# The loopback network interface
auto lo
iface lo inet loopback
# The primary network interface
auto ens33                                      #设置网卡处于开机自启动状态
iface ens33 inet dhcp                           #设置网卡地址配置方式为 DHCP 自动分配
```

保存退出后，重启网卡，相关命令如下。

```
linux@Mininet:~$ /etc/init.d/networking restart  #重启网卡
```

此时，查看系统的网卡信息，如图 8-16 所示。

```
yx@mininet:~$ ip add | grep ens33
2: ens33: <BROADCAST,MULTICAST,UP,LOWER_UP> mtu 1500 qdisc pfifo_fast s
tate UP group default qlen 1000
        inet 10.168.1.130/24 brd 10.168.1.255 scope global ens33
```

图 8-16　查看系统的网卡信息

3. 测试虚拟机到达互联网的连通性

使用 ping 指令测试虚拟机到达互联网的连通性，测试效果如图 8-17 所示。

```
yx@mininet:~$ ping www.baidu.com
PING www.a.shifen.com (110.242.68.4) 56(84) bytes of data.
64 bytes from 110.242.68.4: icmp_seq=1 ttl=50 time=36.9 ms
64 bytes from 110.242.68.4: icmp_seq=2 ttl=50 time=32.4 ms
64 bytes from 110.242.68.4: icmp_seq=3 ttl=50 time=35.6 ms
64 bytes from 110.242.68.4: icmp_seq=4 ttl=50 time=33.1 ms
^C
--- www.a.shifen.com ping statistics ---
4 packets transmitted, 4 received, 0% packet loss, time 3004ms
rtt min/avg/max/mdev = 32.497/34.577/36.964/1.831 ms
```

图 8-17　测试到达网址的连通性

4. 下载 Mininet 源码

进入当前用户主目录，在线下载 Mininet 源码，操作过程以及状态如图 8-18 所示。此时，一定要保证虚拟机能够正常访问互联网。

```
yx@ubuntu:~$ git clone git://github.com/mininet/mininet
正克隆到 'mininet'...
remote: Enumerating objects: 13, done.
remote: Counting objects: 100% (13/13), done.
remote: Compressing objects: 100% (11/11), done.
remote: Total 9677 (delta 2), reused 5 (delta 2), pack-reused 9664
接收对象中: 100% (9677/9677), 3.03 MiB | 78.00 KiB/s, 完成.
处理 delta 中: 100% (6419/6419), 完成.
检查连接... 完成。
正在检出文件: 100% (137/137), 完成.
```

图 8-18　下载 Mininet 源码

5. 安装 Mininet

获取 Mininet 源码后即可安装 Mininet，以下命令将安装 Mininet 中的所有工具，包括 Open vSwitch、Wireshark 和 POX，在默认情况下，这些工具安装在用户的主目录（root 目录）下。

```
linux@Mininet:~$cd Mininet/util/                 #进入源码安装目录
linux@Mininet:~$ ./install.sh -a                 #执行安装指令
```

6．构建简单的虚拟网络拓扑

Mininet 安装成功后，输入以下命令即可创建简单的虚拟网络环境。

linux@Mininet:~$sudo mn　#创建虚拟网络环境

执行上述命令后，会创建默认的一个小型测试网络，如图 8-19 所示。

经过短暂的等待，即可进入以"Mininet>"引导的命令行界面。进入命令行界面后，默认网络拓扑创建成功，即拥有一个一台控制节点、一台交换机和两台主机的网络。

图 8-19　Mininet 构建最简单的虚拟网络环境

如果要清空当前的网络拓扑，从 Mininet 的 CLI 退出后，输入以下命令即可。

linux@Mininet:~$sudo mn –c　#清空当前的网络拓扑

7．连通性测试

虚拟网络拓扑创建完成之后，我们可以使用命令测试主机之间的连通性。连通性测试有两种方式，一种方式是使用命令 pingall 测试所有主机之间的连通性（如图 8-20 所示），一种是使用普通的 ping 命令测试指定两台主机之间的连通性（如图 8-21 所示）。其中，"->"右侧出现对应位置的主机名称，则证明连通性没有问题。如果对应的位置出现"X"，代表"->"左侧的主机到该位置的主机连通性异常。

图 8-20　测试所有主机之间的连通性

图 8-21　测试 h1 和 h2 之间的连通性

从图 8-20 和图 8-21 中可以看出，无论采用哪种方式进行测试，h1 与 h2 之间的连通性都是正常的。

使用命令 nodes 可以查看包含主机和交换机在内的所有节点信息，如图 8-22 所示。

```
mininet> nodes
available nodes are:
c0 h1 h2 s1
```

图 8-22　查看网络中的所有节点

使用命令 nets 可以查看链路信息，如图 8-23 所示。

```
mininet> net
h1 h1-eth0:s1-eth1
h2 h2-eth0:s1-eth2
s1 lo:  s1-eth1:h1-eth0 s1-eth2:h2-eth0
c0
```

图 8-23　查看链路信息

使用 ifconfig 命令可以查看指定主机的网卡信息。默认情况下，主机的 IP 地址会从 10.0.0.1 开始依次进行分配，但是默认情况下主机的 MAC 地址是随机的，如图 8-24 所示。

```
mininet> h1 ifconfig
h1-eth0   Link encap:Ethernet  HWaddr ca:f5:02:97:a2:b2
          inet addr:10.0.0.1  Bcast:10.255.255.255  Mask:255.0.0.0
          inet6 addr: fe80::c8f5:2ff:fe97:a2b2/64 Scope:Link
          UP BROADCAST RUNNING MULTICAST  MTU:1500  Metric:1
          RX packets:23 errors:0 dropped:0 overruns:0 frame:0
          TX packets:17 errors:0 dropped:0 overruns:0 carrier:0
          collisions:0 txqueuelen:1000
          RX bytes:1842 (1.8 KB)  TX bytes:1362 (1.3 KB)
```

图 8-24　查看 h1 网卡的详细信息

8. 配置网卡类型与 IP 地址信息

在 VMware Workstation15 中，导入 "ODL 集成工具.ova" 虚拟机，设置网卡模式为 "仅主机模式（VMnet1）"。在 ODL 虚拟机运行之后，输入用户名 Mininet 和密码 Mininet 进行登录。登录成功之后，按照之前的规划配置虚拟机的 IP 地址为 192.168.0.20/24。

9. 安装部署 ODL 控制器

Mininet@Mininet-vm:~$ unzip distribution-karaf-0.6.0-Carbon.zip	#解压 ODL 压缩包
Mininet@Mininet:~$cd distribution-karaf-0.6.0-Carbon/	#进入目录
Mininet@Mininet-vm:~/distribution-karaf-0.6.0-Carbon$ cd bin	
Mininet@Mininet-vm:~/distribution-karaf-0.6.0-Carbon/bin$./karaf	#运行 karaf

成功启动之后，将进入 ODL 提示符，如图 8-25 所示。

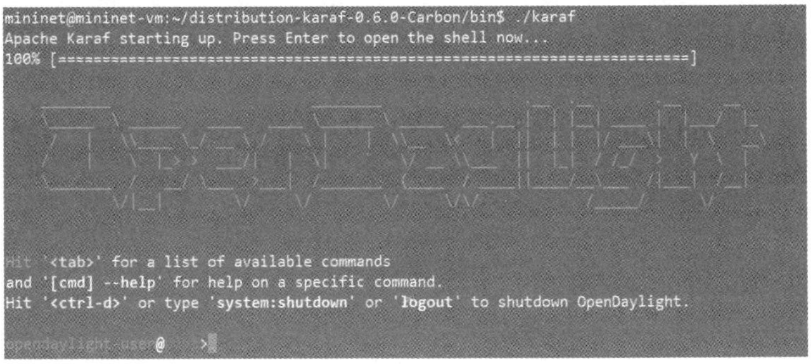

```
mininet@mininet-vm:~/distribution-karaf-0.6.0-Carbon/bin$ ./karaf
Apache Karaf starting up. Press Enter to open the shell now...
100% [========================================================]

Hit '<tab>' for a list of available commands
and '[cmd] --help' for help on a specific command.
Hit '<ctrl-d>' or type 'system:shutdown' or 'logout' to shutdown OpenDaylight.

opendaylight-user@  >
```

图 8-25　ODL 提示符

10. 安装 ODL 组件

在 ODL 提示符下，输入以下命令安装 ODL 相关组件。

feature:install odl-restconf	#安装 ODL REST 配置组件
feature:install odl-l2switch-switch-ui	#安装二层交换机 UI 组件
feature:install odl-mdsal-apidocs	#安装 API 文档组件
feature:install odl-dluxapps-applications	#安装 APP 应用组件

安装完成的结果如图 8-26 所示。

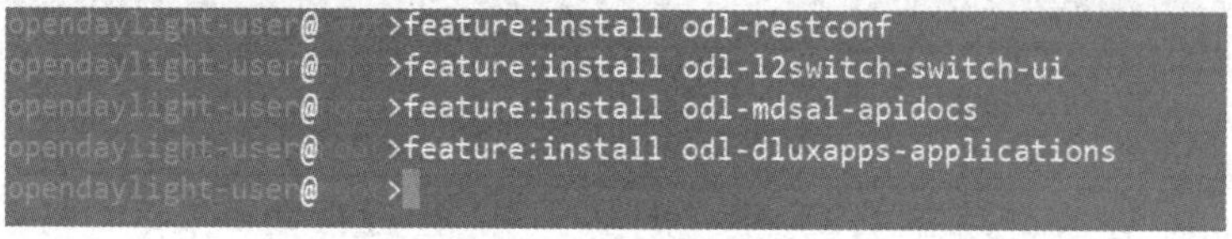

```
opendaylight-user@    >feature:install odl-restconf
opendaylight-user@    >feature:install odl-l2switch-switch-ui
opendaylight-user@    >feature:install odl-mdsal-apidocs
opendaylight-user@    >feature:install odl-dluxapps-applications
opendaylight-user@    >
```

图 8-26   安装 ODL 组件

11. 使用 Mininet 创建拓扑连接控制器

在 Mininet 虚拟机创建之前，配置动态 IP 地址的目的是能够连接互联网，进行 Mininet 组件的安装。根据本项目的规划，安装完成的 Mininet 虚拟机需要设置网卡类型为"仅主机模式（Vmnet1）"；并设置 IP 地址为 192.168.0.20，子网掩码为 255.255.255.0。然后在 Mininet 中使用以下命令，创建拓扑连接控制器。

```
sudo mn --topo=tree，depth=2，fanout=2 --switch ovsk --controller=remote，ip=192.168.0.10，port=6653 --mac
```

其中，ODL 的服务端口为 6653；而且 sudo mn 命令必须通过 root 用户权限执行，所以在使用该命令前，需要使用 sudo 提升权限。通过指定"--mac"参数，使得主机的 MAC 地址从 00:00:00:00:00:01 开始依次分配，并进行管理和识别。配置结果的内容如图 8-27 所示。

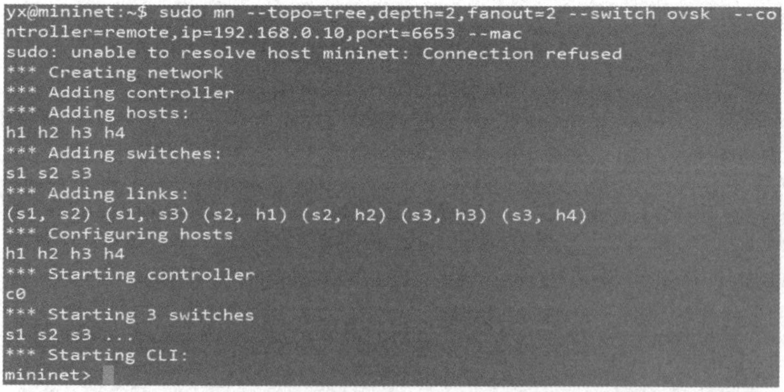

```
yx@mininet:~$ sudo mn --topo=tree,depth=2,fanout=2 --switch ovsk  --co
ntroller=remote,ip=192.168.0.10,port=6653 --mac
sudo: unable to resolve host mininet: Connection refused
*** Creating network
*** Adding controller
*** Adding hosts:
h1 h2 h3 h4
*** Adding switches:
s1 s2 s3
*** Adding links:
(s1, s2) (s1, s3) (s2, h1) (s2, h2) (s3, h3) (s3, h4)
*** Configuring hosts
h1 h2 h3 h4
*** Starting controller
c0
*** Starting 3 switches
s1 s2 s3 ...
*** Starting CLI:
mininet>
```

图 8-27   创建拓扑连接控制器

12. 登录 ODL 控制器的 WEBUI

在浏览器中正常访问 ODL 控制器的 WEBUI，如图 8-28 所示，此时，输入用户名和密码进行登录，即可进入首页。

13. 测试主机之间默认的连通性

使用 pingall 命令测试默认情况下，所有主机之间的连通性，结果如图 8-29 所示。

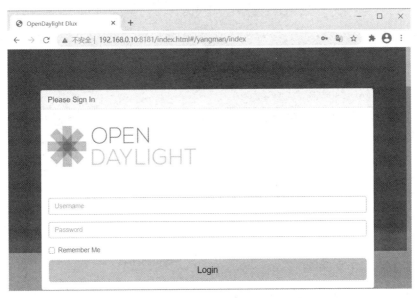

图 8-28　访问 ODL 控制器的 WEBUI

```
mininet> pingall
*** Ping: testing ping reachability
h1 -> h2 h3 h4
h2 -> h1 h3 h4
h3 -> h1 h2 h4
h4 -> h1 h2 h3
*** Results: 0% dropped (12/12 received)
mininet>
```

图 8-29　流表下发之前测试各主机之间的连通性

14. 查看网络拓扑

在 ODL 的"Topology"页面，可以查看此时的网络拓扑，如图 8-30 所示。

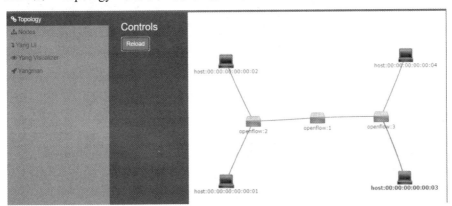

图 8-30　查看网络拓扑

15. 分析流控需求

通过 OVS 在 S1 下发一条流表实现 h1 与 h2 可以互通，h3 与 h4 可以互通，但 h1、h2 与 h3、h4 间不可以连通。如图 8-31 所示，在 S1 的 eth1 或者 eth2 接口上，拒绝 in 方向的任何数据包，可以通过一条流表实现。

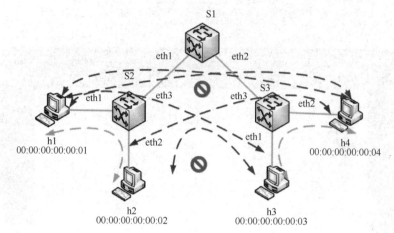

图 8-31　访问需求数据流分析

16. 在控制器中下发策略

首先，访问 YangUI，在 YangUI 中可以看到对应的 REST API 的节点信息，如图 8-32 所示。

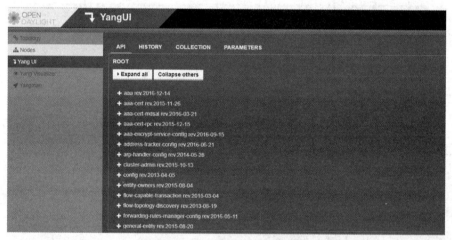

图 8-32　查看 ODL 的 REST API

然后，为交换机 S1 添加流表，选择的节点流程为：Yang UI→API→opendaylight-inventory→config→nodes→node{id}→table{id}）→flow{id}，显示结果如图 8-33 所示。

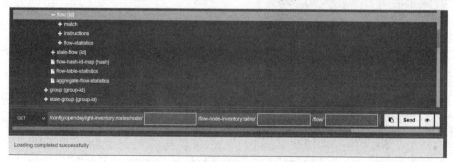

图 8-33　找到 REST API 对应路径

接下来，输入 S1 的信息，并且选择操作方法发送 PUT，如图 8-34 所示。

图 8-34　输入 S1 的信息以及流表 ID

然后，在下面进行编辑流表。填写流表的编号为 1，并且设置 in-port 为 S1 的 1 接口，如图 8-35 所示。

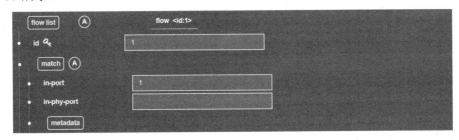

图 8-35　添加入向接口编号

最后，填写流表的优先级，优先级越高，该流表就会优先进行处理和匹配，如图 8-36 所示。

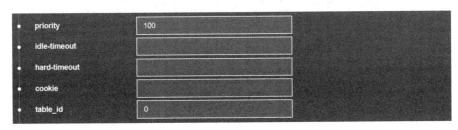

图 8-36　设置流表优先级

上述流表的操作会将进入 S1 的 1 接口的流量进行丢弃。此时单击 API 地址栏后的"send"按钮进行流表的发送，如图 8-37 所示。

图 8-37　向 S1 下发流表

出现如图 8-38 所示的状态，则说明流表下发成功。

图 8-38　流表下发成功

17. 测试下发策略后的连通性

在 Mininet 中，查看 S1 的流表信息，如图 8-39 所示。图 8-39 中白色底纹的流表，即为 ODL 控制器下发的流表。

```
yx@mininet:~$ sudo ovs-ofctl dump-flows s1 -O openflow13
sudo: unable to resolve host mininet: Connection refused
[sudo] password for yx:
OFPST_FLOW reply (OF1.3) (xid=0x2):
 cookie=0x2b00000000000007, duration=1222.745s, table=0, n_packets=489
, n_bytes=41565, priority=100,dl_type=0x88cc actions=CONTROLLER:65535
 cookie=0x2b00000000000010, duration=1216.775s, table=0, n_packets=25,
 n_bytes=1806, priority=2,in_port=2 actions=output:1
 cookie=0x2b00000000000011, duration=1216.775s, table=0, n_packets=27,
 n_bytes=1890, priority=2,in_port=1 actions=output:2
 cookie=0x0, duration=109.590s, table=0, n_packets=0, n_bytes=0, prior
ity=100,in_port=1 actions=drop
 cookie=0x2b00000000000007, duration=1222.745s, table=0, n_packets=10,
 n_bytes=808, priority=0 actions=drop
```

图 8-39　查看 s1 中的流表信息

此时，再次使用 pingall 命令，测试各主机之间的连通性，如图 8-40 所示。从图中结果可以看出，此时 h1 和 h2 之间可以正常通信，h3 和 h4 之间也可以正常通信，其他主机之间都是无法通信的。

```
mininet> pingall
*** Ping: testing ping reachability
h1 -> h2 X X
h2 -> h1 X X
h3 -> X X h4
h4 -> X X h3
*** Results: 66% dropped (4/12 received)
```

图 8-40　流表下发之后测试主机之间的连通性

18. 测试主机之间的带宽

使用 Iperf 命令，测试主机 h1 与 h2 之间的带宽，如图 8-41 所示。从图中结果可以看出 h1 和 h2 之间的带宽最高可以达到 815Mbps。其他主机之间的测试方法与此类似。

```
mininet> iperf h1 h2
*** Iperf: testing TCP bandwidth between h1 and h2
*** Results: ['809 Mbits/sec', '815 Mbits/sec']
```

图 8-41　测试 h1 和 h2 之间的带宽

【认证测试】

1．SDN 构架中的核心组件是（　　）。
　A．控制器　　　　　　　B．服务器　　　C．存储器　　　D．运算器
2．从 SDN 的应用领域角度来看，（　　）是 SDN 第一阶段商用的重点。
　A．电信运营商网络　　　B．OpenFlow　　C．政企网络　　D．数据中心
3．下列说法错误的是（　　）。
　A．在新的生态体系中，架构最底层的交换设备只需要提供最基本、最简单的功能
　B．SDN 适合于云计算供应商以及面对大幅扩展工作负载的企业
　C．SDN 转发与控制分离的架构可使得网络设备通用化、简单化
　D．SDN 技术不能实现灵活地集中控制和云化的应用感知
4．在 SDN 中，网络设备只单纯地负责（　　）。

　　A．流量控制　　　　　　　　B．数据处理　　　　C．数据转发　　　　D．维护网络拓扑

5．SDN 的关键点是（　　）与（　　）是分离的。

　　A．控制平面　　　　　　　　B．数据平面　　　　C．应用平面　　　　D．管理平面

6．云计算的发展是以虚拟化技术为基础的。　（　　　）

　　A．正确　　　　　　　　　　　　　　　　　B．错误

7．SDN 的意义在于削弱底层基础设施的作用，即软件可以实时地对其进行重新配置和编程。（　　）

　　A．正确　　　　　　　　　　　　　　　　　B．错误

8．现有网络中，对流量的控制和转发都依赖于网络设备实现。（　　　）

　　A．正确　　　　　　　　　　　　　　　　　B．错误

9．OpenFlow 最突出的优点是可以减少硬件交换机的成本。（　　　）

　　A．正确　　　　　　　　　　　　　　　　　B．错误

项目 9 在企业网中部署、搭建常用的网络服务

【项目背景】

福州龙锐电子商务公司是一家以婴幼儿用品为主要销售内容的电子商务公司，现公司成立信息中心，需要把 DHCP、DNS、门户网站等服务系统部署到公司内部网络。系统服务部署如图 9-1 所示，公司要求信息中心尽快将这些业务系统部署在新购置的三台安装了 CentOS 8 系统的服务器上。

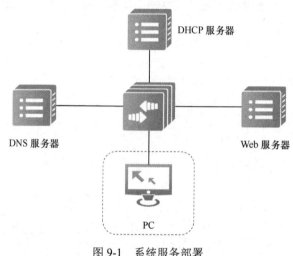

图 9-1 系统服务部署

【学习目标】

1. 在企业网中部署 DNS 服务器，实施网络服务。
2. 在企业网中部署 DHCP 服务器，实施网络服务。
3. 在企业网中部署 Web 服务器，实施网络服务。

【规划技术】

9.1 部署 Linux Server DNS 服务

9.1.1 了解 DNS 基础知识

DNS 是计算机域名系统，它由域名解析器和域名服务器组成。域名服务器是指保存该网络中所有主机的域名和对应 IP 地址，并具有将域名转换为 IP 地址功能的服务器。其中，域名必须对应一个 IP 地址；一个 IP 地址可以有多个域名，也可以没有域名。域名系统采用类似目录树的等级结构。域名服务器通常为 C/S 模式中的服务器方，服务器方

主要有两种形式：主服务器和转发服务器。将域名映射为 IP 地址的过程就称为"域名解析"。

DNS 采用 FQDN（Fully Qualified Domain Name，完全正式域名）的形式，由主机名和域名两部分组成。例如，www.163.com 就是一个典型的 FQDN，其中，163.com 是域名，表示一个区域；www 是主机名，表示 163.com 区域内的一台主机。

9.1.2　熟悉域名空间

DNS 是一个分布式数据库，命名系统采用层次化的逻辑结构，如同一棵倒置的树，这个逻辑的树形结构称为域名空间。由于 DNS 划分了域名空间，因此各机构可以使用自己的域名空间创建 DNS 信息，如图 9-2 所示。

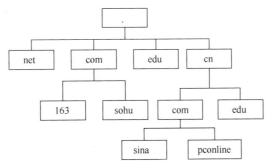

图 9-2　倒置的树形结构

域和域名 DNS 树的每个节点代表一个域，这些节点对整个域名空间进行划分，成为一个层次结构。域名空间的每个域的名称通过域名进行表示。

域名通常由一个 FQDN 标识。FQDN 能够准确地表示出其相对于 DNS 域树根的位置，也就是节点到 DNS 域树根的完整表述方式，从节点到树根采用反向书写，并将每个节点用"."分隔，对于 DNS 域 163 来说，其域名为 163.com。

一个 DNS 域可以包括主机和其他域（子域），每个机构都拥有名称空间的某一部分的授权，负责该部分名称空间的管理和划分，并用它来命名 DNS 域和计算机。例如，163 为 com 域的子域，其表示方法为 163.com；而 www 为 163 域中的 Web 主机，可以使用 www.163.com 表示。Internet 域名空间中 DNS 根域下面是顶级域，由 Internet 域名注册授权机构管理。顶级域有 3 种类型，分别为组织域、地址域和反向域。

（1）组织域：采用 3 个字符的代号，表示 DNS 域中所包含的组织的主要功能或活动。例如，com 为商业机构组织，edu 为教育机构组织，gov 为政府机构组织，mil 为军事机构组织，net 为网络机构组织，org 为非营利机构组织，int 为国际机构组织。

（2）地址域：采用两个字符的国家或地区代号，例如，cn 为中国，kr 为韩国，us 为美国。

（3）反向域：这是个特殊域，后缀为 in-addr.arpa，用于将 IP 地址映射到名称（反向查询）。

9.1.3　了解 DNS 服务器类型

DNS 服务器用于实现域名与 IP 地址的双向解析，将域名解析为 IP 地址的过程称为正向解析，将 IP 地址解析为域名的过程称为反向解析。

网络中存在 4 种类型的 DNS 服务器：主 DNS 服务器、辅助 DNS 服务器、转发 DNS

服务器和委派 DNS 服务器。

1. 主 DNS 服务器

主 DNS 服务器是特定 DNS 域内所有信息的权威性信息源。主 DNS 服务器保存着自主生产的区域文件，该文件是可读写的。当 DNS 域内的信息发生变化时，这些变化都会保存到主 DNS 服务器的区域文件中。

2. 辅助 DNS 服务器

辅助 DNS 服务器不创建区域数据，它的区域数据是从主 DNS 服务器复制来的，因此，区域数据只能读不能修改，也称为副本区域数据。

当启动辅助 DNS 服务器时，辅助 DNS 服务器会与主 DNS 服务器建立联系，并从主 DNS 服务器中复制数据。辅助 DNS 服务器在工作时会定期地更新副本区域数据，以尽可能地保证副本和正本区域数据的一致性。

辅助 DNS 服务器除可以从主 DNS 服务器复制数据外，还可以从其他辅助 DNS 服务器复制区域数据。在一个区域中设置多个辅助 DNS 服务器可以提供容错机制，分担主 DNS 服务器的负担，同时加快 DNS 解析的速度。

3. 转发 DNS 服务器

转发 DNS 服务器用于将 DNS 解析请求转发给其他 DNS 服务器。当转发 DNS 服务器收到客户端的请求后，它首先会尝试从本地数据库中查找，找到后返回给客户端解析结果；若未找到，转发 DNS 服务器则需要向其他 DNS 服务器转发解析请求，其他 DNS 服务器完成解析后会返回解析结果，转发 DNS 服务器会将该结果存在自己的缓存中，同时返回给客户端解析结果。后续，如果客户端再次请求解析相同的名称，转发 DNS 服务器会根据缓存记录结果回复该客户端。

4. 委派 DNS 服务器

委派 DNS 服务器可以提供名称解析，但没有任何本地数据库文件。委派 DNS 服务器不是权威性的服务器，因为它所提供的所有信息都是间接信息。

9.1.4 掌握 DNS 的查询模式

根据 DNS 服务器对客户端的不同响应方式，DNS 服务器的查询模式可分为两种类型：递归查询和迭代查询。

1. 递归查询

在递归查询模式下，DNS 服务器接收到客户端的请求后，必须使用一个准确的查询结果回复客户端。如果 DNS 服务器本地没有存储相关的查询信息，那么 DNS 服务器会询问其他服务器，并将返回的查询结果提交给客户端。

2. 迭代查询

在迭代查询模式下，当客户端发送查询请求时，DNS 服务器并不直接回复查询结果，而是告诉客户端另一台 DNS 服务器的地址，客户端再向这台 DNS 服务器提交请求，依次循环直到返回查询的结果为止。

9.1.5　DNS 域名解析的工作过程

DNS 域名解析的工作过程如图 9-3 所示。

① 客户端提交域名解析请求，并将该请求发送给本地 DNS 服务器。

② 当本地 DNS 服务器收到请求后，先查询本地的缓存。如果有查询的 DNS 信息记录，则直接返回查询的结果。如果没有查询的 DNS 信息记录，本地 DNS 服务器就把请求发给根 DNS 服务器。

③ 根 DNS 服务器再返回给本地 DNS 服务器一个所查询域的顶级 DNS 服务器的地址。

④ 本地 DNS 服务器再向返回的 DNS 服务器发送请求。

⑤ 接收到该查询请求的 DNS 服务器查询其缓存和记录，如果有相关信息，则返回客户端查询结果；否则，通知客户端下级的 DNS 服务器的地址。

⑥ 本地 DNS 服务器将查询请求发送给返回的 DNS 服务器。

⑦ DNS 服务器返回本地 DNS 服务器查询结果。如果该 DNS 服务器不包含查询的 DNS 信息，查询过程将重复步骤⑥、⑦，直到返回解析信息或解析失败的回应。

⑧ 本地 DNS 服务器将返回的结果保存到缓存，并且将结果返回给客户端。

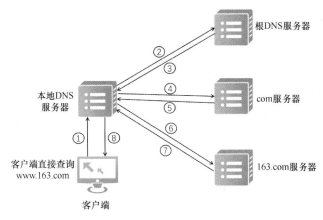

图 9-3　DNS 域名解析的过程

9.2　部署 Linux Server DHCP 服务

9.2.1　了解 DHCP 协议

DHCP（Dynamic Host Configuration Protocol，动态主机配置协议）是一种能够为网络中的主机提供 TCP/IP 配置的应用层协议。DHCP 基于 C/S 模型，DHCP 客户端能够从 DHCP 服务器中获取到 IP 地址及其他参数，从而降低手工配置带来的工作量和出错率。DHCP 工作模型如图 9-4 所示。

DHCP 使用 UDP 67 端口作为源端口来回应应答消息给 DHCP 客户端，使用 UDP 68 端口作为目的端口来广播信息，即 DHCP 服务器回应应答消息给 UDP 68 端口。当将 DHCP 客户端 IP 地址设置为动态获取方式时，DHCP 服务器就会根据 DHCP 协议给 DHCP 客户端分配 IP 地址，使 DHCP 客户端能够利用这个 IP 地址上网。

DHCP 客户端　　　　　　　　　　　　DHCP 服务器
自动获取TCP/IP配置　　　　　　　　　提供TCP/IP配置

图 9-4　DHCP 工作模型

9.2.2　部署 DHCP 服务的优势

在网络中部署 DHCP 服务具有以下优势。

（1）对于企业管理员，在网络中部署 DHCP 服务能够给内部网络中的众多 DHCP 客户端主机自动分配网络参数，提高工作效率。

（2）在一定程度上缓解 IP 地址不足的问题。

（3）方便需要在不同网络间移动的主机联网。

9.2.3　了解 DHCP 客户端接入网络过程

DHCP 通过租约机制自动分配网络设备参数。DHCP 客户端首次接入网络时，需要与 DHCP 服务器交互，才能获取 IP 地址租约信息。IP 地址租约分为发现阶段、提供阶段、选择阶段和确认阶段 4 个阶段，如图 9-5 所示。

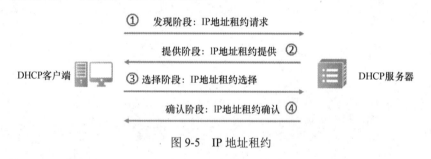

图 9-5　IP 地址租约

1. 发现阶段（DHCP Discover）

当 DHCP 客户端第一次接入网络并初始化网络参数时（操作系统启动时、新安装网卡时、插入网线时、启用被禁用的网络连接时），由于 DHCP 客户端没有 IP 地址，DHCP 客户端将发送 IP 地址租约请求。因为 DHCP 客户端不知道 DHCP 服务器的 IP 地址，所以它将会以广播的方式发送 DHCP Discover 消息。

2. 提供阶段（DHCP Offer）

DHCP 服务器收到 DHCP 客户端发出的 DHCP Discover 消息后，会发送一个 DHCP Offer 消息响应 DHCP 客户端，并为 DHCP 客户端提供 IP 地址等网络配置参数。

3. 选择阶段（DHCP Request）

DHCP 客户端收到 DHCP Offer 消息后，并不会直接将该租约配置在 TCP/IP 参数上，它还必须向 DHCP 服务器发送一个 DHCP Request 包，以确认 IP 地址租约。

4. 确认阶段（DHCP Ack）

DHCP 服务器收到 DHCP 客户端的 DHCP Request 包后，将发送 DHCP Ack 消息给

DHCP 客户端完成 IP 地址租约的签订。DHCP 客户端收到 DHCP Ack 消息后就可以使用服务器提供的 IP 地址等网络配置参数信息，完成 TCP/IP 参数的配置。

　　DHCP 客户端收到 DHCP 服务器发出的 DHCP Ack 消息后，会将该消息中提供的 IP 地址和其他相关 TCP/IP 参数与自己的网卡绑定。此时，DHCP 客户端获得 IP 地址租约，接入网络的过程成功完成。

9.2.4　了解 DHCP 客户端 IP 地址租约的更新方式

1. 了解 DHCP 客户端持续在线时 IP 地址租约的更新方式

　　DHCP 客户端获得 IP 地址租约后，DHCP 客户端必须定期更新 IP 地址租约，否则当 IP 地址租约到期时，将不能再使用此 IP 地址。每当 IP 地址租约时间到达租约时间的 50% 和 87.5% 时，DHCP 客户端必须发出 DHCP Request 消息，向 DHCP 服务器请求更新 IP 地址租约，其过程如图 9-6 所示。

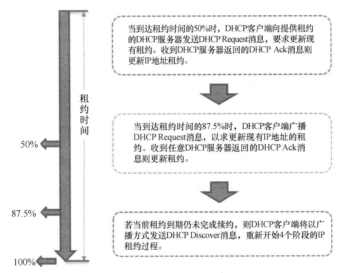

图 9-6　DHCP 客户端 IP 租约的更新

　　（1）在当前租约时间已使用 50% 时，DHCP 客户端将以单播方式直接向 DHCP 服务器发送 DHCP Request 消息。如果 DHCP 客户端接收到该 DHCP 服务器回应的 DHCP Ack 消息（单播方式），则 DHCP 客户端就根据 DHCP Ack 消息中所提供的新的 IP 地址租约更新 TCP/IP 参数，IP 地址租约更新完成。

　　（2）如果在租约时间已使用 50% 时未能成功更新 IP 地址租约，则 DHCP 客户端将在租约时间已使用 87.5% 时以广播方式发送 DHCP Request 消息，如果收到 DHCP 服务器发送的 DHCP Ack 消息，则更新 IP 地址租约；如仍未收到 DHCP 服务器回应，则 DHCP 客户端仍可以继续使用现有的 IP 地址。

　　（3）如果知道当前 IP 地址租约到期仍未完成更新，则 DHCP 客户端将以广播方式发送 DHCP Discover 消息，重新开始 4 个阶段的 IP 地址租约过程。

2. DHCP 客户端重启时 IP 地址租约的更新方式

　　DHCP 客户端重启后，如果 IP 地址租约已经到期，则 DHCP 客户端将重新开始 4 个阶段的 IP 地址租约过程。

如果 IP 地址租约未到期，则 DHCP 客户端通过广播方式发送 DHCP Request 消息，DHCP 服务器查看该 DHCP 客户端的 IP 地址是否已经租用给其他 DHCP 客户端；如果未租用给其他 DHCP 客户端，则发送 DHCP Ack 消息给 DHCP 客户端，完成 IP 地址续约；如果已经租用给其他 DHCP 客户端，则该 DHCP 客户端必须重新开始 4 个阶段的 IP 地址租约过程。

9.2.5　了解 DHCP 中继代理服务

从 DHCP 的工作原理可以知道，DHCP 客户端实际上是通过发送广播消息与 DHCP 服务器进行通信的，DHCP 客户端获取 IP 地址的 4 个阶段都依赖于广播消息的双向传播。而广播消息是不能跨越子网的，难道 DHCP 服务器就只能为网卡直连的广播网络服务吗？如果 DHCP 客户端和 DHCP 服务器在不同的子网，DHCP 客户端还能不能向 DHCP 服务器申请 IP 地址呢？

DHCP 客户端基于局域网广播方式寻找 DHCP 服务器，以便完成 IP 地址租约。路由器具有隔离局域网广播功能，因此，在默认情况下，DHCP 服务器只能为自己所在网段提供 IP 地址租约服务。如果要让一个多局域网的网络通过 DHCP 服务器实现 IP 地址自动分配，有以下两种方法。

方法 1：在每个局域网都部署一台 DHCP 服务器。

方法 2：路由器可以与 DHCP 服务器通信，如果路由器可以代为转发 DHCP 客户端的 DHCP Request 消息，那么网络中只需要部署一台 DHCP 服务器就可以为多个子网提供 IP 地址租约服务。

对于方法 1，企业需要额外部署多台 DHCP 服务器；对于方法 2，企业可以利用现有的基础架构实现相同的功能，显然更为合适。

DHCP 中继代理实际上是一种软件技术，安装了 DHCP 中继代理的计算机称为 DHCP 中继代理服务器，它承担不同子网间 DHCP 客户端和 DHCP 服务器的通信任务。DHCP 中继代理服务器负责转发不同子网间 DHCP 客户端和 DHCP 服务器之间的 DHCP/BOOTP 消息。

简单而言，DHCP 中继代理服务器就是 DHCP 客户端与 DHCP 服务器通信的中介：DHCP 中继代理服务器接收到 DHCP 客户端的广播型请求消息后，将请求信息以单播的方式转发给 DHCP 服务器；同时，它也接收 DHCP 服务器的单播回应消息，并以广播的方式转发给 DHCP 客户端。DHCP 中继代理服务器的工作过程如图 9-7 所示。

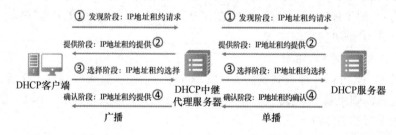

图 9-7　DHCP 中继代理服务器的工作过程

DHCP 中继代理服务器使得 DHCP 服务器与 DHCP 客户端的通信可以突破直连网段的限制，达到跨子网通信的目的。除了安装 DHCP 中继代理服务器，大部分路由器都支持 DHCP 中继代理功能，可以实现代为转发 DHCP 请求消息。因此，DHCP 中继服务可以实现在公司内仅部署一台 DHCP 服务器为多个局域网提供 IP 地址租约服务。

9.3　部署 Linux Server Web 服务

9.3.1　了解 Web 的服务器知识

万维网 WWW 是 World Wide Web 的简称，也称为 Web。WWW 中的信息资源主要以 Web 文档为基本元素，这些文档也称为 Web 页面，是一种超文本格式的信息，可以用于描述文本、图形、视频、音频等多媒体信息。Web 页面上的信息是由彼此关联的文档组成的，而使其连接在一起的是超链接。这些超链接可以指向内部或其他 Web 页面，彼此交织为网状结构，在互联网上构成了一个巨大的信息网。

9.3.2　熟悉 URL 地址

URL（Uniform Resource Locator，统一资源定位符）也称为网页地址，用于标识互联网资源的地址，其标准格式为

【<scheme>://<user>:<password>@<host>:<port>/<path>;<params>?<query>#<frag>】

其中，相关的参数内容简要描述如下。

（1）scheme：方案，确定访问服务器以获取资源时要使用的协议。

（2）user：用户，某些方案访问资源时需要的用户名。

（3）password：密码，用户对应的密码，中间用冒号进行分隔。

（4）host：主机，资源宿主服务器的主机名或 IP 地址。

（5）port：端口，资源宿主服务器正在监听的端口号，很多方案有默认的端口号。

（6）path：路径，服务器资源的本地名称，用一个/将其与前面的 URL 组件分隔。

（7）params：参数，指定输入的参数，参数为名/值对，多个参数用分号分隔。

（8）query：查询，传递参数给程序，参数用问号分隔，多个查询用&分隔。

（9）frag：片段，一小片或一部分资源的名字，此组件在客户端使用，用#分隔。

9.3.3　区分 Web 服务类型

http 服务器程序有 httpdapache、nginx 和 lighttpd，用于提供静态网页内容。应用程序服务器有 ASP/ASP.net（Active Server Pages）、JSP（Java Server Pages）和 PHP 三种，用于提供动态网页内容。其中，ASP/ASP.net 是由微软公司开发的 Web 服务器端开发环境，利用它可以产生和执行动态的、互动的、高性能的 Web 服务应用程序。PHP 是一种开源的服务器端脚本语言，它大量地借用 C、Java 和 Perl 等语言的语法，并耦合 PHP 的特性，使 Web 开发者能够快速地写出动态页面。JSP 是 Sun 公司推出的网站开发语言，它可以在 ServerLet 和 JavaBean 的支持下，开发功能强大的 Web 站点程序。

Linux 操作系统支持 PHP 和 JSP 站点，PHP 和 JSP 的发布需要安装 PHP 和 JSP 的服务安装包。ASP 站点一般都部署 Windows 服务器上。

9.3.4　熟悉 Apache http 服务器

Apache http 服务器是 Apache 软件基金会的一个开放源码的网页服务器，可以在大多数计

算机操作系统中运行，由于其多平台和安全性被广泛使用，是最流行的 Web 服务器端软件之一。它快速、可靠并且可通过简单的 API 扩展，将 Perl/Python 等解释器编译到服务器中。

　　Apache http 服务器是一个模块化的服务器，它源于 NCSA http 服务器，经过多次修改，成为世界使用排名第一的 Web 服务器软件。它可以运行在几乎所有广泛使用的计算机平台上。

9.3.5　掌握 Web 服务请求处理步骤

　　一次完整的 Web 服务请求过程如下。

　　（1）建立连接。

　　（2）接收请求。接收客户端请求报文中对某资源的一次请求的过程。

　　（3）处理请求。服务器对请求报文进行解析，并获取请求的资源及请求方法等相关信息，根据请求方法、请求的资源、请求的首部和可选的主体部分对请求进行处理。

　　（4）访问资源。服务器获取请求报文中请求的资源 Web 服务器，即存放了 Web 资源的服务器，负责向请求者提供对方请求的静态资源或动态运行后生成的资源。

　　（5）构建响应。一旦 Web 服务器识别出了请求资源，就执行请求方法中描述的动作，并返回响应报文。响应报文中包含响应状态码、响应首部；如果生成了响应主体，响应报文中还包括响应主体。

　　（6）发送响应。Web 服务器通过连接发送数据时也会面临与接收数据一样的问题。服务器可能有很多条到各个客户端的连接，有些是空闲的，有些在向服务器发送数据，还有些在向客户端回送响应数据。服务器要记录连接的状态，还要特别注意对持久连接的处理。对非持久连接而言，服务器应该在发送了整条报文之后，关闭自己这一端的连接。对持久连接来说，连接可能仍保持打开状态，在这种情况下，服务器要正确地计算内容长度首部，不然客户端就无法知道响应什么时候结束了

　　（7）记录事务处理过程。最后，当事务结束时，Web 服务器会在日志文件中添加一个条目来描述已执行的事务。

　　Web 服务请求过程如图 9-8 所示。

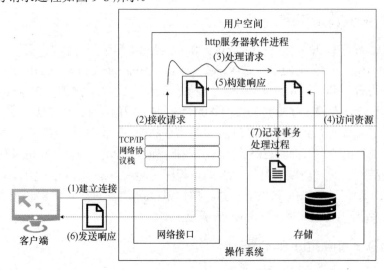

图 9-8　Web 服务请求过程

【规划实践】

实践 1：在企业网中部署 DNS 服务器

【任务描述】

由于 IP 地址不便于记忆，公司要构建 DNS 服务，便于员工通过域名的方式访问公司门户网站。公司采用 zrwl.com.cn 作为域名，具体域名规划如表 9-1 所示。

表 9-1　域名规划表

服务器角色	计算机名称	IP 地址	域　　名
主 DNS 服务器	dns	192.168.9.81/24	dns.zrwl.com.cn
DHCP 服务器	dhcp	192.168.9.82/24	dhcp.zrwl.com.cn
Web 服务器	web	192.168.9.83/24	www.zrwl.com.cn
文件服务器	fs	192.168.9.84/24	fs.zrwl.com.cn
辅助 DNS 服务器 委派 DNS 服务器	sdns	192.168.9.85/24	sdns.zrwl.com.cn sdns.szdns.zrwl.com.cn

公司构建 DNS 服务的网络拓扑如图 9-8 所示。

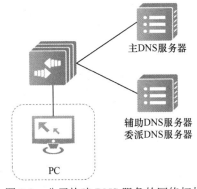

图 9-9　公司构建 DNS 服务的网络拓扑

【实施步骤】

1. 配置主 DNS 服务器

（1）为主 DNS 服务器配置静态 IP 地址，IP 地址为 192.168.9.81，网关地址为 192.168.9.2，相关命令如下：

```
[root@dns~]# vim /etc/sysconfig/network-scripts/ifcfg-ens33
TYPE="Ethernet"
PROXY_METHOD="none"
BROWSER_ONLY="no"
BOOTPROTO="none"
DEFROUTE="yes"
IPV4_FAILURE_FATAL="no"
IPV6INIT="yes"
```

```
IPV6_AUTOCONF="yes"
IPV6_DEFROUTE="yes"
IPV6_FAILURE_FATAL="no"
IPV6_ADDR_GEN_MODE="stable-privacy"
NAME="ens33"
DEVICE="ens33"
ONBOOT="yes"
IPADDR="192.168.9.81"
PREFIX="24"
GATEWAY="192.168.9.2"
DNS1="192.168.9.2"
[root@dns~]#ifdownens33&&ifupens33
```

（2）安装 bind、bind-utils 软件包，相关命令如下：

```
[root@dns~]#dnf install bind bind-utils -y
...
Installed：
    bind-32：9.11.20-5.el8_3.1.x86_64          bind-libs-32：9.11.20-5.el8_3.1.x86_64
    bind-libs-lite-32：9.11.20-5.el8_3.1.x86_64   bind-license-32：9.11.20-5.el8_3.1.noarch
    bind-utils-32：9.11.20-5.el8_3.1.x86_64       geolite2-city-20180605-1.el8.noarch
    geolite2-country-20180605-1.el8.noarch        libmaxminddb-1.2.0-10.el8.x86_64
    python3-bind-32：9.11.20-5.el8_3.1.noarch    python3-ply-3.9-8.el8.noarch


Complete!
```

（3）编辑 named.conf 配置文件，修改 options 选项配置。相关命令如下：

```
[root@dns~]# vim /etc/named.conf
options {
            listen-on port 53 { any; };        //监听地址，默认为 127.0.0.1
            directory          "/var/named";   //数据文件存储目录
            allow-query        { any; };       //允许查询的主机，默认为 localhost
            recursion yes;                     //是否允许递归查询
dnssec-enable yes;                             //是否启用 DNSSEC
dnssec-validation yes;                         //是否启用验证功能
pid-file "/run/named/named.pid";               //PID 文件所在路径
};
```

（4）添加解析域，相关命令如下：

```
[root@dns~]# vim /etc/named.conf
zone "zrwl.com.cn" IN {
        type master;
        file "zrwl.com.cn.zone";
};


zone "9.168.192.in-addr.arpa" IN {
        type master;
```

```
            file "192.168.9.zone";
};
```

注：解析域可添加到 named.rfc1912.zones 配置文件中。

（5）添加正向解析记录，相关命令如下：

```
[root@dns~]# cp /var/named/named.localhost /var/named/zrwl.com.cn.zone -p
[root@dns~]# vim /var/named/zrwl.com.cn.zone
$TTL 1D
@           IN SOA    @rname.invalid. (
                                        0         ; serial
                                        1D        ; refresh
                                        1H        ; retry
                                        1W        ; expire
                                        3H )      ; minimum

            NS          dns
            NS          sdns
            MX 10       mail
sz          NS          sdns.sz
dns         A           192.168.9.81
dhcp        A           192.168.9.82
web         A           192.168.9.83
www         CNAME       web
fs          A           192.168.9.84
mail        A           192.168.9.84
sdns        A           192.168.9.85
sdns.sz     A           192.168.9.85
```

其中，相关的资源记录类型如表 9-2 所示。

表 9-2　资源记录类型

资源记录类型	作　　用
SOA	Start Of Authority，起始授权记录；一个区域解析库有且仅能有一个 SOA 记录，必须位于解析库的第一条记录
A	internet Address，作用为 FQDN –> IP
AAAA	FQDN –> IPv6
PTR	Pointer Record，作用为 IP –> FQDN
NS	Name Server，专用于标明当前区域的 DNS 服务器
CNAME	Canonical Name，别名记录
MX	Mail eXchanger，邮件交换器
TXT	对域名进行标识和说明的一种方式，一般做验证记录时会使用此项，如 SPF（反垃圾邮件）记录、https 验证等

（6）添加反向解析记录，相关命令如下：

```
[root@dns~]# cp /var/named/named.loopback /var/named/192.168.9.zone -p
[root@dns~]# vim /var/named/192.168.9.zone
```

```
$TTL 1D
@        IN SOA   @rname.invalid. (
                                        0      ; serial
                                        1D     ; refresh
                                        1H     ; retry
                                        1W     ; expire
                                        3H )   ; minimum
          NS          dns
dns       A           192.168.9.81
81        PTR         dns.zrwl.com.cn.
82        PTR         dhcp.zrwl.com.cn.
83        PTR         web.zrwl.com.cn.
83        PTR         www.zrwl.com.cn.
84        PTR         fs.zrwl.com.cn.
85        PTR         sdns.zrwl.com.cn.
85        PTR         sdns.sz.zrwl.com.cn.
```

（7）重启 named 服务，设置为开机启动并查看服务状态。相关命令如下：

```
[root@dns~]#systemctl restart named
[root@dns~]#systemctl enable named
[root@dns~]#systemctl status named
named.service - Berkeley Internet Name Domain (DNS)
   Loaded：loaded (/usr/lib/systemd/system/named.service; enabled; vendor preset：disabled)
   Active：active (running) since Fri 2021-03-05 19：42：49 CST; 24s ago
  Main PID：29448 (named)
    Tasks：5 (limit：23791)
   Memory：55.0M
CGroup：/system.slice/named.service
   └─29448 /usr/sbin/named -u named -c /etc/named.conf
```

2. 配置辅助 DNS 服务器和委派 DNS 服务器

（1）为辅助 DNS 服务器和委派 DNS 服务器配置静态 IP 地址，IP 地址为 192.168.9.85，网关地址为 192.168.9.2，相关命令如下：

```
[root@sdns~]# vim /etc/sysconfig/network-scripts/ifcfg-ens33
TYPE="Ethernet"
PROXY_METHOD="none"
BROWSER_ONLY="no"
BOOTPROTO="none"
DEFROUTE="yes"
IPV4_FAILURE_FATAL="no"
IPV6INIT="yes"
IPV6_AUTOCONF="yes"
IPV6_DEFROUTE="yes"
IPV6_FAILURE_FATAL="no"
```

```
IPV6_ADDR_GEN_MODE="stable-privacy"
NAME="ens33"
DEVICE="ens33"
ONBOOT="yes"
IPADDR="192.168.9.85"
PREFIX="24"
GATEWAY="192.168.9.2"
DNS1="192.168.9.2"
[root@sdns~]#ifdownens33&&ifupens33
```

（2）安装 bind、bind-utils 软件包，相关命令如下：

```
[root@sdns~]#dnf install bind bind-utils -y
...
Installed：
  bind-32：9.11.20-5.el8_3.1.x86_64          bind-libs-32：9.11.20-5.el8_3.1.x86_64
  bind-libs-lite-32：9.11.20-5.el8_3.1.x86_64  bind-license-32：9.11.20-5.el8_3.1.noarch
  bind-utils-32：9.11.20-5.el8_3.1.x86_64     geolite2-city-20180605-1.el8.noarch
  geolite2-country-20180605-1.el8.noarch      libmaxminddb-1.2.0-10.el8.x86_64
  python3-bind-32：9.11.20-5.el8_3.1.noarch   python3-ply-3.9-8.el8.noarch
Complete!
```

（3）编辑 named.conf 配置文件，修改 options 选项配置。相关命令如下：

```
[root@sdns~]# vim /etc/named.conf
options {
        listen-on port 53 { any; };        //监听地址，默认为 127.0.0.1
        directory        "/var/named";      //数据文件存储目录
        allow-query      { any; };         //允许查询的主机，默认为 localhost
        recursion yes;                      //是否允许递归查询
dnssec-enable yes;                          //是否启用 DNSSEC
dnssec-validation yes;                      //是否启用验证功能
pid-file "/run/named/named.pid";            //PID 文件所在路径
};
```

（4）添加解析域，相关命令如下：

```
[root@sdns~]# vim /etc/named.conf
zone "zrwl.com.cn" IN {
        type slave;
        file "slaves/zrwl.com.cn.zone";
        masters { 192.168.9.81; };
};
zone "sz.zrwl.com.cn" IN {
        type master;
        file "sz.zrwl.com.cn.zone";
};
```

注：解析域可添加到 named.rfc1912.zones 配置文件中。

（5）添加正向解析记录，相关命令如下：

```
[root@sdns~]# cp /var/named/named.localhost /var/named/sz.zrwl.com.cn.zone -p
[root@sdns~]# vim /var/named/sz.zrwl.com.cn.zone
$TTL 1D
@          IN SOA    @rname.invalid. (
                                        0           ; serial
                                        1D          ; refresh
                                        1H          ; retry
                                        1W          ; expire
                                        3H )        ; minimum

           NS            sdns
sdns       A             192.168.9.85
www        A             192.168.9.83
```

（6）重启 named 服务，设置为开机启动并查看服务状态。相关命令如下：

```
[root@sdns~]#systemctl restart named
[root@sdns~]#systemctl enable named
[root@sdns~]#systemctl status named
named.service - Berkeley Internet Name Domain (DNS)
    Loaded：loaded (/usr/lib/systemd/system/named.service; enabled; vendor preset：disabled)
    Active：active (running) since Fri 2021-03-05 21：28：18 CST; 12s ago
  Main PID：28942 (named)
     Tasks：5 (limit：23791)
    Memory：55.1M
CGroup：/system.slice/named.service
    └─28942 /usr/sbin/named -u named -c /etc/named.conf
```

（7）使用 host 命令测试，相关命令如下：

```
[root@dns ~]# host www.zrwl.com.cn 192.168.9.81        //测试主 DNS 服务器解析
Using domain server：
Name：192.168.9.81
Address：192.168.9.81#53
Aliases：
www.zrwl.com.cn is an alias for web.zrwl.com.cn.
web.zrwl.com.cn has address 192.168.9.83
[root@dns ~]# host www.sz.zrwl.com.cn 192.168.9.81     //测试子域授权
Using domain server：
Name：192.168.9.81
Address：192.168.9.81#53
Aliases：
www.sz.zrwl.com.cn has address 192.168.9.83
[root@dns ~]# host www.zrwl.com.cn 192.168.9.85        //测试辅助 DNS 服务器解析
Using domain server：
Name：192.168.9.85
Address：192.168.9.85#53
Aliases：
```

www.zrwl.com.cn is an alias for web.zrwl.com.cn.

web.zrwl.com.cn has address 192.168.9.83

[root@dns ~]# host www.sz.zrwl.com.cn 192.168.9.85   //测试子域 DNS 解析

Using domain server:

Name：192.168.9.85

Address：192.168.9.85#53

Aliases：

www.sz.zrwl.com.cn has address 192.168.9.83

实践 2：在企业网中部署 DHCP 服务器

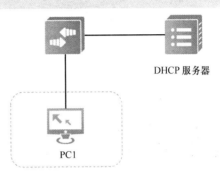

DHCP 服务器

PC1

【任务描述】

由于企业网中客户端数量较多，网络管理员通过部署 DHCP 服务器自动为客户端分配 IP 地址、子网掩码等，以减少网络管理员的工作。图 9-10 为企业网的 DHCP 网络拓扑，在企业网中部署 DHCP 服务器为客户端动态获取 IP 地址，使用 DHCP 服务器自动为内网客户端分配地址。

图 9-10   DHCP 网络拓扑

企业网中部署 DHCP 服务器的 IP 地址规划表如表 9-3 所示。

表 9-3   IP 地址规划表

序　号	操 作 系 统	IP　地　址	子 网 掩 码	网　关
1	CentOS 8（Server）	192.168.9.82	255.255.255.0	192.168.9.2
2	CentOS 8（Client）	自动获取	自动获取	自动获取

本任务是在一台 CentOS 服务器上部署 DHCP 服务，实现客户端自动获取 IP 地址，具体可通过以下几个步骤完成：（1）为服务器配置静态 IP 地址；（2）在服务器上部署 DHCP 服务；（3）客户端自动获取 IP 地址。

【实施步骤】

（1）为服务器配置静态 IP 地址，IP 地址为 192.168.9.82，网关地址为 192.168.9.2。相关命令如下：

```
[root@dhcp~]# vim /etc/sysconfig/network-scripts/ifcfg--ens33
TYPE="Ethernet"
PROXY_METHOD="none"
BROWSER_ONLY="no"
BOOTPROTO="none"
DEFROUTE="yes"
IPV4_FAILURE_FATAL="no"
IPV6INIT="yes"
IPV6_AUTOCONF="yes"
IPV6_DEFROUTE="yes"
IPV6_FAILURE_FATAL="no"
```

```
IPV6_ADDR_GEN_MODE="stable-privacy"
NAME="ens33"
DEVICE="ens33"
ONBOOT="yes"
IPADDR="192.168.9.82"
PREFIX="24"
GATEWAY="192.168.9.2"
DNS1="192.168.9.81"
[root@dhcp~]#ifdownens33&&ifupens33
```

（2）使用命令 dnf install dhcp-server -y 安装 DHCP 软件包。

```
[root@dhcp~]#dnf install dhcp-server -y
…
Installed：
    dhcp-server-12：4.3.6-41.el8.x86_64

Complete!
```

（3）编辑 DHCP 配置文件并重启 DHCP 服务，DHCP 术语如表 9-4 所示。

表 9-4　DHCP 术语

名　称	描　　述
作用域	一个 IP 地址段，通常用网络号、子网掩码来确定 IP 地址范围（192.168.9.0/24）
超级作用域	多个作用域，超级作用域中包含了可以统一管理的作用域列表（192.168.9.0/24、192.168.10.0/24……）
排除范围	作用域中不分配的 IP 地址范围（分配给特定设备：服务器、网卡等）
地址池	作用域中排除范围后的 IP 地址
租约	DHCP 客户端使用 IP 地址的时间
预约	每次获取到相同的 IP 地址

对/etc/dhcp/dhcpd.conf 配置文件进行配置，相关命令如下：

```
[root@localhost~]# vim /etc/dhcp/dhcpd.conf
# DHCP Server Configuration file.
#    see /usr/share/doc/dhcp-server/dhcpd.conf.example
#    see dhcpd.conf(5) man page
#
ddns-update-style none;                          //定义 DNS 服务动态更新类型，不支持动态更新
ignore client-updates;                           //忽略客户端更新 DNS 记录
subnet 192.168.9.0 netmask 255.255.255.0 {       //可被分配的子网段和子网掩码
        range 192.168.9.129 192.168.9.200;       //地址池
        option routers 192.168.9.2;              //网关地址
        option subnet-mask 255.255.255.0;        //子网掩码
        option domain-name "zrwl.com.cn";        //域名名称
        option domain-name-servers 192.168.9.81; //域名服务器 IP 地址
        default-lease-time 21600;                //默认的租约期限，单位为秒
        max-lease-time 43200;                    //最大的租约期限，一般为固定 IP 地址设置
}
```

（4）重启 dhcpd 服务，设置为开机启动并查看服务状态。相关命令如下：

```
[root@dhcp~]#systemctl restart dhcpd
[root@dhcp~]#systemctl enable dhcpd
[root@dhcp~]#systemctl status dhcpd
dhcpd.service - DHCPv4 Server Daemon
    Loaded：loaded (/usr/lib/systemd/system/dhcpd.service; enabled; vendor preset：disabled)
    Active：active (running) since Fri 2021-03-05 21：38：58 CST; 9s ago
     Docs：man：dhcpd(8)
          man：dhcpd.conf(5)
 Main PID：2457 (dhcpd)
   Status："Dispatching packets..."
    Tasks：1 (limit：23791)
   Memory：5.8M
CGroup：/system.slice/dhcpd.service
  └─2457 /usr/sbin/dhcpd -f -cf /etc/dhcp/dhcpd.conf -user dhcpd -group dhcpd --no-pid
```

（5）测试客户端获取 IP 地址，相关命令如下：

```
[root@client~]#dhclient -vens33
Internet Systems Consortium DHCP Client 4.3.6
Copyright 2004-2017 Internet Systems Consortium.
All rights reserved.
For info，please visit https：//www.isc.org/software/dhcp/
Listening on LPF/ ens33/00：0c：29：eb：79：63
Sending on   LPF/ ens33/00：0c：29：eb：79：63
Sending on   Socket/fallback
Created duid "\000\004\277\\\\\250>\210N\243\210\221.Hk\376-\013".
DHCPDISCOVER on ens33 to 255.255.255.255 port 67 interval 8 (xid=0xe3f3d15)
DHCPREQUEST on ens33 to 255.255.255.255 port 67 (xid=0xe3f3d15)
DHCPOFFER from 192.168.9.82
DHCPACK from 192.168.9.82 (xid=0xe3f3d15)
bound to 192.168.9.129 -- renewal in 9372 seconds.
```

（6）查看服务器租约信息，相关命令如下：

```
[root@dhcp~]# cat /var/lib/dhcpd/dhcpd.leases
# The format of this file is documented in the dhcpd.leases(5) manual page.
# This lease file was written by isc-dhcp-4.3.6
# authoring-byte-order entry is generated，DO NOT DELETE
authoring-byte-order little-endian;
lease 192.168.9.129 {
    starts 5 2021/03/05 15：13：02;
    ends 5 2021/03/05 21：13：02;
cltt 5 2021/03/05 15：13：02;
    binding state active;
    next binding state free;
    rewind binding state free;
    hardware ethernet 00：0c：29：eb：79：63;
uid "\001\000\014)\353yc";
```

```
        client-hostname "client";
    }
```

实践 3：在企业网中部署 Web 服务器

【任务描述】

公司要求提供一个静态网页门户网站，并通过域名方式进行访问。要求在一台 CentOS 8 服务器上部署该站点，根据前期规划，要求使用基于域名的虚拟主机方式实现。其中，站点根目录为/data/web/html，其中/data/web/html/crypto 为目录内容，需要认证才能访问；公司门户网站的访问地址为 http://192.168.9.83。

企业网的 Web 服务拓扑如图 9-11 所示，部署 Web 服务器可以为公司提供静态站点。

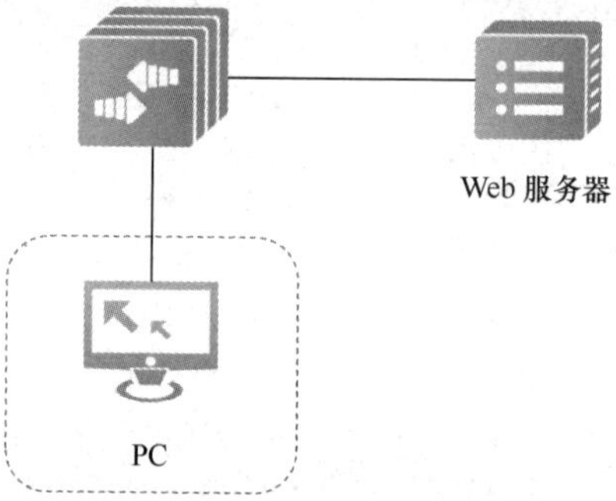

本任务是在一台 CentOS 服务器上部署 Web 服务，实现公司门户站点搭建，具体可通过以下几个步骤完成：

（1）为 Web 服务器配置静态 IP 地址；

（2）在 Web 服务器上部署 Web 服务；

（3）定义虚拟主机，所有用户可访问站点根目录，

图 9-11　企业网的 Web 服务拓扑

/data/web/html/crypto 目录只有 zhangsan 能访问，其他用户无法访问；

（3）客户端浏览器访问测试。

【实施步骤】

（1）为 Web 服务器配置静态 IP 地址，IP 地址为 192.168.9.83，网关地址为 192.168.9.2，相关命令如下：

```
[root@web~]# vim /etc/sysconfig/network-scripts/ifcfg-ens33
TYPE="Ethernet"
PROXY_METHOD="none"
BROWSER_ONLY="no"
BOOTPROTO="none"
DEFROUTE="yes"
IPV4_FAILURE_FATAL="no"
IPV6INIT="yes"
IPV6_AUTOCONF="yes"
IPV6_DEFROUTE="yes"
IPV6_FAILURE_FATAL="no"
IPV6_ADDR_GEN_MODE="stable-privacy"
NAME="ens33"
DEVICE="ens33"
ONBOOT="yes"
IPADDR="192.168.9.83"
PREFIX="24"
GATEWAY="192.168.9.2"
```

```
DNS1="192.168.9.81"
[root@web~]#ifdownens33&&ifupens33
```

（2）安装 httpd 软件包，使用命令 dnf install httpd -y 安装 Web 服务。相关命令如下：

```
[root@web~]#dnf install httpd -y
...
Installed：
  apr-1.6.3-11.el8.x86_64
  apr-util-1.6.1-6.el8.x86_64
  apr-util-bdb-1.6.1-6.el8.x86_64
  apr-util-openssl-1.6.1-6.el8.x86_64
  centos-logos-httpd-80.5-2.el8.noarch
  httpd-2.4.37-30.module_el8.3.0+561+97fdbbcc.x86_64
  httpd-filesystem-2.4.37-30.module_el8.3.0+561+97fdbbcc.noarch
  httpd-tools-2.4.37-30.module_el8.3.0+561+97fdbbcc.x86_64
  mod_http2-1.15.7-2.module_el8.3.0+477+498bb568.x86_64

Complete!
```

（3）编辑 httpd.conf 配置文件，重启服务并设为开机自启动服务，其中，httpd 常见配置如表 9-4 所示。

表 9-4 httpd 配置

配　置　项	描　　　述
Listen [IP：]PORT	监听的 IP 地址和端口，省略 IP 地址表示为本机所有 IP 地址， Listen 指令至少一个，可重复出现多次
ServerName FQDN	站点域名
DocumentRoot "/PATH"	站点文档页面路径
Alias /URL/ "/PATH/"	定义路径别名
DirectoryIndex	站点主页面，默认为 DirectoryIndex index.html
<Directory /PATH> ... </Directory>	基于 IP 地址的访问控制： （1）无明确授权的目录，默认拒绝； （2）Require all granted：允许所有主机访问； （3）Require all denied：拒绝所有主机访问。 控制特定的 IP 地址访问： （1）Require ip IPADDR：授权指定来源的 IP 地址访问； （2）Require not ip IPADDR：拒绝特定的 IP 地址访问。 控制特定的主机访问： （1）Require host HOSTNAME：授权特定主机访问； （2）Require not host HOSTNAME：拒绝特定主机访问； （3）AuthType Basic：明文认证
<VirtualHost IP：PORT> ... </VirtualHost>	虚拟主机配置，支持 IP 地址、端口、FQDN 的方式
SSLCertificateFile /FILE	证书文件
SSLCertificateKeyFile /FILE	私钥文件

其中，编辑 zrwl.conf 配置文件内容如下。

```
[root@web~]# vim /etc/httpd/conf.d/zrwl.conf
<VirtualHost *: 80>
ServerName www.zrwl.com.cn
DocumentRoot "/data/web/html"
<Directory "/data/web/html">
    Require all granted
</Directory>
<Directory "/data/web/html/crypto">
AuthName "Please input your password"
AuthType Basic
AuthUserFile /etc/httpd/.passwd
    Require user zhangsan
</Directory>
</VirtualHost>
```

（4）创建认证文件，设置密码为 1qaz@WSX，查看用户信息。相关命令如下：

```
[root@web~]#htpasswd -c /etc/httpd/.passwd zhangsan
New password:
Re-type new password:
Adding password for user zhangsan

[root@web~]# cat /etc/httpd/.passwd
zhangsan: $apr1$BTGBgC0A$ywXYlaEBcSUUoCZhL02Xk0
```

（5）提供站点主页文件，相关命令如下：

```
[root@web~]#mkdir /data/web/html/crypto -p
[root@web~]#vim /data/web/html/index.html
这是公司门户网站的测试页面
[root@web~]# vim /data/web/html/crypto/index.html
这是公司 crypto 的测试页面
```

（6）重启 httpd 服务，设置为开机启动并查看服务状态，相关命令如下：

```
[root@web~]#systemctl restart httpd
[root@web~]#systemctl enable httpd
[root@web~]#systemctl status httpd
 httpd.service - The Apache HTTP Server
   Loaded: loaded (/usr/lib/systemd/system/httpd.service; enabled; vendor preset: disabled)
   Active: active (running) since Fri 2021-03-05 22: 56: 33 CST; 8s ago
     Docs: man: httpd.service(8)
 Main PID: 28978 (httpd)
   Status: "Started，listening on: port 80"
    Tasks: 213 (limit: 23791)
   Memory: 44.1M
CGroup: /system.slice/httpd.service
```

```
├──28978 /usr/sbin/httpd -DFOREGROUND
├──28979 /usr/sbin/httpd -DFOREGROUND
├──28980 /usr/sbin/httpd -DFOREGROUND
├──29001 /usr/sbin/httpd -DFOREGROUND
└──29020 /usr/sbin/httpd -DFOREGROUND
```

（7）使用普通方式访问浏览器，如图 9-12 所示。

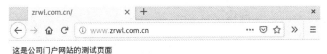

图 9-12　测试页面

（8）使用加密方式访问浏览器，使用浏览器访问 http://www.zrwl.com.cn/crypto；输入账号：zhangsan，密码：1qaz@WSX。认证请求如图 9-13 所示，测试页面如图 9-14 所示。

图 9-13　认证请求

图 9-14　测试页面

【认证测试】

1. 以下关于 DNS 服务的叙述中，正确的是（　　　）。
   A．DNS 主要提供主机名与 IP 地址的映射服务
   B．没有 DNS 服务，用户将不能访问任何互联网资源
   C．DNS 服务解决了网络地址不足的问题
   D．DNS 服务只能由路由器等网络设备提供
2. CentOS 8 下的 DNS 功能是通过（　　　）服务实现的。
   A．host　　　　　　　B．hosts　　　　　　　C．bind　　　　　　　D．vsftpd
3. DNS 服务的端口号为（　　　）。
   A．53　　　　　　　　B．81　　　　　　　　C．67　　　　　　　　D．21

4. 根据 DNS 服务器对 DNS 客户端的不同响应方式，域名解析可分为（　　）。
    A．递归查询和迭代查询   B．递归查询和重叠查询
    C．迭代查询和重叠查询   D．正向查询和反向查询

5. DHCP 服务器为跨网段的机器分配 IP 地址，需要（　　）的帮助。
    A．路由   B．网关   C．DHCP 中继服务   D．防火墙

6. DHCP 配置文件中的 option routers 参数代表的含义是（　　）。
    A．分配给客户端一个固定的地址   B．为客户端指定子网掩码
    C．为客户端指定 DNS 域名   D．为客户端指定默认网关

7. 在 Linux 系统下 DHCP 可以通过（　　）命令重新获取 TCP/IP 配置信息。
    A．dhclient -v eth0   B．dhclient -r eth0/all
    C．ipconfig /renew   D．ipconfig /release

8. Web 的主要功能是（　　）。
    A．传送网上所有类型的文件   B．远程登录
    C．收发电子邮件   D．提供浏览网页服务

9. 当使用无效凭据的客户端尝试访问未经授权的内容时，httpd 将返回（　　）错误。
    A．401   B．402   C．403   D．404

10. apache 的主配置文件是（　　）。
    A．httpd.conf   B．httpd.cfg   C．access.cfg   D．apache.conf

项目 10 中小企业网络规划、部署、实施案例

【项目背景】

ZR 网络公司业务不断发展壮大，逐步建立了确保公司日常运营的办公网络，实现了企业内部网络之间的互联互通，并且办公区用户可以正常访问互联网。同时，为了确保公司内部用户开展日常业务的可用性、稳定性和可靠性，要求部署设备和链路级的冗余性，并且通过部署安全设备来确保接入层的安全性。

【学习目标】

1. 能够进行中小企业网络需求分析与前期规划。
2. 掌握中小企业网络设备配置以及部署实施流程。
3. 掌握网络部署实施结束后的联调测试以及客户移交流程。

【规划技术】

10.1.1 传统网络部署存在的缺陷

在传统网络部署中，为了增强网络可靠性，在核心层部署两台交换机，所有汇聚层交换机都有两条链路分别连接到两台核心层交换机。为了消除环路，在汇聚层交换机和核心层交换机上配置 MSTP 协议阻塞一部分链路；为了提供冗余网关，在核心层交换机上配置 VRRP 协议。但是，随着网络应用的增多，传统网络存在一些缺陷。

（1）网络拓扑复杂，管理困难。为了增加可靠性，网络中设计了一些冗余链路，使得网络中出现环路，不得不配置 MSTP 协议消除环路，实际应用中可能由于链路流量比较大导致 BPDU 报文丢失、MSTP 拓扑振荡，影响网络的正常运行。

（2）故障恢复时间一般在秒级。例如，在 VRRP 协议中，主设备发生故障时，从设备至少要等 3 秒才会切换成主设备。

（3）造成带宽资源浪费。生成树协议为了消除环路，需要把一些链路阻塞，没有利用这些链路的带宽，造成资源浪费。

10.1.2 使用 VSU 优化网络架构

为了解决传统网络部署中的这些问题，有人提出一种把两台物理交换机组合成一台虚拟交换机的新技术，即 VSU。

1. 了解 VSU

VSU 虚拟化组网如图 10-1 所示，它把传统网络中的两台核心层交换机用 VSU 替换，VSU 与接入层交换机通过聚合链路连接。

在外围设备看来，VSU 相当于一台交换机。因此，与传统的 MSTP 和 VRRP 架构的组网方式相比，VSU 具有以下优势。

1）简化管理

两台交换机之间通过使用两根万兆铜缆进行连接（也可以使用单模光纤，但是要使用万兆光模块）组成 VSU 以后，网络管理员可以将两台核心层交换机视为一台交换机进行配置和管理，而不需要连接到两台交换机分别进行配置和管理。VSU 组网逻辑拓扑如图 10-2 所示。

图 10-1　VSU 虚拟化组网　　　　　图 10-2　VSU 组网逻辑拓扑

2）简化网络拓扑

VSU 在网络中相当于一台交换机，通过聚合链路与外围设备进行连接，不存在二层环路，没必要配置 MSTP 协议，各种控制协议是作为一台交换机运行的，如单播路由协议。VSU 作为一台交换机，减少了设备间大量协议报文的交互，缩短了路由收敛时间。

3）故障恢复时间缩短到毫秒级

VSU 与外围设备通过聚合链路连接，如果其中一条成员链路出现故障，切换到另一条成员链路的时间是 50 毫秒到 200 毫秒。VSU 与外围设备通过聚合链路连接，既提供了冗余链路，又可以实现负载均衡，充分利用所有带宽。

综上所述，本项目中的 VSU 规划如图 10-3 所示。规划 SW2 和 SW3 间的 Te0/49-50 端口作为 VSL 链路，使用 VSU 技术实现网络设备虚拟化。其中 SW1 为主机箱，SW2 和 SW3 为从机箱，其相关参数如下。

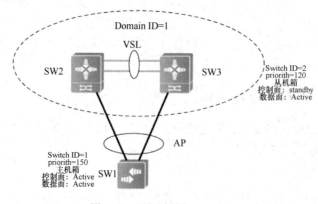

图 10-3　VSU 规划

（1）SW1：Domain ID 为 1，Switch ID 为 1，优先级为 150。

（2）SW2、SW3：Domain ID 为 1，Switch ID 为 2，优先级为 120。

2．掌握 VSU 技术

VSU 规划中涉及几个相关的概念，具体说明如下。

1）Domain ID

Domain ID 是 VSU 的一个属性，是 VSU 的标识符，用来区分不同的 VSU。两台交换机的 Domain ID 相同，才能组成 VSU。Domain ID 的取值范围是 1～255，默认值是 10。本项目中两台核心层交换机 SW2 和 SW3 工作在 Domain ID 为 1 的域中。

2）Switch ID

Switch ID 是成员交换机的一个属性，是交换机在 VSU 中的成员编号，取值是 1 或 2，默认值是 1。在一个 VSU 中，成员设备的 Switch ID 必须是相同的，如果建立 VSU 的两个成员设备的 Switch ID 不同，则不能建立 VSU。一般设置主机箱的 Switch ID 为 1，从机箱的 Switch ID 为 2。

3）优先级

优先级是成员交换机的一个属性，在角色选举过程用来确定成员交换机的角色。优先级越高，被选举为主机箱的可能性越大。优先级的取值范围是 1～255，默认优先级是 100，如果想让某台交换机被选举为主机箱，应该提高该交换机的优先级。本项目中，主机箱的优先级为 150，从机箱的优先级为 120。

4）VSL

虚拟交换链路（Virtual Switching Link，VSL）是一条用来在两台成员交换机之间传输控制报文的特殊聚合链路。除控制报文以外，可能存在跨交换机的数据报文通过 VSL 传输。为了减少控制报文丢失的可能性，控制报文的优先级高于数据报文的优先级。

5）机箱

在本项目中，VSU 由两台核心层交换机组成，当刚开始组建 VSU 时，两台交换机通过选举算法确定主从身份，其中一台交换机作为主机箱，另外一台交换机作为从机箱。在控制面，主机箱处于 Active 状态，从机箱处于 Standby 状态，主机箱把控制面信息实时同步到从机箱，从机箱收到控制报文，需要转交给主机箱处理。在数据面，两台机箱都处于 Active 状态，即都参与数据报文的转发。

10.1.3　使用双主机监测 VSU 故障

两台核心设备形成 VSU 的过程也称为 VSU 的合并。也就是说，SW2 和 SW3 可以单独从单机模式切换至 VSU 模式，独立以 VSU 模式运行。但是，由于 VSL 的存在，两台设备进行 VSU 合并后形成了一个新的 VSU，如图 10-4 所示。

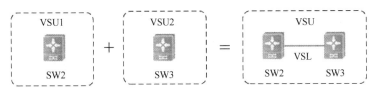

图 10-4　VSU 合并

同理，如果两台设备组成的 VSU 中间的 VSL 发生故障，又会怎么样呢？其实，这时候会导致 VSU 的两个相邻成员设备物理上不连通，由原来的一个 VSU 变为现在的两个 VSU，这个过程称为 VSU 分裂，如图 10-5 所示。

图 10-5　VSU 分裂

真实网络中的 VSU 分裂场景如图 10-6 所示，这里可以思考一个问题：VSU 分裂会导致什么问题？VSU 分裂会导致 VSU 核心链路断开，网络上会出现两个配置相同的主机，这种情况称为双主机。在三层部署中，两个 VSU 的任何一个虚接口（VLAN 接口和环回接口等）的配置相同，网络中出现 IP 地址冲突。因此，需要一种策略来解决双主机存在的问题。

要规避双主机的出现，首先要能够及时检测出网络中出现双主机。目前，检测双主机有两种方案，一种是基于 BFD 检测；另一种是基于 VSU 与接入层交换机之间组建的聚合链路进行检测。

在本项目中，建议采用 BFD 检测，这需要在两台交换机之间建立一条独立的双主机检测链路。当 VSL 断开时，两台交换机开始通过双主机检测链路发送检测报文，收到对端设备发来的双主机检测报文，就说明对端设备仍在正常运行，则存在两台主机，如图 10-7 所示。

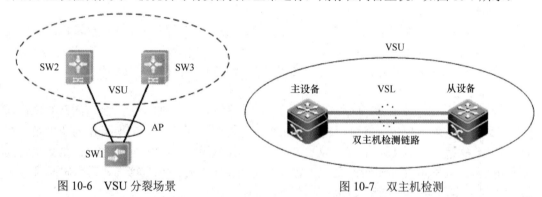

图 10-6　VSU 分裂场景　　　　　　　　　图 10-7　双主机检测

其中，部署 BFD 的双主机检测端口必须是三层路由端口，而连接的二层端口、三层 AP 口或 SVI 口等都不能作为 BFD 检测端口。因此，需要将双主机检测的端口配置为路由端口。在本项目中，建议选择 VSU 中的 Gi1/0/48 和 Gi2/0/48 端口配置为 BFD 检测端口。

这里需要注意的是：在单机模式下，端口上的编号采用二维格式（如 GigabitEthernet 1/1）；而在 VSU 中，端口编号采用三维格式（如 GigabitEthernet 1/1/1），第一维表示成员编号。

10.1.4　网络部署中的设备选型原则

实际项目中将基于以下原则进行设备选型，确保设备的选型能够满足项目的需求。

1）增强网络可靠性

在网络建设过程中必须充分考虑设备或者链路的可靠性，尤其是核心设备，一旦发生故障则会造成整网瘫痪，因此，必须将可靠性放在第一位。目前，主流的组网拓扑结构是星型网络拓扑，可以通过链路、设备或者板卡等的冗余来提高核心区域的可靠性。

2）提升网络性能

作为骨干网络节点、核心层交换机或路由器等必须能够提供完全无阻塞交换的性能（线速转发），以保证业务顺畅。

3）增加网络可管理性

新建的网络必须充分考虑后续的网络扩容和规模的增长，所以设备的可管理性就显得至关重要。现在组网主流厂商设备均支持多种管理方式，老式的交换机在一些规模较大的网络中基本不会用到，或者仅用来扩充端口，而从接入层到核心层的设备都必须是可进行网络管理的设备。

网络管理员除日常的管理和维护工作，可以通过远程方式登录设备进行操作之外，各个厂商均推出了支持各自品牌设备的网络管理系统，能够对在网所有设备的运行状态实现实时的、全方位的监控和管理，所以也必须考虑设备的可管理性。

4）增强网络的灵活性和可扩展性

主流厂商的设备一般都支持丰富的接口，包括电口、光口、千兆接口、万兆接口等，能够充分地满足组网环境的要求。

在本项目中，部门之间互联由于距离较短（小于 100 米），所以可以通过双绞线互联。如果部门相距较远（大于 100 米且小于 500 米），就需要使用多模光纤实现互联；如果部门相距太远（大于 500 米），那么就需要规划使用单模光纤实现互联。例如，本项目中涉及的产品就能够灵活适应这样的组网环境。

另外，扩展性决定了用户需要重新投资新建的周期。合理的网络规划必须考虑网络未来的可扩展性。例如，本项目考虑了未来两个部门员工人数增长的需求，所以在设备命名、设备端口以及地址规划等方面均留有余量或者扩展的空间，便于新增的用户能够方便快捷地接入。

5）保障网络的安全性

随着网络的普及和发展，各种各样的网络攻击威胁着网络的安全。攻击源并不一定来自互联网，所有的网络设备必须部署相应的安全措施来确保内部网络的安全性，这也就要求网络设备必须能够支持这些网络安全策略的部署和实施。

6）提升网络的标准型和开放性

有时用户的网络可能是多个厂商设备混合组网的环境。例如，新采购的设备是锐捷的，但是还存在一些华三、华为等其他厂商的旧设备，用户想进行设备混用。那么，新设备就必须支持业界通用的开放标准和协议，以便能够和其他厂商的设备进行有效的对接和互通。

【规划实践】

10.2.1　网络项目规划案例

1. 实施网络设备列表规划

本项目实施基于设备选型原则与设备性能，为网络规划和部署进行合理的设备选型，并能实现交换机转发、端口和性能冗余。本项目中的设备选型清单如表 10-1 所示。

表 10-1　设备选型清单

序 号	类 型	设 备	厂 商	型 号	数 量
1	硬件	二层接入层交换机	锐捷	RG-S2928G-E	1
2	硬件	三层核心层交换机	锐捷	RG-S6000C-48GT4XS-E	2
3	硬件	出口网关	锐捷	RG-EG2000K	1
4	硬件	数据中心接入层交换机	锐捷	RG-S5750-28GT-L	1

2. 实施网络拓扑规划

【任务描述】

根据项目背景进行需求分析，并且进行网络拓扑绘制。

【实施步骤】

市场部和技术研发部采用一台 S2928 作为接入层交换机，编号为 SW1，为两个部门的用户提供接入服务；服务器区采用一台 S2928 作为服务器区接入层交换机，编号为 SW4。部署两台 S6000C 作为核心层交换机，编号分别为 SW2 和 SW3，用于提供办公区和服务器区流量的高速转发。同时，要求确保核心区和用户接入的可靠性，而且办公区和服务器区均能够通过冗余链路访问互联网。以上所有的设备均安装在网络中心机房中，从而确保设备运行的环境。

综上所述，本项目网络拓扑规划如图 10-8 所示。

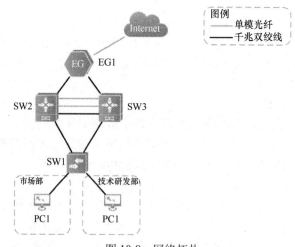

图 10-8　网络拓扑

3. 实施网络设备的主机名规划

【任务描述】

完成网络中所有设备的主机名规划，使设备便于识别与区分。

【实施步骤】

本项目中设备命名规划如表 10-2 所示。其中，代号 ZR 代表 ZR 公司，JR 代表该交换机为接入层设备，S2928G 表示设备型号，01 表示设备编号，其他设备命名规则同理。

表 10-2　设备命名规划

设 备 名 称	设备主机名
RG-S2928G-E	ZR-JR-S2928G-01
RG-S6000C-48GT4XS-E	ZR-HX-S6000C-01
RG-S6000C-48GT4XS-E	ZR-HX-S6000C-02
RG-S6000C-48GT4XS-E	ZR-HX-S6000C-VSU
RG-EG2000K	ZR-CK-EG2000-01

4．实施网络中的 VLAN 规划

【任务描述】

完成各部门业务 VLAN 以及设备管理 VLAN 的规划。

【实施步骤】

本项目为办公区以及服务器区分配各自的 VLAN，办公区的接入层交换机管理采用单独管理的 VLAN，VLAN 规划如表 10-3 所示。

表 10-3　VLAN 规划表

序　号	VLAN ID	VLAN Name	备　注
1	10	ShiChangBu_VLAN	市场部 VLAN
2	20	JiShuYan FaBu_VLAN	技术研发部 VLAN
3	50	Manage_VLAN	二层设备管理 VLAN

5．实施内网中的 IP 地址表规划

【任务描述】

完成本项目中用于业务地址、二层/三层设备管理地址以及设备互联的 IP 地址规划。

【实施步骤】

办公区共有两个业务地址，因此需要规划两个业务网段，同时分别规划二层和三层设备管理地址。二层设备管理地址采用单独的管理网段，管理网关位于核心层交换机上；三层设备管理地址采用 Loopback 接口地址实现。另外，还需规划三层设备之间的设备互联 IP 地址。综上所述，本项目中 IP 地址详细规划如表 10-4 至表 10-7 所示。

表 10-4　业务 IP 地址规划表

序　号	区　域	IP 地　址	掩　码	网　关
1	市场部	192.168.10.0	255.255.255.0	192.168.10.254
2	技术研发部	192.168.20.0	255.255.255.0	192.168.20.254

表 10-5 二层设备管理地址规划表

序　号	设备名称	管理接口	IP 地 址	掩　码	网　关
1	ZR-JR-S2928G-01	SVI50	192.168.50.1	255.255.255.0	192.168.50.254
2	ZR-HX-S6000C-VSU	SVI50	192.168.50.254	255.255.255.0	——

表 10-6 三层设备管理地址规划表

序　号	设备名称	管理接口	IP 地 址	掩　码	网　关
1	ZR-HX-S6000C-VSU	Loopback0	192.168.255.1	255.255.255.255	——
2	ZR-CK-EG2000-01	Loopback0	192.168.255.3	255.255.255.255	——

表 10-7 设备互联 IP 地址规划表

序　号	本端设备名称	本端 IP 地址	对端设备名称	对端 IP 地址
1	ZR-HX-S6000C-VSU	10.1.0.1/30	ZR-CK-EG2000-01	10.1.0.2/30
2	ZR-HX-S6000C-VSU	10.1.0.5/30	ZR-CK-EG2000-01	10.1.0.6/30
3	ZR-CK-EG2000-01	200.1.100.1/30	ISP	200.1.100.2/30

6. 实施网络中设备的端口互联规划

【任务描述】

完成设备之间端口互联规划，便于在进行布线时为设备端口标号，以及进行设备基本配置时进行端口描述，方便后期的管理与维护。

【实施步骤】

该项目中网络设备之间的端口互联规划规范为：Con_To_对端设备名称_对端端口名，具体规划如表 10-8 所示。

表 10-8 端口互联规划表

本 端 设 备	端　　口	端 口 描 述	对 端 设 备	端　　口
ZR-JR-S2928G-01	Gi0/23	Con_To_ZR-HX-S6000C-VSU_Gi0/1	ZR-HX-S6000C-01	Gi0/1
ZR-JR-S2928G-01	Gi0/24	Con_To_ZR-HX-S6000C-VSU_Gi0/1	ZR-HX-S6000C-02	Gi0/1
ZR-HX-S6000C-01	TenGi0/49	Con_To_ZR-HX-S6000C-02_TenGi0/49	ZR-HX-S6000C-02	TenGi0/49
ZR-HX-S6000C-01	TenGi0/50	Con_To_ZR-HX-S6000C-02_TenGi0/50	ZR-HX-S6000C-02	TenGi0/50
ZR-HX-S6000C-01	Gi0/48	Con_To_ZR-HX-S6000C-02_Gi0/48	ZR-HX-S6000C-02	Gi0/48
ZR-HX-S6000C-01	Gi0/3	Con_To_ZR-CK-EG2000-01_Gi0/1	ZR-CK-EG2000-01	Gi0/1
ZR-HX-S6000C-02	Gi0/3	Con_To_ZR-CK-EG2000-01_Gi0/2	ZR-CK-EG2000-01	Gi0/2
ZR-CK-EG2000-01	Gi0/5	Con_To_ISP	ISP	—

7. 实施项目部署与实施流程规划

【任务描述】

规划完整的项目部署与实施流程，指导工程师按照既定的流程进行设备配置与调试。

【实施步骤】

根据工程师在真实项目场景中的项目实施流程规范，本项目按照如图 10-9 所示的流程开展设备配置工作。

图 10-9　项目部署与实施流程规划

8．实施网络中路由协议规划

【任务描述】

全网使用静态路由和动态路由联动部署，实现互联互通。

【实施步骤】

全网采用 OSPF 动态路由协议组网，具体规划如下。

（1）SW4、VSU 及 EG1 运行在 OSPF10 中，区域号为 0。

（2）要求业务网段中不出现协议报文。

（3）要求所有路由协议都发布到具体网段中。

（4）为了管理方便，需要发布 Loopback 地址。

（5）优化 OSPF 相关配置，以尽量加快 OSPF 收敛。

EG1 到运营商配置默认路由，EG1 作为 ASBR 执行重发布策略，向 OSPF 进程注入默认路由，从而实现内网到外网互联互通。OSPF 动态路由协议规划如图 10-10 所示。

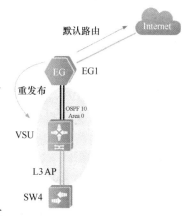

图 10-10　OSPF 动态路由协议
规划示意图

10.2.2　编制网络项目实施方案

1．完成核心虚拟化配置

【任务描述】

使用 VSU 技术将核心层的两台交换机虚拟化为一台逻辑设备。

【实施步骤】

1）物理连接

SW2 和 SW3 之间使用两根万兆铜缆（型号为 XG-SFP-CU-1M）连接 Tengi0/49 和

Tengi0/50 端口。这里可以先连接一根，防止两台交换机之间出现二层环路。当设备重启之后，再连接另一根线缆。

2）配置 VSU 基本参数

SW2 的配置命令如下：

Ruijie(config)#switch virtual domain 1	//设置 Domain ID
Ruijie(config-vs-domain)#switch 1	//设置 Switch ID
Ruijie(config-vs-domain)#switch 1 priority 150	//设置交换机优先级

SW3 的配置命令如下：

Ruijie(config)#switch virtual domain 1	//设置 Domain ID
Ruijie(config-vs-domain)#switch 2	//设置 Switch ID
Ruijie(config-vs-domain)#switch 2 priority 120	//设置交换机优先级

这里先不设置交换机的主机名，否则组建 VSU 之后，原来每台设备中的主机名配置会丢失。在 VSU 组建之后，再设置主机名。

3）配置 VSL

VSL 是 VSU 配置的一个重要部分，必须进行配置，否则 VSU 将无法正常建立。

以 SW2 为例，VSL 的配置命令如下：

Ruijie(config)#vsl-port	
Ruijie(config-vs-port)#port-member interface Tengi0/49	//VSL 中加入成员端口
Ruijie(config-vs-port)#port-member interface Tengi0/50	//VSL 中加入成员端口

同理，按照上述相同的配置命令完成 SW3 的 VSL 配置。

4）交换机工作模式转换

交换机默认工作在单机模式下，因此，必须将设备的工作模式从单机模式转换为虚拟化模式。两台设备中执行相同的转换命令，建议先转换主机箱的工作模式，再转换从机箱的工作模式，转换之前需要进行 VSU 配置的保存。相关命令如下：

Ruijie#wr	//配置保存
Ruijie#switch convert mode virtual	//运行模式转换为虚拟化模式
Convert switch mode will automatically backup the "config.text" file and then delete it，and reload the	
switch. Do you want to convert switch to virtual mode？ [no/yes]y	//输入"yes"，按回车键确认

两台设备重新启动后，会通过 VSL 收发控制报文完成 VSU 建立，整个过程需要 10～15 分钟。VSU 建立之后，只需要登录主机箱就可以完成核心层的相关配置。登录从机箱是没有输出的，也就是说后续的设备配置以及运行状态的查看只能通过主机箱进行。

VSU 建立完成之后，可以查看其中的成员设备的状态信息，如图 10-11 所示。从图中可以看出，"Dev"一列显示当前两台编号分别为 1 和 2 的设备加入了虚拟化组；"Port"一列指明其端口数目均为 52；从"Software Status"一列可以看出 Dev1 设备的角色为master，而 Dev2 设备的角色为 backup，由此可以说明 VSU 配置成功。

图 10-11　查看成员设备状态信息

为了防止出现双主机问题，双主机检测配置命令如下：

```
Ruijie(config)#interface gi1/0/48                              //进入参与双主机检测的端口
Ruijie(config-if)#no switchport
Ruijie(config-if)#interface gi2/0/48
Ruijie(config-if)#no switchport
Ruijie(config-if)#exit                                         //接口配置为路由端口
Ruijie(config)#switch virtual domain 1
Ruijie(config-vs-domain)#dual-active detection bfd             //设置双主机检测模式为 BFD
Ruijie(config-vs-domain)#dual-active bfd interface gi1/0/48    //添加参与双主机检测的端口
Ruijie(config-vs-domain)#dual-active bfd interface gi2/0/48    //添加参与双主机检测的端口
```

双主机检测配置执行过程如图 10-12 所示。

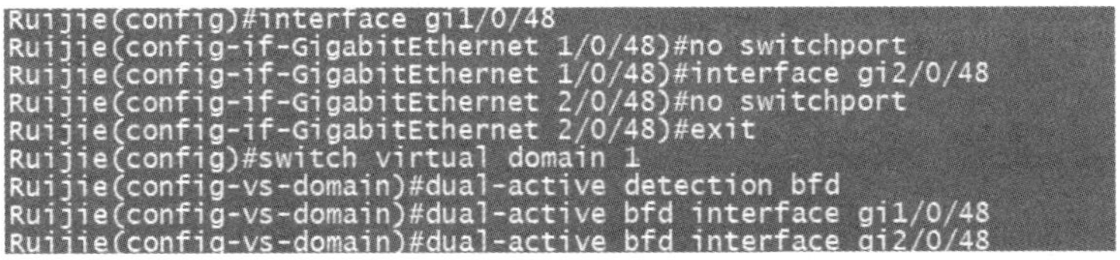

```
Ruijie(config)#interface gi1/0/48
Ruijie(config-if-GigabitEthernet 1/0/48)#no switchport
Ruijie(config-if-GigabitEthernet 1/0/48)#interface gi2/0/48
Ruijie(config-if-GigabitEthernet 2/0/48)#no switchport
Ruijie(config-if-GigabitEthernet 2/0/48)#exit
Ruijie(config)#switch virtual domain 1
Ruijie(config-vs-domain)#dual-active detection bfd
Ruijie(config-vs-domain)#dual-active bfd interface gi1/0/48
Ruijie(config-vs-domain)#dual-active bfd interface gi2/0/48
```

图 10-12　双主机检测配置执行过程

2. 完成网络设备基本配置

【任务描述】

完成所有交换机和出口网关的基本配置。

【实施步骤】

在核心层交换机 VSU 配置完成之后，再进行设备的基本配置，包括主机名、端口描述、日志、时钟等。尤其是对于核心层交换机，如果事先完成设备基本配置，那么 VSU 建立后，之前的配置将会消失。

这里需要注意的是，VSU 虚拟化集群的主机名一定要登录主机箱进行配置，否则设备控制台是没有输出的。但是，主机箱中进行了相关配置后，配置是由两台设备共享的，后续的其他配置也是如此。

限于篇幅，所有设备的基本配置省略。

3. 实施全网 VLAN 配置

【任务描述】

完成核心层交换机和接入层交换机中的 VLAN 配置。

【实施步骤】

VSU 建立之后，核心设备就只有一台。因此，需要在 VSU 和接入层交换机 SW1 中配置市场部、技术研发部以及设备的管理 VLAN。而服务器 VLAN 需要配置在服务器接入层交换机 SW4 中。

4．实施出口网关配置

【任务描述】

完成核心层交换机中各部门用户网关的配置。

【实施步骤】

两台核心层交换机完成 VSU 之后可以视为一台设备进行管理配置。因此，用户网关的配置将会变得非常简单。其中，虚拟核心层交换机中用户网关配置命令如下：

```
ZR-HX-S6000C-VSU(config)#interface vlan 10                  //配置市场部用户网关
ZR-HX-S6000C-VSU(config-if)#description GW_shichangbu
ZR-HX-S6000C-VSU(config-if)#ip address 192.168.10.254 255.255.255.0
ZR-HX-S6000C-VSU(config-if)#interface vlan 20               //配置技术研发部用户网关
ZR-HX-S6000C-VSU(config-if)#description GW_jishubu
ZR-HX-S6000C-VSU(config-if)#ip address 192.168.20.254 255.255.255.0
ZR-HX-S6000C-VSU(config-if)#interface vlan 50               //配置二层设备管理网关
ZR-HX-S6000C-VSU(config-if)#description GW_manage
ZR-HX-S6000C-VSU(config-if)#ip address 192.168.50.254 255.255.255.0
```

因此，可以很明显看出完成 VSU 后网关的配置比 VRRP 简单了很多，在后期的维护和管理过程中，工作量也会大幅减少。与用户网关密切相关的 DHCP 地址池配置很简单，在此不再赘述，请读者在核心层交换机中自行完成其配置。

5．实施设备端口聚合配置

【任务描述】

完成各接入层交换机和 VSU 之间的链路聚合配置，将两条物理链路捆绑为一条逻辑链路，提高链路的可靠性。

【实施步骤】

本项目中 SW1 与 VSU 之间采用二层聚合端口的方式进行互联，一方面提高了互联链路的可靠性，另一方面可以使 SW4 直接参与路由计算，减少数据中心交换机中广播包的数量，提高可用性。以下以 SW1 为例，说明三层聚合端口的配置方法，相关配置命令如下：

```
ZR-JR-S2928G-01 (config)#int aggregateport 1               //创建聚合端口 AG1
ZR-JR-S2928G-01 (config-if)#switchport mode trunk          //聚合端口配置为 trunk 模式
ZR-JR-S2928G-01 (config-if)#exit
ZR-JR-S2928G-01 (config)#interface range gi0/23-24
ZR-JR-S2928G-01 (config-if)#port-group 1                   //将成员端口加入聚合端口 AG1
```

按照上述同样的方式，完成 VSU 一端的二层聚合端口配置，限于篇幅，这里不再赘述。

全部设备配置完成后，可以在 VSU 中查看聚合链路的汇总信息，如图 10-13 所示。其中，VSU 与 SW1 之间要采用二层聚合进行互联，因为用户网关在 VSU 上。

需要注意的是，VSU 与出口网关 EG 之间是两条链路，由于 EG 不支持虚拟化，所以这两条链路需要分开配置为三层互联链路。

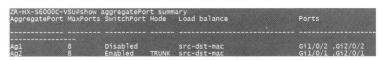

图 10-13　聚合端口状态信息

6. 实施设备远程管理配置

【任务描述】

完成各设备远程管理配置，后续网络管理员能够通过 Telnet 方式，远程登录设备进行管理。

【实施步骤】

全网交换机采用 Telnet 方式进行远程管理，以 SW1 为例进行相关配置。由于业务区和服务器区默认均可以正常远程登录设备，这里通过访问控制列表 ACL 实现只允许网络管理员的计算机（技术部用户 IP 地址为 192.168.20.1/24）登录各设备。SW2 的远程管理命令配置同理。相关命令如下：

```
ZR-JR-S2928G-01(config)#username admin password ruijie@123
ZR-JR-S2928G-01(config)#enable secret ruijie@123                   //配置加密的特权密码
ZR-JR-S2928G-01(config)#line vty 0 4
ZR-JR-S2928G-01(config-line)#login local
ZR-JR-S2928G-01(config-line)#exit
ZR-JR-S2928G-01(config)#interface vlan 50                          //配置远程管理的 IP 地址
ZR-JR-S2928G-01(config-if)#ip address 192.168.50.1 255.255.255.0
ZR-JR-S2928G-01(config-if)#exit
ZR-JR-S2928G-01(config)#ip route 0.0.0.0 0.0.0.0 192.168.50.254    //配置远程管理网关
ZR-JR-S2928G-01(config)#ip access-list standard 1                  //配置允许远程登录 ACL
ZR-JR-S2928G-01(config-std-nacl)#permit host 192.168.20.1
ZR-JR-S2928G-01(config-std-nacl)#exit
ZR-JR-S2928G-01(config)#line vty 0 4
ZR-JR-S2928G-01(config-line)#access-class 1 in                     //线程模式下调用 ACL
```

7. 实施路由协议配置

【任务描述】

完成核心层交换机和出口网关之间的 OSPF 配置。

【实施步骤】

以 VSU 核心层交换机为例说明 OSPF 的具体配置过程。

（1）OSPF 基本配置

OSPF 基本配置的相关命令如下：

```
ZR-HX-S6000C-VSU(config)#router ospf 10
ZR-HX-S6000C-VSU(config-router)#router-id 192.168.255.1           //手工指定 router-id
Change router-id and update OSPF process! [yes/no]:yes
ZR-HX-S6000C-VSU(config-router)#network 192.168.255.1 0.0.0.0 area 0
```

```
ZR-HX-S6000C-VSU(config-router)#network 10.1.0.0 0.0.0.3 area 0        //发布与 EG1 的互联网段
ZR-HX-S6000C-VSU(config-router)#network 10.1.0.4 0.0.0.3 area 0        //发布与 EG1 的互联网段
ZR-HX-S6000C-VSU(config-router)#network 192.168.10.0 0.0.0.255 area 0 //发布市场部业务网段
ZR-HX-S6000C-VSU(config-router)#network 192.168.20.0 0.0.0.255 area 0 //发布技术研发部业务网段
ZR-HX-S6000C-VSU(config-router)#network 192.168.50.0 0.0.0.255 area 0 //发布二层设备管理网段
```

（2）OSPF 优化配置

为了加快 OSPF 的收敛速度，一般在完成 OSPF 基本配置之后，都会对 OSPF 进行相关的优化。OSPF 优化包括配置端口网络类型、配置被动端口等。

以 VSU 核心交换机为例，OSPF 优化配置命令如下：

```
ZR-HX-S6000C-VSU(config)#rourter ospf 10
ZR-HX-S6000C-VSU(config-router)#passive-interface default       //将所有接口配置为被动端口
ZR-HX-S6000C-VSU(config-router)#no passive-interface Gi1/0/3    //排除与 EG1 互联的端口
ZR-HX-S6000C-VSU(config-router)#no passive-interface Gi2/0/3    //排除与 EG1 互联的端口
ZR-HX-S6000C-VSU(config-router)#no passive-interface Agg1       //排除与 SW4 互联的 AGG1 端口
ZR-HX-S6000C-VSU(config-router)#exit
ZR-HX-S6000C-VSU(config)#interface Aggregatport 1
ZR-HX-S6000C-VSU(config-router)#ip ospf network point-to-point  //将网络端口类型修改为 P2P
```

其他设备中 OSPF 的配置与此类似，限于篇幅，请读者自行完成。

配置完成之后，可以在各设备中确认 OSPF 邻居状态是否正常，如图 10-14 所示，从以下信息可以看出 SW4 的邻居为 VSU 核心层交换机。

图 10-14　查看 OSPF 邻居状态信息

8. 实施接入层安全策略配置

【任务描述】

完成接入层交换机中的安全策略配置，提高用户接入的安全性。

【实施步骤】

对于市场部和技术研发部的办公用户来讲，常见的来自接入层的安全威胁有 ARP 攻击、私设 DHCP 服务器导致用户终端地址获取异常而无法正常访问网络、二层环路等。因此，需要在接入层交换机 SW1 上部署相应的接入层安全策略，具体配置如下：

```
ZR-JR-S2928G-01(config)#ip dhcp snooping                  //开启 DHCP Snooping 功能
ZR-JR-S2928G-01(config)#int Aggregateport 1              //进入二层聚合端口
ZR-JR-S2928G-01(config-if)#ip dhcp snooping trust         //配置上联接口为 trust 模式
ZR-JR-S2928G-01(config-if)#exit
ZR-JR-S2928G-01(config)#rldp enable                      //SW1 开启 rldp 功能防止环路
ZR-JR-S2928G-01(config)#interface range gi0/1-22         //进入连接各部门用户的端口
ZR-JR-S2928G-01(config-if)#rldp port loop-detect shutdown-port  //环路发生后关闭端口
ZR-JR-S2928G-01(config-if)#ip verify source port-security //禁止私设 IP 地址
ZR-JR-S2928G-01(config-if)#arp-check                     //开启防 ARP 欺骗功能
```

```
ZR-JR-S2928G-01(config-if)#exit
ZR-JR-S2928G-01(config)#errdisable recovery interval 300          //环路消除后 300s 后端口自动恢复
```

9. 实施出口网关配置

【任务描述】

完成出口网关的配置，使用户能够正常访问互联网。

【实施步骤】

本项目中采用一台网关 EG1 作为出口设备。网关具有与路由器相同的功能，可以提供 NAT 和路由功能。除此之外，网关还可以提供其他的一些上网行为管理特性，因此，网关能够满足类似高校、企业等复杂的项目场景。

本项目中 EG1 主要用来实现 NAT 和路由功能。

（1）NAT 配置

在 EG 网关中配置 NAT 策略，可以在 Web 界面中实现。使用浏览器访问 http://192.168. 1.1（EG 出厂默认 IP 地址），使用用户名（admin）和密码（admin）登录，如图 10-15 所示。

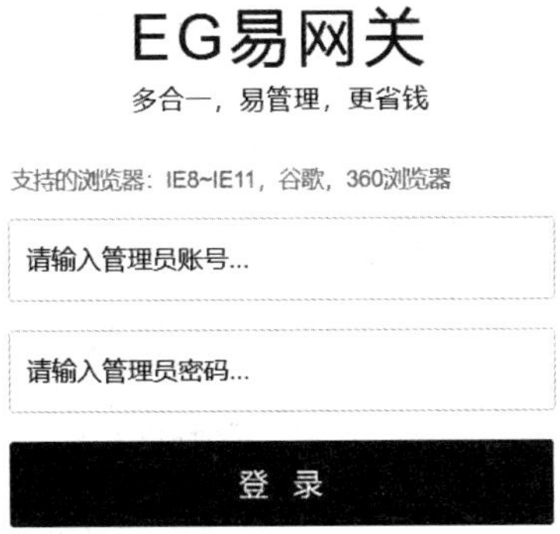

EG易网关

多合一，易管理，更省钱

支持的浏览器：IE8~IE11，谷歌，360浏览器

请输入管理员账号...

请输入管理员密码...

登　录

图 10-15　EG 网关登录

登录成功以后，先完成接口配置。选择"网络"—"接口配置"—"接口转换"，将本项目中用到的 1（Gi0/1）和 2（Gi0/2）由默认的"二层口"修改为"内网口"，如图 10-16 所示。

然后，单击下方的"接口转换保存"按钮，此时设备会重启。设备重启之后，才会在设备三层接口列表中出现 Gi0/1 和 Gi0/2，如图 10-17 所示。

图 10-16　EG 网关接口类型转换

图 10-17　查看转换类型后的三层接口

　　接下来，进行接口配置，选择"网络"—"接口配置"—"内网口配置"。然后，根据本项目中的设备互联地址规划表，选择正确的内网接口。最后，填写 IP 地址及其掩码信息，其他的选项保持默认，如图 10-18 所示。填写完成后，一定要单击"保存设置"按钮进行参数保存，然后再填写另一个接口信息。

　　内网接口配置完成之后，需要配置外网接口 Gi0/5，对应的就是这里的 WAN1 接口，如图 10-19 所示。在这里重点配置接口类型（电口还是光口视场景而定，默认电口）、上下行专线带宽、网络服务商（根据实际 ISP 名称选择）、IP 地址详细参数（根据 ISP 提供的 IP 地址填写）等。

图 10-18　配置内网接口　　　　　　　图 10-19　配置外网接口

　　另外，这里选择自动到达运营商默认路由（勾选"开启缺省路由"复选框）；然后，勾选"开启源进源出"复选框。需要注意的是，这里不勾选"开启 NAT 配置"复选框，配置完成后单击"保存设置"按钮。

　　（2）配置 ACL 安全

　　选择"安全"—"ACL 访问列表"，在"ACL 访问列表"选项卡中，单击"添加 ACL"按钮，如图 10-20 所示。

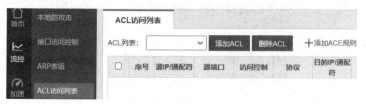

图 10-20　配置 ACL（一）

由于要允许所有用户（包括服务器网段）均能正常访问互联网，因此，这里仅需要创建一个标准 ACL 即可，编号为 1，如图 10-21 所示。

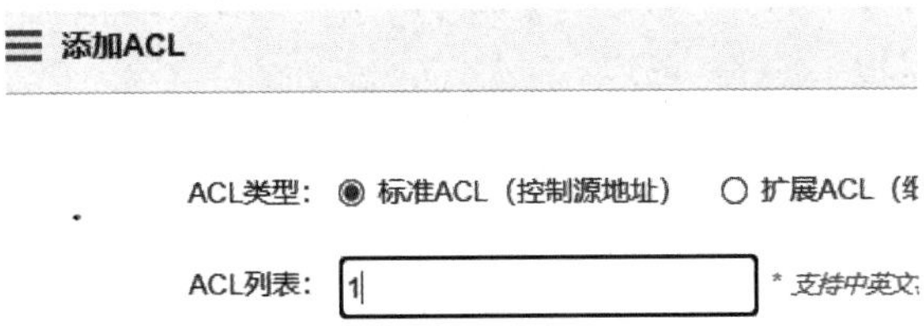

图 10-21   配置 ACL（二）

然后，选择"ACL 列表：1"；单击"添加 ACE 规则"，设置"访问控制"为"允许"，"生效时间"为"所有时间"，且匹配"任意 IP 地址"（对应在 CLI 界面中关键字 any）。

最后，单击"确定"按钮，如图 10-22 和图 10-23 所示。

图 10-22   配置 ACL（三）

图 10-23   配置 ACL（四）

添加后的 ACL 列表如图 10-24 所示。

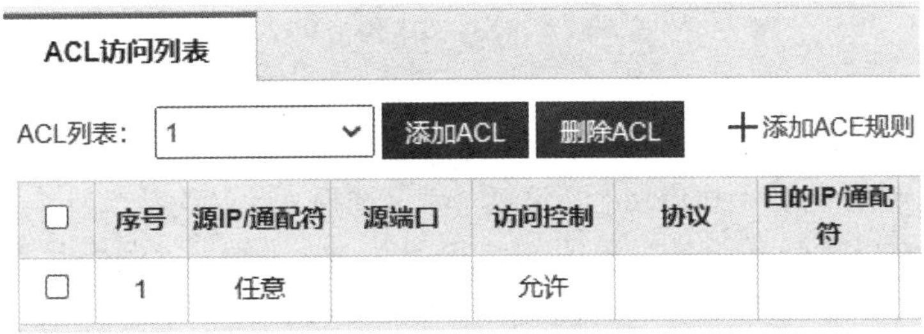

图 10-24   查看 ACL 列表

（3）配置 NAT 地址池

在"网络"—"NAT/端口映射"—"添加 NAT 地址池"选项卡中，看到当前出接口 Gi0/5 的 IP 地址已经自动配置为 NAT 地址池中的唯一地址，而且生成一个名为"nat_pool"地址池列表，如图 10-25 所示。

图 10-25　添加 NAT 地址池

（4）配置 NAT

接下来，在"NAT 转换规则"选项卡中，单击"添加"按钮；将上述 ACL1 和地址池 nat_pool 绑定，然后单击"确定"按钮，如图 10-26 所示。

图 10-26　添加 NAT 转换规则

添加后的地址转换规则如图 10-27 所示。

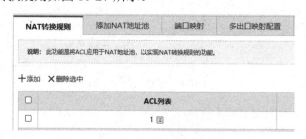

图 10-27　查看 NAT 规则列表

（5）配置静态 NAPT

由于 Web 服务器要对外映射，因此需要在 EG 中配置静态 NAPT 映射。

如图 10-28 所示，在"端口映射"选项卡中，选择"映射关系"为"端口映射"，指定内网 IP 地址与端口号是 Web 服务器的真实 IP 地址与服务端口（默认为 80）。然后，选择映射后的端口以及映射后的端口号。注意这里的协议类型一定要选择正确，http 协议是基于 TCP 的，因此，这里选择"TCP"协议类型。

添加规则后的 NAPT 规则列表如图 10-29 所示。

图 10-28 添加静态 NAPT 规则

	映射关系	内网IP	内网端口	外网IP	外网端口	协议类型	接口
☐	端口映射	192.168.100.1	80		80	TCP	GigabitEthernet 0/5

图 10-29 查看 NAPT 规则列表

（6）实施网络路由配置

虽然路由的配置也可以在 Web 界面中操作，但是在 CLI 命令行中操作会更加方便。EG1 中路由配置包括 OSPF 配置、默认路由配置及引入。这里仅说明默认路由配置及引入，OSPF 相关配置请读者自行完成。相关配置命令如下：

```
ZR-CK-EG2000-01(config)#router ospf 10
ZR-CK-EG2000-01(config-router)#router-id 192.168.255.3
ZR-CK-EG2000-01(config-router)#default-information originate always     //重发布引入默认路由
ZR-CK-EG2000-01(config-router)#exit
ZR-CK-EG2000-01(config)#ip route 0.0.0.0 0.0.0.0 200.1.100.2            //配置到达运营商的默认路由
```

EG 网关 OSPF 配置完成之后，查看 OSPF 的邻居时可以看到有两个邻居，均是核心层交换机 VSU。这是因为核心层交换机有两条互联链路都参与了 OSPF 计算，因此会有两个邻居，如图 10-30 所示。

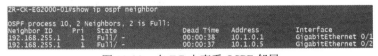

图 10-30 在 EG 中查看 OSPF 邻居

【联调测试】

10.3.1 设备运行状态检查

项目实施完成之后，需要对设备的运行状态进行查看，确保设备能够正常稳定运行。最简单的状态检查方法是：使用 show 命令查看交换机 CPU、内存、接口等状态。其他设备都可以在命令行界面中查看上述相关的运行状态信息。但是 EG 网关可以直接在图形界面中进行查看。

如图 10-31 所示，登录 EG 的 Web 界面之后，在系统首页可看到设备运行相关状态。

图 10-31　查看 EG 运行状态

10.3.2　检查协议运行状态

1. 检查 VSU 状态

1）查看 VSU 的配置信息

关于 VSU 的详细配置内容，无法通过 show run 命令查看，但是可以通过 show switch virtual config 命令进行查看，如图 10-32 所示。

```
ZR-HX-S6000C-VSU#show switch virtual config
switch_id: 1 (mac: 8005.88cb.840f)
!
switch virtual domain 1
!
switch 1
switch 1 priority 150
!
port-member interface TenGigabitEthernet 0/49
port-member interface TenGigabitEthernet 0/50
switch convert mode virtual

switch_id: 2 (mac: 8005.88cb.83a6)
!
switch virtual domain 1
!
switch 2
switch 2 priority 120
switch 2 description S6000-1
!
port-member interface TenGigabitEthernet 0/49
port-member interface TenGigabitEthernet 0/50
switch convert mode virtual
```

图 10-32　查看 VSU 配置

2）查看双主机检测链路状态

这里必须保证双主机检测链路状态为 UP 才行，否则一旦 VSL 中断，相当于双主机检测机制没有生效，如图 10-33 所示。

```
ZR-HX-S6000C-VSU#show switch virtual dual-active bfd
BFD dual-active detection enabled: Yes
BFD dual-active interface configured:
  GigabitEthernet 1/0/48: UP
  GigabitEthernet 2/0/48: UP
```

图 10-33　查看双主机检测链路状态

3）查看 VSU 的角色表

使用 show switch virtual role 命令可以清晰地看出成员设备角色，如图 10-34 所示。

```
ZR-HX-S6000C-VSU#show switch virtual role
Switch_id     Domain_id     Priority     Position     Status     Role        Description

---------------------------------------------------------------------------------------------
--------------------
1(1)          1(1)          150(150)     LOCAL        OK         ACTIVE
2(2)          1(1)          120(120)     REMOTE       OK         STANDBY     S6000-1
```

图 10-34　查看 VSU 的角色

4）查看 VSU 的拓扑图

使用 show switch virtual topology 命令，可以查看文字版的 VSU 拓扑图，以及各成员设备的 MAC 地址、角色等信息，如图 10-35 所示。

```
ZR-HX-S6000C-VSU#show switch virtual topology
Introduction: '[num]' means switch num, '(num/num)' means vsl-aggregateport num.

Chain topology:
[1](1/1)---(2/1)[2]

Switch[1]: master, MAC: 8005.88cb.840f, Description:
Switch[2]: standby, MAC: 8005.88cb.83a6, Description: S6000-1
```

图 10-35　查看 VSU 拓扑

2. 实施 OSPF 状态查看

以核心层交换机 VSU 为例，查看 OSPF 邻居状态表，如图 10-36 所示。此时，邻居数量有 3 个。

```
ZR-HX-S6000C-VSU#show ip ospf neighbor

OSPF process 10, 3 Neighbors, 3 is Full:
Neighbor ID     Pri   State            BFD State  Dead Time   Address         Interface
192.168.255.3     1   Full/ -          -          00:00:31    10.1.0.2        GigabitEthernet 1/0/3
192.168.255.3     1   Full/ -          -          00:00:31    10.1.0.6        GigabitEthernet 2/0/3
192.168.255.2     1   Full/ -          -          00:00:38    10.1.0.9        AggregatePort 1
```

图 10-36　核心层交换机查看 OSPF 邻居

另外，可以使用 show ip ospf database 命令查看 VSU 中的 LSDB，如图 10-37 所示。整体的 LSDB 非常简单，只有 LSA1（Router LSA）和 LSA5（AS External LSA）产生的路由信息。由于所有链路都是 P2P 类型，所以没有 LSA2。

```
ZR-HX-S6000C-VSU#show ip ospf database

            OSPF Router with ID (192.168.255.1) (Process ID 10)

                Router Link States (Area 0.0.0.0)

Link ID         ADV Router      Age  Seq#       CkSum  Link count
192.168.255.1   192.168.255.1   424  0x80000019 0xe958 10
192.168.255.2   192.168.255.2   23   0x8000000c 0xec8b 4
192.168.255.3   192.168.255.3   438  0x8000000b 0x2b8f 5

                AS External Link States

Link ID         ADV Router      Age  Seq#       CkSum  Route                    Tag
0.0.0.0         192.168.255.3   798  0x80000002 0x81d8 E2 0.0.0.0/0             10
```

图 10-37　核心层交换机查看 LSDB

3. 查看路由表

在核心层交换机 VSU 中查看路由表，如图 10-38 所示。这里只介绍第一条路由条目和最后一条路由条目。其中，第一条路由条目是由 EG1 通过注入默认路由向内网下发一条 LSA5 默认路由，但是该路由有两个下一跳，分别指向 EG1 的两个内网口。同理，最后一条路由条目到达 EG1 的 Loopback 管理地址，下一跳都指向 EG1 的内网口。

在实际工程中，一般都需要设定主路径和备份路径，只有当主路径失效以后，备份路径才进行工作。因此，在这里将 VSU 连接 EG1 的 Gi0/1 接口的链路设置为主路径，另外一条路径设置为备份路径。

```
ZR-HX-S6000C-VSU#show ip route

Codes:  C - Connected, L - Local, S - Static
        R - RIP, O - OSPF, B - BGP, I - IS-IS, V - Overflow route
        N1 - OSPF NSSA external type 1, N2 - OSPF NSSA external type 2
        E1 - OSPF external type 1, E2 - OSPF external type 2
        SU - IS-IS summary, L1 - IS-IS level-1, L2 - IS-IS level-2
        IA - Inter area, EV - BGP EVPN, * - candidate default

Gateway of last resort is 10.1.0.2 to network 0.0.0.0
O*E2  0.0.0.0/0 [110/1] via 10.1.0.2, 00:39:26, GigabitEthernet 1/0/3
                [110/1] via 10.1.0.6, 00:39:26, GigabitEthernet 2/0/3
C     10.1.0.0/30 is directly connected, GigabitEthernet 1/0/3
C     10.1.0.1/32 is local host.
C     10.1.0.4/30 is directly connected, GigabitEthernet 2/0/3
C     10.1.0.5/32 is local host.
C     10.1.0.8/30 is directly connected, AggregatePort 1
C     10.1.0.10/32 is local host.
C     192.168.10.0/24 is directly connected, VLAN 10
C     192.168.10.254/32 is local host.
C     192.168.20.0/24 is directly connected, VLAN 20
C     192.168.20.254/32 is local host.
C     192.168.50.0/24 is directly connected, VLAN 50
C     192.168.50.254/32 is local host.
O     192.168.100.0/24 [110/2] via 10.1.0.9, 01:28:54, AggregatePort 1
C     192.168.255.1/32 is local host.
O     192.168.255.2/32 [110/1] via 10.1.0.9, 02:13:23, AggregatePort 1
O     192.168.255.3/32 [110/1] via 10.1.0.2, 00:39:28, GigabitEthernet 1/0/3
                       [110/1] via 10.1.0.6, 00:39:28, GigabitEthernet 2/0/3
```

图 10-38　核心层交换机中查看路由表

根据上述的描述和规划，VSU 和 EG1 上通过设置 OSPF Cost 值实现，具体配置命令如下：

```
ZR-CK-EG2000-01(config)#int gi0/1                    //设置 EG1 的 Cost 值
ZR-CK-EG2000-01(config-if)#ip ospf cost 10
ZR-CK-EG2000-01(config-router)# int gi0/2
ZR-CK-EG2000-01(config-router)# ip ospf cost 20
ZR-HX-S6000C-VSU(config)#int gi1/0/3                 //设置 VSU 的 Cost 值
ZR-HX-S6000C-VSU(config-if)#ip ospf cost 10
ZR-HX-S6000C-VSU(config-router)# int gi2/0/3
ZR-HX-S6000C-VSU(config-router)# ip ospf cost 20
```

此时，再次分析 VSU 中的路由表，发现到达上述两个目的网段的下一跳就变为 EG1 的 Gi0/1 接口 IP（10.1.0.2）了。修改 OSPF Cost 值可以非常方便地实现数据的分流与冗余备份，如图 10-39 所示。

```
ZR-HX-S6000C-VSU#show ip route

Codes:  C - Connected, L - Local, S - Static
        R - RIP, O - OSPF, B - BGP, I - IS-IS, V - Overflow route
        N1 - OSPF NSSA external type 1, N2 - OSPF NSSA external type 2
        E1 - OSPF external type 1, E2 - OSPF external type 2
        SU - IS-IS summary, L1 - IS-IS level-1, L2 - IS-IS level-2
        IA - Inter area, EV - BGP EVPN, * - candidate default

Gateway of last resort is 10.1.0.2 to network 0.0.0.0
O*E2  0.0.0.0/0 [110/1] via 10.1.0.2, 00:00:45, GigabitEthernet 1/0/3
C     10.1.0.0/30 is directly connected, GigabitEthernet 1/0/3
C     10.1.0.1/32 is local host.
C     10.1.0.4/30 is directly connected, GigabitEthernet 2/0/3
C     10.1.0.5/32 is local host.
C     10.1.0.8/30 is directly connected, AggregatePort 1
C     10.1.0.10/32 is local host.
C     192.168.10.0/24 is directly connected, VLAN 10
C     192.168.10.254/32 is local host.
C     192.168.20.0/24 is directly connected, VLAN 20
C     192.168.20.254/32 is local host.
C     192.168.50.0/24 is directly connected, VLAN 50
C     192.168.50.254/32 is local host.
O     192.168.100.0/24 [110/2] via 10.1.0.9, 01:37:31, AggregatePort 1
C     192.168.255.1/32 is local host.
O     192.168.255.2/32 [110/1] via 10.1.0.9, 02:22:00, AggregatePort 1
O     192.168.255.3/32 [110/10] via 10.1.0.2, 00:00:47, GigabitEthernet 1/0/3
```

图 10-39　核心层交换机实现数据分流

10.3.3 功能需求测试与验证

1. 使用 ping 命令测试网络连通性

网络测试多使用 ping 命令，ping 命令是网络管理员必须掌握的 DOS 命令，它利用网络上机器 IP 地址的唯一性，给目标 IP 地址发送一个数据包，再要求对方返回一个同样大小的数据包来确定两台网络机器是否相通。

ping 命令通过模拟源、目的主机之间的 IP 报文，测试主机之间的 IP 地址可达性。同时，ICMP 报文能够收集并显示从发送请求到收到应答的时间（称为延时）来衡量网络的性能。ping 命令的工作原理如图 10-40 所示。

（1）源主机发出 ICMP Echo Request 报文，并且将其封装为 IP 包，其中包含源主机和目的主机的 IP 地址。中间网络设备负责转发该 IP 包，但是不对 IP 包中的内容进行修改，始终把测试报文视为正常的用户数据报文进行处理。

（2）目的主机收到 IP 报文之后，通过解封装操作识别出这是发送给自己的 CMP Echo Request 报文，根据协议规定响应 ICMP Echo Reply 报文，同样将其封装为 IP 包向源主机发送。

2. 使用 tracert 工具跟踪网络路径

tracert 工具可以跟踪到达目标网络的连通性，也能够测试连通性。以下以测试市场部用户到达互联网的连通性为例，说明具体的测试步骤。直接使用 tracert 命令，跟踪市场部用户到达网站的路径，如图 10-41 所示。

图 10-40 Ping 命令的工作原理   图 10-41 跟踪办公用户到达互联网路径

通过第二跳的跟踪结果可以看出，数据报文从 VSU 转发到了 EG1 的 Gi0/1 接口。tracert 跟踪的最终结果就是网站的 IP 地址，只要该 IP 地址可以正常跟踪到，那么用户端到达网站的连通性就没有问题。

3. 在 EG 中查看 NAT 地址转换表

网络只要正常投入使用，就会在 EG 出口网关中产生很多 NAT 地址转换表项。

如图 10-42 所示，第一列给出访问互联网资源时的协议类型（TCP、UDP、ICMP 等）；第二列是 NAT 地址池中的地址（即用户内网 IP 地址映射后的地址，多为公网 IP 地址，称为内部全局地址）；第三列是内网真实的用户 IP 地址（称为内部本地地址）；第四列和第五列都是要访问的外部真实业务地址，但从内网访问互联网场景来说，二者相同，均为互联网中真实存在的公网 IP 服务器地址。

```
ZR-CK-EG2000-01#show ip nat translations
Pro  Inside global        Inside local          Outside local          Outside global
udp  172.17.34.103:12345  192.168.10.1:12345    117.174.150.45:8000    117.174.150.45:8000
tcp  172.17.34.103:62526  192.168.100.1:62526   42.236.38.135:80       42.236.38.135:80
udp  172.17.34.103:51725  192.168.10.1:51725    61.181.206.226:16768   61.181.206.226:16768
udp  172.17.34.103:59180  192.168.10.1:59180    8.8.8.8:53             8.8.8.8:53
udp  172.17.34.103:51725  192.168.10.1:51725    27.205.164.20:38706    27.205.164.20:38706
udp  172.17.34.103:6881   192.168.10.1:6881     184.121.130.208:26893  184.121.130.208:26893
tcp  172.17.34.103:62513  192.168.10.1:62513    42.236.18.206:80       42.236.18.206:80
tcp  172.17.34.103:62146  192.168.10.1:62146    47.102.253.179:80      47.102.253.179:80
tcp  172.17.34.103:61933  192.168.10.1:61933    52.139.250.253:443     52.139.250.253:443
tcp  172.17.34.103:61913  192.168.10.1:61913    112.239.199.72:36204   112.239.199.72:36204
udp  172.17.34.103:51725  192.168.10.1:51725    211.91.242.38:8000     211.91.242.38:8000
udp  172.17.34.103:51725  192.168.10.1:51725    223.66.181.152:12300   223.66.181.152:12300
tcp  172.17.34.103:59771  192.168.10.1:59771    104.193.88.77:443      104.193.88.77:443
udp  172.17.34.103:8000   192.168.10.1:8000     112.90.229.47:7501     112.90.229.47:7501
tcp  172.17.34.103:61915  192.168.10.1:61915    1.63.3.66:36457        1.63.3.66:36457
udp  172.17.34.103:51725  192.168.10.1:51725    59.60.152.213:46595    59.60.152.213:46595
udp  172.17.34.103:55323  192.168.10.1:55323    8.8.8.8:53             8.8.8.8:53
tcp  172.17.34.103:62520  192.168.100.1:62520   161.202.142.109:443    161.202.142.109:443
udp  172.17.34.103:59813  192.168.10.1:59813    8.8.8.8:53             8.8.8.8:53
tcp  172.17.34.103:61329  192.168.10.1:61329    202.108.23.113:80      202.108.23.113:80
udp  172.17.34.103:51725  192.168.10.1:51725    120.36.236.108:9274    120.36.236.108:9274
tcp  172.17.34.103:61917  192.168.10.1:61917    120.43.179.79:30211    120.43.179.79:30211
tcp  172.17.34.103:61919  192.168.10.1:61919    112.34.113.197:5287    112.34.113.197:5287
 --More--
```

图 10-42　查看 NAT 地址转换表

当然，这些 NAT 地址映射表项不会永久存在，当某些访问超时或者会话关闭之后，表项会被清除，从而省出存储空间保存其他会话信息。

4．测试核心区聚合链路的可靠性

交换机上多个物理端口捆绑在一起形成一个逻辑端口，这个逻辑端口称为聚合端口（AP）。锐捷设备所提供的 AP 符合 IEEE 802.3ad 标准，它可以用来扩展链路带宽，提供更高的连接可靠性。AP 支持流量平衡，可以把流量均匀地分配给各个成员链路。AP 还实现了链路备份，当 AP 中的一条成员链路断开时，系统将该成员链路的流量自动地分配到 AP 中的其他有效链路上去。

测试核心区的可靠性也非常简单，可以断开主机箱的上行到 EG1 或者下行到 SW1 的链路，测试办公区用户是否还能够正常访问互联网；或者直接关闭主机箱，让所有的数据流业务切换到从机箱，测试业务是否正常，请读者自行完成测试。

10.3.4　设备配置文件备份

为了防止设备在运行过程中，因为硬件出现故障导致网络不可用，要求网络实施工程师和后续网络管理人员定期对设备配置进行备份。在项目实施结束后，进行一次全网设备的备份操作，后续可以在每次设备配置进行调整后进行相应的备份。备份的配置列表如图 10-43 所示。

名称	修改日期	类型	大小
360截图	2020/8/3 12:10	文件夹	
KingsoftData	2020/7/9 15:15	文件夹	
My Games	2020/7/18 10:12	文件夹	
Tencent Files	2020/8/2 23:39	文件夹	
WeChat Files	2020/8/3 9:35	文件夹	
我的形状	2020/7/19 19:43	文件夹	
自定义 Office 模板	2020/7/7 9:33	文件夹	
Default.rdp	2020/8/3 11:17	远程桌面连接	0 KB
ZR-CK-EG2000-01	2020/8/3 12:19	文件	6 KB
ZR-HX-S6000C-VSU	2020/8/3 12:20	文件	7 KB
ZR-JR-S2928G-01	2020/8/3 12:21	文件	5 KB
ZR-Server-S5750-01	2020/8/3 12:21	文件	4 KB

图 10-43　备份的配置列表

10.3.5　设备远程登录测试

测试原理主要是在用户端通过 Telnet 协议连接交换机等网络设备，并进行简单的命令操作，系统可以支持各种 Telnet 命令操作，并可以对 Telnet 协议的各种操作进行监控和阻断。具体的测试步骤如下：

（1）用户端到达设备管理地址的连通性正常；

（2）通过 Telnet 功能远程登录管理设备；

（3）通过 CRT 软件进行远程访问。

用户通过 Telnet 成功与网络设备建立会话连接，能够完整记录 Telnet 远程登录过程，并可以对会话进行阻断。

10.3.6　用户方移交

项目部署结束之后，需要进行用户培训以及项目的验收，确保项目能够正常移交，使得在网所有设备进入正常使用和维护阶段。

项目完工之后，需要针对本项目日常运行维护的相关操作对用户进行培训。在培训过程中，必须向用户讲解的内容包括：网络结构拓扑图、项目清单与设备形态和作用、设备本地/远程登录的地址、用户名、密码、设备基本配置（如 IP 地址配置、接口配置、设备运行状态查看等）。如果在后期运维过程中，一线工程师无法在规定时间内到达现场处理，用户可优先拨打售后电话让线上工程师协助远程处理。用户培训结束之后，需要准备项目验收的相关资料。

在项目验收阶段，一项比较重要的任务就是项目移交，目的是将本项目相关的文档资料向用户方的网络管理人员进行交接。在项目移交中，必备的资料有项目实施方案、网络拓扑图、设备配置记录、IP 地址规划表等。

【认证测试】

1．在 OSPF 进程下，使用 redistribute static 命令重发布三条静态路由，分别是 10.10.0.0/16，192.168.0.0/24，172.16.0.0/24。OSPF 会重发布什么样的路由？（　　）

A．三条路由都会被重发布　　　　B．三条路由都不会被重发布

C．10.0.0.0/8、192.168.0.0/24、172.16.0.0/16　D．192.168.0.0/24

2．在 OSPF 动态路由协议中，Hello 包的作用是（　　）。

A．携带参数建立邻居　　　　B．定期发送 Hello 消息给邻居

C．在多路访问网络中选举 DR、BDR　　　　D．通告路由信息

3．在下列（　　）网络类型中，OSPF 必须选举 DR、BDR。

A．Broadcast　　　　B．NBMA　　　　C．P2P　　　　D．P2MP

4．两台相邻的交换机既开启生成树又使用端口聚合，彼此通过 4 条物理链路相连，其中每两条链路为一个聚合组。对于链路转发数据的说法，下列选项中正确的是（　　）。

A．只有一条物理链路转发数据，其他链路被生成树协议阻断

B．4 条物理链路同时转发数据，因为端口聚合优先于生成树协议

C．只有一个聚合组转发数据，另一个聚合组被生成树协议阻断

D．每一个聚合组中都有一条物理链路在转发数据，另一条链路被生成树阻断

5．网络核心区域通过 VSU 技术实现网关级备份，核心区需至少部署（　　）台网络设备。

　　A．1　　　　　　　　B．2　　　　　　　　C．3　　　　　　　　D．4

6．如果连通性测试时指定数据包的大小为 1500 字节，使用（　　）参数。

　　A．-l　　　　　　　　B．-d　　　　　　　　C．-n　　　　　　　　D．-s

7．以下关于网络工程需求分析的叙述中，错误的是（　　）。

　　A．任何网络都不可能是一个能够满足各项功能需求的万能网

　　B．需求分析要充分考虑用户的业务需求

　　C．需求的定义越明确和详细，网络建成后用户的满意度越高

　　D．网络需求分析时可以先不考虑成本因素

8．在层次化网络设计方案中，（　　）是核心层的功能。

　　A．不同区域的高速数据转发　　　　　　　B．用户认证、计费管理

　　C．终端用户接入网络　　　　　　　　　　D．实现网络的访问策略控制

9．以下关于网络冗余设计的叙述中，错误的是（　　）。

　　A．网络冗余设计避免网络组件单点失效造成应用失效

　　B．通常情况下，主路径与备份路径承担相同的网络负载

　　C．负载分担是通过并行链路提供流量分担来提高性能

　　D．网络中存在备用链路时，可以考虑加入负载分担设计

10．网络规划与设计过程中应遵循一些设计原则，保证网络的先进性、可靠性、容错性、安全性和性能等。以下原则中有误的是（　　）。

　　A．应用最新的技术，保证网络设计技术的先进性

　　B．提供充足的带宽和先进的流量控制及拥塞管理功能

　　C．采用基于通用标准和技术的统一网络管理平台

　　D．网络设备的选择应考虑具有一定的可扩展空间